非计算机专业计算机公共课
系列教材编委会

主　任：刘　国

副主任：汪同庆

委　员：何　宁　关焕梅　张　华

前言

　　C 语言是一种功能强大、编程灵活、特色鲜明，深受国内外广大科技人员和编程者喜爱的计算机语言。自 20 世纪 90 年代以来，我国大多数高校不仅为计算机专业，而且为非计算机专业都开设了 C 语言课程。全国计算机等级考试、全国计算机应用技术证书考试、全国计算机软件专业技术资格及水平考试等都将 C 语言纳入了考试科目。可以这样说，现在的很多编程高手都是从学习 C 语言入门的。因此，掌握好这门课程对每一位立志成为优秀程序员的初学者是大有裨益的。

　　本书针对非计算机专业的应用特点和全国计算机等级考试大纲的要求，重点对 C 语言程序的开发环境、基本语句、基本数据类型、构造类型、指针类型、控制结构和文件操作进行了全面介绍。考虑到许多学校把 C 语言课程安排在"大一"学年，而高等数学内容还未学完，因此书中在举例时摒弃了一些复杂的应用，便于自学。全书内容精练，结构合理，概念清晰，通俗易懂，实用性强，各章都附有大量的习题和上机操作题供学生实训练习，以期让读者能尽快和轻松地迈进程序设计的大门。全书共 13 章，主要内容包括：

- 计算机语言与程序设计基本知识
- 数据类型、运算符和表达式
- 顺序结构程序设计
- 选择结构程序设计
- 循环结构程序设计
- 函数
- 指针
- 数组
- 字符串
- 结构体、共用体和枚举
- 编译预处理
- 位运算
- 文件

　　本书基于 Visual C++ 6.0 编程环境，书中全部例程均在 Visual C++ 6.0 编程环境下编译、链接和执行。本书的第 1、10、11 章由关焕梅编写，第 2 章由侯梦雅编写，第 3 章由王鹃编写，第 4、5、6 章由汪同庆编写，第 7、8、9 章由张华编写，第 12 章由谭明新编写，第 13 章由刘珺编写。全书由汪同庆、张华统编定稿。

　　在本书的编写过程中，得到了武汉大学珞珈学院领导和武汉大学出版社的大力支持，许多老师在编写过程中给予了大量的帮助并提出了宝贵意见，在此表示衷心感谢。

受作者水平所限，书中难免存在错漏之处，恳请同行专家和热心读者批评指正。

作 者

2010 年 1 月

目 录

第1章 计算机语言与程序设计基本知识 ... 1
1.1 计算机语言 ... 1
1.1.1 计算机语言分类 ... 1
1.1.2 计算机语言处理程序 ... 1
1.1.3 C语言简介 ... 2
1.2 程序设计 ... 3
1.2.1 计算机程序 ... 3
1.2.2 算法及其表示 ... 4
1.2.3 结构化程序设计 ... 7
1.2.4 C程序的基本构成 ... 7
1.2.5 C程序开发环境 ... 9
习题1 ... 21

第2章 数据类型、运算符和表达式 ... 23
2.1 C语言字符集、关键字和标识符 ... 23
2.1.1 字符集 ... 23
2.1.2 关键字 ... 23
2.1.3 标识符 ... 24
2.2 数据与数据类型 ... 25
2.2.1 程序中数据的表示形式 ... 25
2.2.2 C语言的数据类型 ... 26
2.2.3 整型数据 ... 27
2.2.4 实型数据 ... 30
2.2.5 字符型数据 ... 31
2.2.6 字符串常量 ... 35
2.3 运算符及表达式 ... 36
2.3.1 算术运算符和算术表达式 ... 36
2.3.2 赋值运算符和赋值表达式 ... 39
2.3.3 强制类型转换运算符和表达式 ... 40
2.3.4 关系运算符和关系表达式 ... 43
2.3.5 逻辑运算符和逻辑表达式 ... 44
2.3.6 条件运算符和条件表达式 ... 46

2.3.7 逗号运算符和逗号表达式	46
习题 2	47

第 3 章 顺序结构程序设计 ... 51

3.1 C 程序的基本语句 ... 51
3.1.1 声明语句 ... 51
3.1.2 表达式语句 ... 51
3.1.3 函数调用语句 ... 52
3.1.4 控制语句 ... 52
3.1.5 复合语句 ... 53
3.1.6 空语句 ... 53

3.2 格式输入与输出函数 ... 54
3.2.1 printf 函数 ... 54
3.2.2 scanf 函数 ... 59

3.3 字符输入与输出函数 ... 64
3.3.1 putchar 函数 ... 64
3.3.2 getchar 函数 ... 65

习题 3 ... 66

第 4 章 选择结构程序设计 ... 71

4.1 用 if 语句实现选择结构 ... 71
4.1.1 单分支 if 语句 ... 71
4.1.2 双分支 if 语句 ... 73
4.1.3 if 语句的嵌套 ... 74
4.1.4 由条件表达式实现选择结构 ... 78

4.2 用 switch 语句实现多分支选择结构 ... 79
4.2.1 switch 语句 ... 79
4.2.2 switch 语句的使用说明 ... 81

习题 4 ... 82

第 5 章 循环结构程序设计 ... 88

5.1 while 语句 ... 88
5.2 do-while 语句 ... 91
5.3 for 语句 ... 93
5.4 嵌套循环结构 ... 96
5.5 break 语句 ... 99
5.6 continue 语句 ... 99
5.7 goto 语句 ... 101

习题 5 102

第 6 章 函数 108
6.1 函数的分类与定义 108
6.1.1 函数的分类 108
6.1.2 函数定义的一般形式 109
6.2 函数的调用 111
6.2.1 函数调用的一般形式 111
6.2.2 函数调用的方式 112
6.2.3 函数的参数和函数的返回值 113
6.2.4 对被调用函数的声明 115
6.3 函数的嵌套调用和递归调用 116
6.3.1 函数的嵌套调用 116
6.3.2 函数的递归调用 118
6.4 变量的作用域和存储类别 121
6.4.1 变量的作用域 121
6.4.2 变量的存储类别 125
6.4.3 包含多个源文件的 C 程序 131
6.5 函数的存储类别 133
6.5.1 内部函数 133
6.5.2 外部函数 134
习题 6 135

第 7 章 指针 140
7.1 指针和指针变量的概念 140
7.1.1 变量的地址和指针 140
7.1.2 指针变量 141
7.2 指针变量的定义和应用 142
7.2.1 指针变量的定义 142
7.2.2 指针运算符 142
7.2.3 指针变量的初始化 144
7.2.4 指针变量的赋值 145
7.2.5 把指针作为函数参数传递 145
7.3 指针与函数 147
7.3.1 返回指针的函数 147
7.3.2 函数指针 148
习题 7 151

第 8 章 数组 156
8.1 数组的概念 156

8.2 一维数组 ... 157
8.2.1 一维数组的定义和存储 ... 157
8.2.2 一维数组元素的引用 ... 158
8.2.3 一维数组的初始化 ... 159
8.2.4 一维数组元素的输入输出 ... 160
8.2.5 一维数组应用举例 ... 161

8.3 二维数组 ... 163
8.3.1 二维数组的定义和存储 ... 163
8.3.2 二维数组元素的引用 ... 164
8.3.3 二维数组的初始化 ... 165
8.3.4 二维数组的输入输出 ... 165
8.3.5 二维数组应用举例 ... 167

8.4 数组与指针 ... 168
8.4.1 与数组相关的指针运算 ... 169
8.4.2 一维数组的指针和指向一维数组元素的指针变量 ... 172
8.4.3 二维数组的指针和指向二维数组的指针变量 ... 177

8.5 数组与函数 ... 180
8.5.1 数组元素作为函数实参 ... 180
8.5.2 一维数组名作为函数实参 ... 181
8.5.3 二维数组名作为函数实参 ... 183

8.6 动态的一维数组 ... 184
8.6.1 动态内存管理 ... 184
8.6.2 动态数组的使用 ... 185

习题 8 ... 186

第9章 字符串

9.1 用字符数组存储和处理字符串 ... 191
9.1.1 字符数组的定义 ... 191
9.1.2 字符数组的初始化 ... 191
9.1.3 字符串的输入输出 ... 193

9.2 指向字符串的指针变量 ... 196
9.2.1 字符串指针变量的定义和初始化 ... 196
9.2.2 通过字符串指针变量存取字符串 ... 198
9.2.3 字符数组与字符串指针变量的区别 ... 200
9.2.4 程序设计举例 ... 201

9.3 字符串数组 ... 206
9.3.1 字符串数组的定义 ... 207
9.3.2 字符串数组的初始化 ... 207
9.3.3 字符指针数组 ... 207

9.4 字符串处理函数 ... 208

  习题 9 ·· 210

第 10 章　结构体、共用体和枚举 ·· 215
10.1　结构体 ·· 215
10.1.1　结构体类型的定义 ·· 215
10.1.2　结构体变量的定义和初始化 ·· 216
10.1.3　结构体变量的引用 ·· 219
10.1.4　结构体数组 ·· 220
10.1.5　结构体指针 ·· 222
10.1.6　结构体变量在函数间的数据传递 ·· 222
10.2　链表 ·· 225
10.2.1　链表的概念 ·· 225
10.2.2　用指针和结构体实现链表 ·· 226
10.2.3　对单向链表的操作 ·· 227
10.3　共用体 ·· 230
10.3.1　共用体类型的定义 ·· 231
10.3.2　共用体变量的定义 ·· 231
10.3.3　共用体变量的引用 ·· 232
10.4　枚举 ·· 236
10.5　typedef 声明 ·· 238
  习题 10 ·· 239

第 11 章　编译预处理 ··· 247
11.1　宏定义 ·· 247
11.1.1　不带参数的宏定义 ·· 247
11.1.2　带参数的宏定义 ·· 250
11.2　文件包含 ·· 251
11.3　条件编译 ·· 252
  习题 11 ·· 254

第 12 章　位运算 ··· 257
12.1　位运算 ·· 257
12.2　位段 ·· 260
  习题 12 ·· 262

第 13 章　文件 ··· 265
13.1　文件和文件类型指针 ·· 265
13.1.1　文件的概念 ·· 265
13.1.2　文件指针 ·· 266
13.2　文件的打开与关闭 ·· 267

13.2.1 文件的打开 ·········· 267
13.2.2 关闭文件 ·········· 269
13.3 文件的读写 ·········· 269
13.3.1 字符读写（fgetc 函数和 fputc 函数） ·········· 269
13.3.2 字符串读写（fgets 函数和 fputs 函数） ·········· 271
13.3.3 文件的格式化读写（fscanf 函数和 fprintf 函数） ·········· 272
13.3.4 数据块读写（fread 函数和 fwrite 函数） ·········· 274
13.4 文件的定位 ·········· 275
13.4.1 fseek 函数 ·········· 275
13.4.2 ftell 函数 ·········· 276
13.4.3 rewind 函数 ·········· 277
习题 13 ·········· 277

附录 1 ASCII 码表 ·········· 282
附录 2 运算符的优先级和结合性 ·········· 283
附录 3 常用库函数 ·········· 284

习题参考答案 ·········· 288

参考文献 ·········· 313

第1章 计算机语言与程序设计基本知识

作为一种程序设计语言，C 语言既具有高级语言的特性，又具有低级语言的特性。它可以作系统设计语言，编写系统程序；也可以作为应用程序设计语言，编写不依赖硬件的应用程序。C 语言以其强大的功能、灵活的应用，深受广大用户青睐。

本章主要介绍计算机语言分类、计算机语言处理程序、C 语言的发展和特点、计算机程序、算法及其表示、结构化程序设计、C 程序的基本构成，以及 C 程序的开发环境等。

1.1 计算机语言

1.1.1 计算机语言分类

人和计算机交流信息使用的语言称为计算机语言或程序设计语言。计算机语言通常分为机器语言、汇编语言和高级语言三类。

1. 机器语言

机器语言是用二进制代码表示的机器指令的集合。机器语言是计算机硬件系统能够直接识别和执行的唯一语言，因此，它的效率最高、执行速度最快。但不同型号的计算机，其机器语言是不相通的，因此程序不容易移植。

2. 汇编语言

汇编语言是一种把机器语言"符号化"的语言，汇编语言的指令和机器语言的指令基本上一一对应，机器语言直接用二进制代码，而汇编语言使用了助记符，如用 ADD 表示加法指令，MOV 表示减法指令等。汇编语言仍然依赖于机器。

汇编语言比机器语言容易理解和记忆，但汇编语言源程序不能在计算机中直接执行。

3. 高级语言

高级语言不依赖于机器，更接近于自然语言或数学语言。高级语言的种类很多，如 C、C++、Java、Visual Basic、Delphi 和 JavaScript 等。

高级语言具有面向用户、可读性强、容易编程和维护等特点。

同汇编语言一样，高级语言源程序也不能在计算机中直接执行。

1.1.2 计算机语言处理程序

计算机语言处理程序一般是由汇编程序、编译程序、解释程序和相应的操作程序等组成。它是为用户设计的编程服务软件，其作用是将汇编语言源程序或高级语言源程序翻译成计算机能识别的机器语言程序。

汇编语言源程序需要通过"汇编程序"翻译成机器语言程序。

高级语言源程序有两种翻译方式：编译和解释。

1. 编译方式

编译方式首先利用"编译程序"将源程序翻译成目标程序，然后通过"链接程序"将目标程序链接成可执行程序。如图 1.1 所示。可执行程序可以脱离源程序和编译程序单独运行，所以编译方式效率高，执行速度快。编译型高级语言有 C、C++和 Delphi 等。

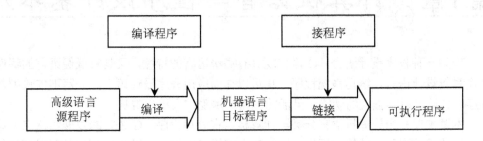

图 1.1　高级语言源程序的编译方式

2. 解释方式

解释方式是利用"解释程序"对源程序逐句翻译，逐句执行。解释过程不产生目标程序，基本上是翻译一行执行一行，边翻译边执行。如果在解释过程中发现错误就会给出错误信息，并停止解释和执行。如果没有错误就解释执行到最后的语句。与编译方式相比，解释方式效率低、执行速度慢。但解释方式具有良好的动态特性，调试程序方便，跨平台特性好。很多脚本语言如 JavaScript、VBScript 和 PHP 等都是解释型高级语言。

也有一些高级语言将编译方式和解释方式结合起来，如 Java。Java 语言源程序先由 JIT（Just-In-Time）编译器翻译为字节码，再用解释方式执行字节码。

1.1.3　C 语言简介

C 语言是美国贝尔实验室的 Dennis Richie 在 1972 年开发的，开发的主要目的是用于设计 UNIX 操作系统。之所以称为 C 语言，是因为它的前身是 B 语言。而 B 语言是由 Ken Thompson 于 1970 年为第一个 UNIX 系统开发的语言。

随着 UNIX 操作系统的广泛使用，C 语言也得到了迅速的发展，世界各地的程序员都使用它来编写各种程序。然而，不久后，不同的组织开始使用自己的 C 语言版本，不同版本实现之间微妙的差别令程序员头痛。为解决这种问题，美国国家标准化组织（ANSI）于 1983 年成立了一个委员会（X3J11），以确定 C 语言的标准。该标准（ANSI C）于 1989 年正式采用。国际标准化组织（ISO）于 1990 年采用了一个 C 标准（ISO C）。ISO C 和 ANSI C 实质上是同一个标准，通常被称为 C89 或 C90。现代的 C 语言编译器绝大多数都遵守该标准。

最新的标准是 C99 标准。制定该标准的意图不是为语言添加新特性，而是为了满足新的目标（例如支持国际化编程），所以该标准依然保持了 C 语言的本质特性：简短、清楚和高效。目前，大多数 C 语言编译器没有完全实现 C99 的所有修改。本书将遵循 C89 标准，并不涉及 C99 的修改。

C 语言的主要特点如下：

（1）C 语言是一种结构化程序设计语言。

C 语言提供了结构化程序所必需的基本控制语句，如选择语句和循环语句等，实现了对逻辑流的有效控制。C语言采用模块化的方法来解决实际问题。

（2）C语言具有丰富的数据类型。

C语言除提供整型、实型和字符型等基本数据类型外，还提供了由基本数据类型构造出的复杂数据结构，如数组和结构等。C语言还提供了与地址密切相关的指针类型。

（3）C语言具有丰富的运算符。

C语言提供了44种运算符，运算能力十分丰富。多种数据类型与丰富的运算符相结合，能使表达式更具灵活性，可以实现其他高级语言难以实现的功能，同时也提高了执行效率。

（4）C语言结构紧凑，使用方便、灵活。

C语言只有32个关键字，9种控制语句，大量的标准库函数可供直接调用。C程序书写形式自由。

（5）C语言具有自我扩充能力。

一个C程序基本上是各种函数的集合，这些函数由C语言的函数库支持，并可以重复被用在其他程序中。用户可以不断地将自己开发的函数添加到C语言函数库中。由于有了大量的函数，C语言编程也就变得简单了。

（6）C语言可移植性好。

C语言是可移植的，这意味着为一种计算机系统（如一般的PC机）编写的C程序，可以在不同的系统（如HP的小型机）中运行，而只需作少量的修改或不加修改。这种可移植性也体现在不同的操作系统之间，如Windows和Linux。

（7）C语言具有低级语言的特性。

C语言既具有高级语言的特性，又具有低级语言的特性，因此可用于编写各种软件。

1.2 程序设计

1.2.1 计算机程序

利用计算机处理问题，必须编写使计算机能够按照人的意愿工作的程序。所谓程序，就是计算机解决问题所需要的一系列代码化指令、符号化指令或符号化语句。著名的计算机科学家沃思（Wirth）提出过一个著名的公式来表达程序的实质，即

$$程序 = 数据结构 + 算法$$

也就是说，"程序是在数据的某些特定的表示方式和结构的基础上，对抽象算法的具体描述"。但是，在实际编写计算机程序时，还要遵循程序设计方法，在运行程序时还要有软件环境的支持。因此，有学者将上述公式扩充为：

$$程序 = 数据结构 + 算法 + 程序设计方法 + 语言工具$$

即一个应用程序应该体现四个方面的成分：采用的描述和存储数据的数据结构，采用的解决问题的算法，采用的程序设计的方法和采用的语言工具和编程环境。

在学习利用计算机语言编写程序时要掌握三个基本概念。一是语言的语法规则，包括常量、变量、运算符、表达式、函数和语句的使用规则；二是语义规则，包括单词和符号的含义及其使用规则；三是语用规则，即善于利用语法规则和语义规则正确组织程序的技能，使程序结构精练、执行效率高。

此外，还要弄清"语言"和"程序"的关系。语言是构成程序的指令集合及其规则，程

序是用语言为实现某一算法组成的指令序列。学习计算机语言是为了掌握编程工具，它本身不是目的。当然，脱离具体语言去学习编程是十分困难的，因此两者有密切的联系。

1.2.2 算法及其表示

1. 算法的概念

所谓算法是指对解题方案的准确而完整的描述。对于一个问题，如果可以通过一个计算机程序，在有限的存储空间内运行有限长的时间而得到正确的结果，则称这个问题的算法是可解的。但算法不等于程序，也不等于计算方法。

算法有以下四个基本特征：

（1）可行性。

算法总是在某个特定的计算工具上执行，因此算法在执行过程中往往要受到计算工具的限制，使执行结果产生偏差。算法和计算公式是由差别的，在设计一个算法时，必须考虑它的可行性，否则将得不到满意的结果。

（2）确定性。

算法中的每一个步骤必须有明确的定义，不能产生歧义。

（3）有穷性。

算法必须能在有限的时间（合理时间）内做完，即能在执行有限个步骤后终止。

（4）拥有足够的情报。

一个算法是否有效，还取决于为算法所提供的情报是否足够。当算法拥有的情报不够时，算法可能无效。

2. 算法的表示

有多种方法可以表示算法，如自然语言、伪代码、流程图、N-S 图和问题分析图（PAD）等。下面介绍如何用自然语言、流程图和 N-S 图来表示算法。

（1）用自然语言表示算法。

用自然语言表示算法，就是用人们日常使用的语言来描述或表示算法的方法。

【例1.1】 从键盘输入三个整数，将最大数输出。

用自然语言表示如下：

步骤 1：声明整型变量 x、y、z 和 max。其中：x、y、z 分别代表三个整数，max 代表较大数；

步骤 2：从键盘输入三个整数，分别存入 x、y、z 中；

步骤 3：比较 x 和 y。如果 x > y，则将 x 的值赋给 max，即 max = x；否则将 y 的值赋给 max，即 max = y；

步骤 4：比较 z 和 max。如果 z > max，则将 z 的值赋给 max，即 max = z；否则 max 的值不变；

步骤 5：输出 max 的值。

用自然语言表示算法方便、通俗，但文字冗长，容易出现"歧义性"，不方便表示选择结构和循环结构的算法。因此，除特别简单的问题外，一般不用自然语言表示算法。

（2）用流程图表示算法。

用流程图表示算法，就是用一些图框和方向线来表示算法的图形表示法。美国国家标准化组织（ANSI）规定了一些常用的流程图符号，用这些不同的图框符代表不同的操作，如图

1.2 所示。

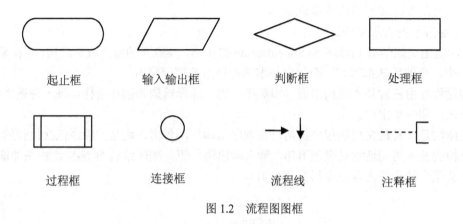

图 1.2 流程图图框

若将【例 1.1】算法用流程图表示，如图 1.3 所示。

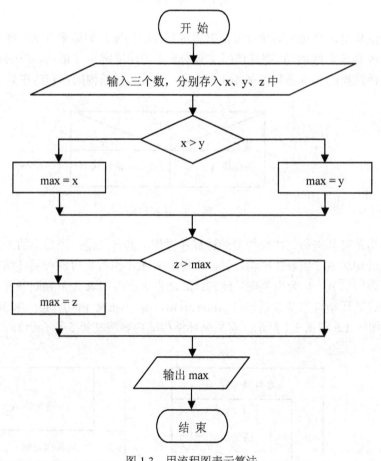

图 1.3 用流程图表示算法

用流程图表示算法直观形象，易于理解，较清楚地显示出各个框之间的逻辑关系和执行流程。目前大多数计算机教材中都使用这种流程图表示算法。当然，这种表示法也存在着占用篇幅大、画图费时和不易修改等缺点。

（3）用 N-S 图表示算法。

N-S 图是由美国学者 I.Nassi 和 Shneiderman 提出的，其最大的特点就是结构性强、精练。在 N-S 图中，全部算法都写在一个包含基本结构框形的矩形框内。

结构化程序由三种基本结构组成，即顺序结构、选择结构和循环结构。每一种基本结构只有一个入口和一个出口。

顺序结构是一种最常用的程序结构，在顺序结构里，各语句块是按顺序依次执行的。组成顺序结构的基本语句通常是赋值语句、输入输出语句等。顺序结构的 N-S 流程图如图 1.4 所示（有关顺序结构的内容将在第 3 章介绍）。

图 1.4　顺序结构

在选择结构里，语句块的执行要根据给定条件的判断，如果条件成立执行语句块 A，否则执行语句块 B 或后续语句。组成选择结构的基本语句通常是 if 语句、if…else…语句、switch 语句等。选择结构的 N-S 流程图如图 1.5 所示（有关选择结构的内容将在第 4 章介绍）。

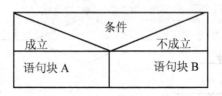

图 1.5　选择结构

循环结构是对某些语句块作重复的运算和操作。其含义是：当给定的条件满足时，就执行循环中的语句块 A，当条件不满足时，语句块 A 就不执行。有两种循环结构，一是先判断条件后执行语句块 A，称为当型循环结构；二是先执行语句块 A 后判断条件，称为直到型循环结构。组成循环结构的基本语句是 while 语句、do…while 语句、for 语句等。循环结构的 N-S 流程图如图 1.6 和图 1.7 所示（有关循环结构的内容将在第 5 章介绍）。

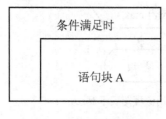

图 1.6　当型循环结构　　　　　图 1.7　直到型循环结构

若将【例 1.1】算法用 N-S 图表示，如图 1.8 所示。

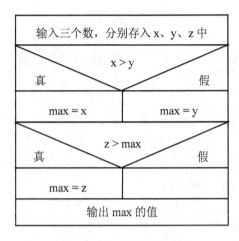

图 1.8 用 N-S 图表示算法

1.2.3 结构化程序设计

程序设计是一门技术，需要相应的理论、技术、方法和工具来支持。就程序设计方法和技术的发展而言，主要经过了结构化程序设计和面向对象的程序设计两个阶段。由于 C 语言是一种结构化程序设计语言，因而本书只讨论结构化程序设计的相关内容。

1. 结构化程序设计的原则

结构化程序设计的主要原则可以概括为自顶向下、逐步求精和模块化等。

（1）自顶向下。

设计程序时，应先考虑总体，后考虑细节；先考虑全局目标，后考虑局部目标。不要一开始就过多追求众多的细节，应先从最上层总体目标开始设计，逐步使问题具体化。

（2）逐步求精。

对复杂问题，应设计一些子目标进行过渡，逐步细化。

（3）模块化。

一个复杂的模块，肯定是由若干稍简单的问题构成的。模块化的含义是把程序要解决的总目标分解为小目标，再进一步分解为具体的小目标，把每个小目标称为一个模块。

2. 结构化程序的基本结构与特点

结构化程序有三种基本结构，即顺序结构、选择结构和循环结构。

结构化程序的特点，一是程序结构良好、易读、易理解和易维护；二是可以提高编程效率，降低软件开发的成本。

1.2.4 C 程序的基本构成

下面通过两个简单的例子，了解 C 程序的基本构成。

【例 1.2】 在屏幕上显示一行文字："Hello World！"

程序如下：

```
/* 在屏幕上显示 Hello World! */
#include <stdio.h>           // 预处理命令

void main( )                 // 定义主函数
{
    printf("Hello World!\n");    // 调用格式输出函数
}
```

程序运行结果为:
Hello World!

【例 1.3】 求|a| + |b|的值。
程序如下:
```
/* 求|a| + |b|的值 */
#include <stdio.h>           // 预处理命令
#include <math.h>            // 预处理命令

float absv(float x)          // 定义 absv 函数,求绝对值
{
    float y;                 // 声明语句,声明了变量 y
    y = x >= 0 ? x : -x;     // 赋值语句
    return y;                // 返回语句
}

void main( )    // 定义主函数
{
    float a, b, c;               // 声明语句,声明了变量 a、b、c
    printf("input a,b:\n");      // 调用格式输出函数
    scanf("%f%f", &a, &b);       // 调用格式输入函数,从键盘输入两个实数
    c = absv(a)+ absv(b);        // 赋值语句
    printf("|a|+|b|=%f\n", c);   // 调用格式输出函数
}
```

程序运行结果为:
input a,b:
-5 13↙
|a|+|b|=18.000000

C 程序的基本构成如下:
(1) 一个 C 程序由一个或多个函数组成,有且仅有一个主函数(main 函数),它是程序

开始执行的入口，也是程序结束运行的出口。

（2）函数由函数说明部分和函数体两部分组成，一般形式为：

函数类型 函数名(参数表)
{
　　声明语句
　　功能语句
}

（3）语句以分号结尾，分号是语句的终止符；特例：预处理命令、函数说明部分和花括号"{"、"}"之后不加分号。

（4）一行可以写一条语句，也可以写多条语句。当一条语句一行写不下时，可以分成多行写。为使程序的结构一目了然，可以在程序中利用空格、空行、缩进等技巧使程序层次清晰。

（5）标识符和关键字之间至少加一个空格符以示间隔。

（6）C 语言区分大小写字母。习惯上，变量、语句等用小写字母书写，符号常量、宏名等用大写字母书写。

（7）程序中可以有预处理命令（如：#include 命令），预处理命令通常放在程序的最前面。

（8）为了增强程序的可读性，可以在程序中的适当位置增加注释。注释有两种形式：一种是括在"/*……*/"之间的部分为注释内容，另一种是写在双斜杠"//"后的行内容为注释内容。第一种可以跨行注释，第二种只能单行注释。

（9）程序中各函数的位置可以互换。当一个 C 程序由多个函数组成时，这些函数既可以放在一个文件中，也可以放在多个文件中。

1.2.5　C 程序开发环境

1. C 程序的上机调试步骤

用 C 语言编写的程序称为 C 语言源程序。保存源程序的文件称为源文件。源文件由字母、数字和一些符号等构成，在计算机内以 ASCII 码表示。计算机不能直接执行源文件，必须经过编译、链接之后生成可执行文件才能被执行。

C 程序的上机调试步骤如下：

（1）编辑源文件。

利用编辑器把构思好的 C 语言源程序输入到计算机，并以文本文件的形式存储在计算机的外存上。编辑器一般都具有输入、修改、保存和设置文件路径等功能。编辑的结果是创建一个扩展名为.c 或.cpp 的 C 语言源文件。

（2）编译源文件。

编译源程序文件就是把源文件翻译成计算机能够识别的目标程序，并由此生成一个与源程序文件相对应的目标文件。目标文件的扩展名为.obj。如源程序文件名为 first.cpp，则编译生成的目标文件名为 first.obj。

在编译过程中，编译器首先要检查源程序中是否存在语法和词法错误，如果有错，则会在输出窗口显示错误信息。此时，必须再次打开编辑器对源程序中的错误进行修改。修改后再进行编译，直至排除源程序中的所有错误。

(3) 链接目标文件。

虽然编译生成的目标文件已经是机器语言代码，但它还不是一个完整的可执行文件。目标文件中还缺少两个元素：一个是启动代码，另一个是库函数代码。启动代码相当于程序和操作系统之间的接口；所有 C 程序都需要使用系统提供的标准库函数中的函数，而目标文件中并不包含这些函数。链接就是将这三者（目标文件、启动代码和库函数代码）连接在一起，并将它们放在一个文件中，即可执行文件。可执行文件的扩展名为.exe。如源程序文件名为 first.cpp，则链接生成的可执行文件名为 first.exe。

(4) 运行可执行文件。

通过运行可执行文件，来查看程序运行的结果。

运行可执行文件是 C 程序上机调试的最后一步。但是，要想一次性得到程序的正确结果往往是困难的，还需要对程序进行若干次的调试和修改。修改后再重新进行编译、链接、运行，直至得到正确的结果。

2. 中文 VC 6.0 简介

本书采用 Microsoft 公司的 Visual C++ 6.0 汉化版（简称 VC 6.0）作为 C 程序的集成开发工具。

(1) 启动 VC 6.0。

如果计算机上已经安装了 VC 6.0，要启动 VC 6.0 可按以下方法操作：

方法一：单击"开始"按钮，选择"程序"→"Microsoft Visual Studio 6.0"→"Microsoft Visual C++ 6.0"，即可启动 VC 6.0。

方法二：在桌面上创建 VC 6.0 的快捷方式，双击该快捷方式的图标，即可启动 VC 6.0。

(2) VC 6.0 主窗口。

启动 VC 6.0 后，屏幕上出现 VC 6.0 的主窗口，如图 1.9 所示。

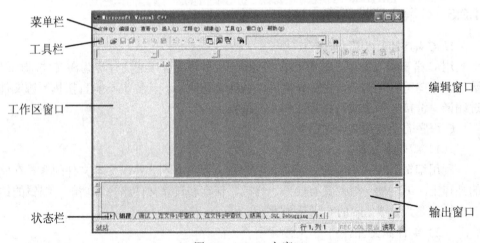

图 1.9　VC 6.0 主窗口

VC 6.0 主窗口包括以下部分：

① 菜单栏。

菜单栏包含"文件"、"编辑"、"查看"、"插入"、"工程"、"组建"、"工具"、"窗口"、"帮助" 9 项菜单。每项菜单都包含一组命令。

② 工具栏。

VC 6.0 提供了大约 11 种工具栏，其中"标准"工具栏和"组建"工具栏为默认工具栏。"组建"工具栏如图 1.10 所示。

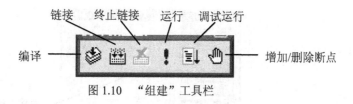

图 1.10　"组建"工具栏

③ 工作区窗口。

用来显示所设定工作区的信息。图 1-9 中没有打开某工作区，所以没有任何信息。

④ 编辑窗口。

用来输入和编辑程序代码的区域。每个源程序文件将占据一个独立的编辑窗口，用户可以在该窗口单击鼠标右键，在弹出的快捷菜单中执行一些常用的编辑操作。

⑤ 输出窗口。

用于显示编译、链接和调试等详细信息。

⑥ 状态栏。

显示操作提示信息和编辑状态。

3. 创建一个简单的 C 程序

简单的 C 程序只包含一个源文件。创建一个简单 C 程序的操作如下：

（1）新建源文件。

① 单击"文件"菜单，选择"新建"命令，在打开的"新建"对话框中单击"文件"选项卡，如图 1.11 所示。

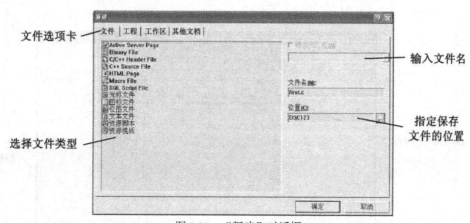

图 1.11　"新建"对话框

② 在左边列表框中选择"C++ Source File"；在右边的"文件名"文本框中输入新建文件名，如 first.c，其中".c"是指定 C 语言源文件的扩展名。如不指定文件扩展名，系统为源文件自动添加默认扩展名".cpp"。

③ 在"位置"文本框中输入源文件的存放路径，如 d:\c123。要确保该路径存在，否则新建失败。也可以点击该文本框右边的"…"按钮，在打开的"选择目录"对话框（如图1.12所示）中直接选择存放位置。

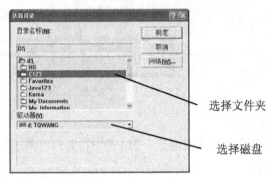

图 1.12 "选择目录"对话框

④ 单击"选择目录"对话框和"新建"对话框中的"确定"按钮，即可在指定位置新建一个源文件，并打开一个文本编辑窗口（文本编辑器）。

（2）编辑源文件。

在打开的文件编辑窗口中输入程序代码，如输入以下程序代码（如图1.13所示）：

```
#include<stdio.h>
void main()
{
    printf("-----------------\n");
    printf("   C Programming\n");
    printf("-----------------\n");
}
```

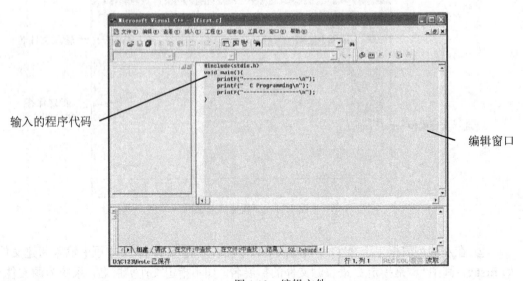

图 1.13 编辑文件

在 VC 6.0 中打开文本编辑器非常简单,新建一个文本文件或打开一个已存在的文本文件,文本编辑器就会自动启动。由于完全是 Windows 界面的,所以在文本编辑窗口编辑文件非常方便,如复制、剪切、粘贴、插入和查找等功能的操作与 Microsoft Word 非常相似。

(3)保存源文件。

在编辑窗口输入源程序后,单击"文件"菜单,选择"保存"命令,或者单击"标准"工具栏中的"保存"按钮,新建的源程序文件 first.c 就保存到 d:\c123 位置。

文件菜单中有三个与保存相关的命令,即"保存"、"另存为"和"保存全部"。其中:

"保存"命令用于保存当前编辑的文件。

"另存为"命令用于将当前编辑的文件以新的文件名或新的位置保存。

"保存全部"命令用于保存所有打开的文件。

(4)编译源文件。

单击"组建"菜单,选择"编译[first.c]"命令,对 first.c 文件进行编译。此时会在输出窗口显示编译结果。如果源程序正确,则生成一个目标文件(扩展名为.obj)。如果源程序有错,则在输出窗口显示出错信息。

注意:在选择"编译[first.c]"命令后,VC 6.0 会弹出一个询问对话框,如图 1.14 所示。意思是:"需要有一个活动项目工作区才能执行编译命令,是否创建一个默认的项目工作区?"这里选择"是"。

图 1.14 "创建默认项目工作区"对话框

(5)链接目标文件。

目标文件还需要通过链接才能生成可执行文件。单击"组建"菜单,选择"组建[first.exe]"命令,将启动模块、库模块和目标模块连接。链接信息显示在输出窗口,如果链接无误,则生成一个可执行文件(扩展名为.exe)。

如果编译和链接均正确无误,VC 6.0 将会在源文件所在的路径下新建一个 Debug 文件夹,在该文件夹中可以找到编译生成的目标文件(first.obj)和链接生成的可执行文件(first.exe)。

以上编译和链接两步可以并为一步来操作。单击"组建"菜单,选择"组建"命令即可完成编译和链接。

(6)运行可执行文件。

单击"组建"菜单,选择"执行[first.exe]"命令,即可运行当前可执行文件。VC 6.0 将打开一个控制台窗口(或命令提示符窗口),在其中运行可执行文件,并显示运行结果,如图 1.15 所示。VC 6.0 自动在运行输出结果的最后一行添加一条提示信息:"Press any key to continue"(按任意键继续),即按任一键后关闭该窗口。

图 1.15　程序的运行结果

（7）调试和修改程序。

在编写或编辑程序的过程中不免会有错误，调试就是要发现这些可能的错误并加以改正。VC 6.0 编译器能帮助用户检查出程序中的语法错误，只要发现有错，就会在输出窗口给出错误提示信息。

例如，在 first.c 源文件的编辑窗口中，把倒数第 2 行末尾的分号删除，然后编译该文件，编译后就会在输出窗口显示编译错误提示信息，如图 1.16 所示。可以看出，编译器检查出程序中有一处有错，并给出编译错误提示信息："syntax error : missing ';' before '}'"。

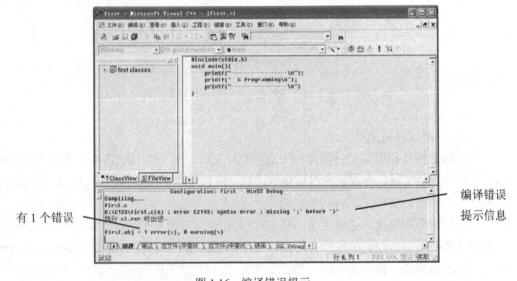

图 1.16　编译错误提示

要找出程序中与错误提示信息所对应的出错位置，只需在一条错误提示信息上双击鼠标，VC 6.0 将在输出窗口高亮显示该行提示信息，并切换到出错的源文件的编辑器窗口，然后在发现错误的代码行的前面作上标记，如图 1.17 所示。

第 1 章　计算机语言与程序设计基本知识

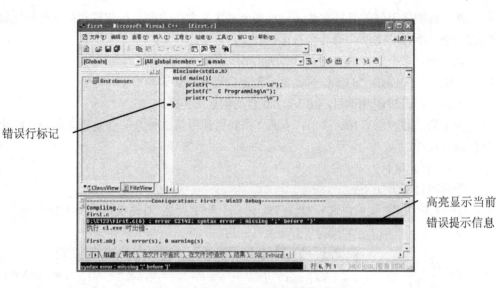

图 1.17　编译错误提示信息与错误行标记

编译器给出的错误提示有两类：一类称为"error"（错误），另一类称为"warning"（警告）。编译器发现错误就不会生成目标文件，所以把这一类错误称为"致命性错误"，必须找到并改正。而警告属于"轻微性错误"，如果程序代码中只是出现这一类错误，编译器仍然可以生成目标文件，也不会影响链接，但在运行时可能会出错。因此，严格地讲，应该修改程序代码直至既无致命错误，也无警告。

有了编译器的错误提示信息，找到编译错误相对较容易。但是，对于逻辑错误和运行错误编译器就无能为力了，大多数情况下需要通过跟踪程序的执行过程，观察和分析程序执行的中间结果才能找到错误位置。VC 6.0 支持以下调试方法：

① 让程序执行到特定的位置时暂停，以便观察阶段性结果。
② 在监视窗口中添加变量，以便观察程序执行过程中这些变量值的变化。
③ 单步执行或者跟踪执行某些可能有问题的语句。

对于这些调试方法的具体操作请读者查阅相关资料，这里不再详述。

（8）打开/关闭工作区。

VC 6.0 通过项目工作区来组织和管理各类文件，要查看、编辑或修改文件首先要打开项目工作区，然后再打开项目工作区中指定的文件。使用后关闭工作区。

单击"文件"菜单，选择"打开工作空间"命令，在弹出的"打开工作区"对话框中选定项目工作区文件（扩展名为.dsw），即可打开项目工作区。

单击"文件"菜单，选择"关闭工作空间"命令，关闭项目工作区。

4. 创建包含多个文件的 C 程序

一个规模较大的程序中可能会包含多个源文件。如果一个程序包含多个源文件，则需要创建一个项目（project），然后在这个项目中添加多个文件（包括源文件和头文件）。

项目是放在工作区中的，因此还要创建工作区。在 VC 6.0 中，一个工作区可以包含多个项目，一个项目对应一个程序，一个程序（项目）可以包含多个文件。

在包含多个源文件的项目中，VC 6.0 对项目中的每个文件分别进行编译，生成各自的目标文件；再把所得到的目标文件、标准库函数在库文件中的目标代码和启动代码连接起来，生成一个可执行的文件；最后运行可执行文件。

创建包含多个文件的 C 程序，通常使用以下两种方法：

方法一：先创建空的工作区，然后创建项目并添加到当前工作区。

方法二：直接创建项目，由 VC 6.0 自动创建工作区。

由于第二种方法直接、简单，下面介绍如何使用第二种方法创建包含多个文件的 C 程序具体操作过程。

（1）新建项目。

新建项目步骤如下：

① 单击"文件"菜单，选择"新建"命令，打开的"新建"对话框，如图 1.18 所示。

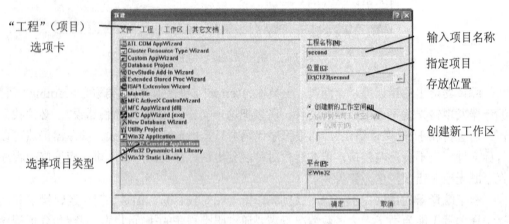

图 1.18　"新建"对话框

② 单击"工程"选项卡，在左边的项目类型列表框中选择"Win32 Console Application"，即创建 Win32 控制台应用程序。（控制台是指 Windows 的命令提示符窗口，在其中可以运行 DOS 程序。）在右边的"工程名称"文本框中输入新项目的名称，例如 second。

③ 在"位置"文本框中指定新项目存放的路径，例如 d:\c123。同时，VC 6.0 会在"位置"文本框中自动加上新建项目名，即完整的新项目存放路径为：d:\c123\second。VC 6.0 会自动为新项目创建工作区。

④ 单击"确定"按钮，打开"Win32 Console Application – 步骤1 共1步"对话框，如图 1.19 所示。

⑤ 选择"一个空工程"单选按钮后单击"完成"按钮，出现"新建工程信息"对话框，如图 1.20 所示。在该对话框中可以看到新建项目的类型和位置。单击"确定"按钮，VC 6.0 将创建 d:\c123\second 文件夹，并创建工作区文件 second.dsw 和项目文件 second.dsp。然后返回到 VC 6.0 主窗口。

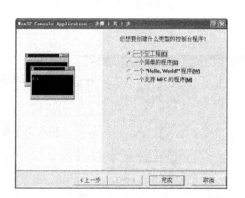
图 1.19 "控制台应用程序创建向导"对话框

图 1.20 "新建工程信息"对话框

⑥ 单击工作区窗口中的"FileView"（文件视图）选项卡，窗口内有一个树形结构，如图 1.21 所示。根节点为新创建的工作区名称 second，工作区的子节点为其所包含的项目，现有 1 个项目 second。

每个项目中通常包含"Source Files"（源文件）、"Header Files"（头文件）和"Resource Files"（资源文件），现在项目中不包含任何文件。

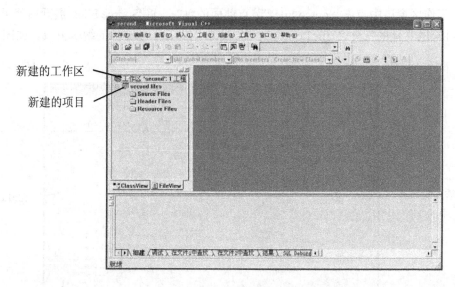
图 1.21 新建的工作区与项目

（2）为项目添加源文件。
为项目添加源文件，可以采用以下两种方法：
方法一：创建新文件，并添加到项目中。
方法二：向项目中添加已创建好的文件。
方法一的操作步骤如下：

① 单击"文件"菜单,选择"新建"命令,在打开的"新建"对话框中单击"文件"选项卡,如图 1.22 所示。

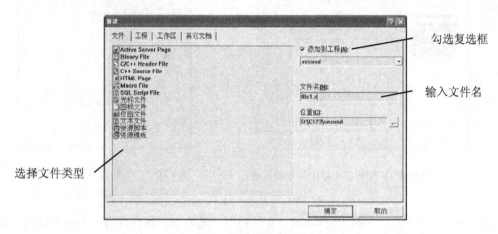

图 1.22 "新建"对话框

② 在左边的列表框中选择"C++ Source File"类型,勾选右边的"添加到工程"复选框,然后在下拉列表框中选择要添加到的项目 second。在"文件名"文本框中输入文件名 file1.c。

③ 单击"确定"按钮,返回到 VC 6.0 主窗口。

④ 在工作区窗口中点击"Source Files"节点前面的"+"。将"Source Files"展开后就可以看到新添加进来的文件的文件名 file1.c,同时 VC 6.0 也打开了该文件的编辑窗口。如图 1.23 所示。

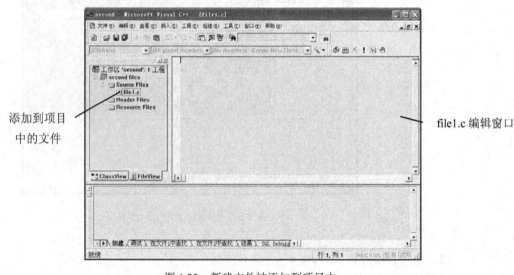

图 1.23 新建文件被添加到项目中

⑤ 在编辑窗口输入程序代码。如输入以下程序代码:
#include<stdio.h>

```
int max(int,int);
void main()
{
    int a, b, m;
    a = 225;
    b = 350;
    m = max(a, b);
    printf("m=%d\n", m);
}
```

⑥ 单击"文件"菜单，选择"保存"命令，或者单击"标准"工具栏中的"保存"按钮，将源程序文件 file1.c 保存到 d:\c123\second 中。

⑦ 用同样的方法再添加其他源文件。

方法二的操作步骤如下：

① 单击"工程"菜单，选择"增加到工程"子菜单中的"文件"命令，打开"插入文件到工程"对话框，如图 1.24 所示。

图 1.24 "插入文件到工程"对话框

② 在"插入文件到工程"对话框中找到要添加的文件（也可以同时添加多个文件），例如选择文件 file2.c。

③ 单击"确定"按钮，即文件 file2.c 添加到了项目 second 中。此时，屏幕返回到 VC 6.0 主窗口。

④ 在工作区窗口中双击文件名 file2.c，可以打开文件 file2.c 的编辑窗口。file2.c 的源程序代码如下：

```
int max(int x,int y)
{
    return (x>y ? x : y);
}
```

⑤ 双击文件名 file1.c 和 file2.c，可以在 file1.c 和 file2.c 编辑窗口之间进行切换，如图 1.25 所示。

注意：对于向项目中添加已存在文件的操作，只是一种逻辑上的添加，实际文件仍然在原来的位置。

（3）编译和连接。

对于包含多个源文件的项目，应分别对各源文件进行编译，只有当各源文件编译无误之后，才能连接生成可执行文件。操作方法如下：

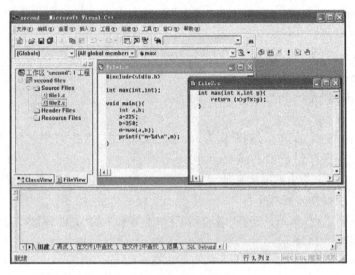

图 1.25 包含两个文件的项目

① 在工作区窗口中双击文件名 file1.c，单击"组建"菜单，选择"编译[file1.c]"命令，对 file1.c 文件进行编译。如果源程序正确，则生成一个目标文件 file1.obj。

② 在工作区窗口中双击文件名 file2.c，单击"组建"菜单，选择"编译[file2.c]"命令，对 file2.c 文件进行编译。如果源程序正确，则生成一个目标文件 file2.obj。

③ 单击"组建"菜单，选择"组建[second.exe]"命令，将启动模块、库模块和 file1.obj、file2.obj 目标模块连接。如果连接无误，则生成一个可执行文件 second.exe（实际上该项操作可以完成对项目中各源文件的编译和连接）。

（4）运行可执行文件。

单击"组建"菜单，选择"执行[second.exe]"命令，即运行可执行文件 second.exe。程序运行输出结果如图 1.26 所示。

图 1.26 程序的运行结果

习 题 1

一、选择题

1. 计算机硬件系统能够直接识别和执行的语言是_____。
   A）自然语言　　B）机器语言　　C）汇编语言　　D）高级语言

2. 结构化程序由三种基本结构组成，分别是_____。
   A）输入、处理、输出
   B）树形、网形、环形
   C）顺序、选择、循环
   D）主程序、子程序、函数

3. 要把高级语言源程序翻译成目标程序，需要使用_____。
   A）编辑程序　　B）驱动程序　　C）诊断程序　　D）编译程序

4. 最初开发 C 语言是为了编写_____操作系统。
   A）Windows　　B）DOS　　C）UNIX　　D）Linux

5. 不属于 C 语言特点的是_____。
   A）C 语言具有可移植性
   B）C 是一种面向对象程序设计语言
   C）C 语言具有自我扩充能力
   D）C 程序执行效率较高

6. 一个 C 程序的执行是从_____。
   A）main 函数开始，直到 main 函数结束
   B）第一个函数开始，直到最后一个函数结束
   C）第一个语句开始，直到最后一个语句结束
   D）main 函数开始，直到最后一个函数结束

7. 在一个 C 程序中_____。
   A）main 函数必须出现在所有函数之前
   B）main 函数可以在任何地方出现
   C）main 函数必须出现在所有函数之后
   D）main 函数必须出现在固定位置

8. 以下叙述中正确的是_____。
   A）C 程序中注释部分可以出现在程序中任意合适的地方
   B）花括号"{"和"}"只能作为函数体的定界符
   C）构成 C 程序的基本单位是函数，所有函数名都可以由用户命名
   D）分号是 C 语句之间的分隔符，不是语句的一部分

9. C 语言编译程序的首要工作是_____。
   A）检查 C 程序的语法错误
   B）检查 C 程序的逻辑错误
   C）检查 C 程序的完整性
   D）生成可执行文件

10. 经过链接生成的可执行文件的扩展名是_____。
    A）.c　　　　B）.exe　　　　C）.o　　　　D）.obj

二、填空题

1. 计算机语言通常分为__[1]__、__[2]__和__[3]__三类。
2. 高级语言源程序有两种翻译方式，即__[4]__和__[5]__。
3. 结构化程序设计的主要原则可以概括为__[6]__、__[7]__和__[8]__等。
4. 程序调试的主要目的是为了__[9]__。
5. C 程序的基本模块是__[10]__。

第2章　数据类型、运算符和表达式

C 语言的一个主要特点就是它具有丰富的数据类型和运算符。C 语言处理的数据类型不仅有字符型、整型、实型等基本数据类型，还可以有由它们构成的数组、结构等构造类型以及指针类型等。丰富的运算符使得 C 语言描述各种算法的表达方式也更具灵活性。

本章主要介绍 C 语言的字符集和关键字、C 语言的基本数据类型、常量和变量、基本运算符与表达式；重点阐述了变量的基本概念和类型说明、基本运算符的优先级和结合性以及数据类型转换等的内容。

2.1　C 语言字符集、关键字和标识符

2.1.1　字符集

字符集是构成 C 语言的基本元素。用 C 语言编写程序时，除字符型数据外，其他所有成分必须由字符集中的字符构成。C 语言的字符集由下列字符构成：

（1）字母。

26 个英文小写字母（a、b…z）和 26 个英文大写字母（A、B…Z）。

（2）数字。

10 个十进制数字字符：0、1…9。

（3）空白符。

空白符包括空格符、制表符、回车换行符等。一般说来，空白字符在语法上仅起分隔单词的作用。在相邻的标识符、关键字和常量之间需要用空白字符将其分隔开，其间的空白字符可以一个或多个，例如在变量说明语句 int　i,j,x；中，关键字 int 和变量名 i 相邻，则 int 和 i 之间至少需要一个空格，也可以间隔多个空格。此外，任何单词之间都可以加空白字符(一般加空格或换行)以增加程序的可读性。

为了表述的方便，本书中在需强调的地方用"∠"代表回车换行符，用"⌣"代表空格符。

（4）特殊字符。

特殊字符包括：+、-、*、/、%、=、(、)、<、>、[、]、{、}、!、&、|、,、?、~、#、_、'、"、;、:、.、\。

在编写 C 语言程序时，只能使用 C 语言字符集中的字符，且区分大小写字母。如果使用其他字符，C 语言编译系统不予识别，均视为非法字符而报错。

2.1.2　关键字

关键字是由编译程序预定义的、具有固定含义的、在组成结构上均由小写字母构成的标

识符，但用户不能用它们来作为自己定义的常量、变量、类型或函数的名字。所以，关键字又称为保留字，即被保留作为专门用途的特殊标识符。

C 语言中共有 32 个保留字，分为以下几类：

（1）类型说明保留字。

即用于说明变量、函数或其他数据结构类型的保留字。它们是：

int、long、short、float、double、char、unsigned、signed、const、void、volatile、enum、struct、union。

（2）语句定义保留字。

即用于表示一个语句功能的保留字。它们是：

if、else、goto、switch、case、do、while、for、continue、break、return、default、typedef。

（3）存储类说明保留字。

即用于说明变量或其他数据结构存储类型的保留字。它们是：

auto、register、extern、static。

（4）长度运算符：sizeof。

即用于以字节为单位计算类型存储大小的保留字。

2.1.3　标识符

标识符用于给变量、函数和其他用户自定义类型命名。C 语言的标识符必须按以下规则构成：

（1）必须以英文或下画线开始，并由字母、数字和下画线组成。例如：ghVG、_qdv、b591 都是合法的标识符，而 6wh、-abc 则是非法的标识符。

（2）标识符的长度因不同的编译系统会有所不同，但至少前 8 个字符有效。例如，如果一个系统最多识别 8 个字符，那么 student_1 和 student_2 将被视为同一名字，因为它们的前 8 个字符是相同的。在 TC2.0 和 BC3.1 中，标识符的有效长度为 1~32 个字符。在 VC 6.0 中，标识符的有效长度为 1~255 个字符。

（3）大写字母和小写字母代表不同的标识符，如 abc 和 ABC 是两个不同的标识符。

（4）不能用 C 语言的关键字作为标识符，也不能和已定义的函数名或系统标准库函数名同名。

（5）以下画线开头的标识符一般用在系统内部，作为内部函数和变量名。

（6）虽然可以随意命名标识符，但由于标识符是用来标识某个对象名称的符号，因此，命名应尽量有相应的意义，以便"见名知意"，便于阅读理解。

例如，下面的表示是合法的标识符：

a　　b4　　xy　　c12　　name_men　　　SIZE_PI

下面的表示均不是合法的标识符：

4gh　　不是以字母开头。

girl.no, up-down　　含有非字母非数字的字符。

name men　　这是两个标识符而不是一个标识符，因一个标识符内部不能有空格字符。

2.2 数据与数据类型

2.2.1 程序中数据的表示形式

程序中处理的主要对象是数据,数据在程序中有两种表示形式:常量和变量。要创建一个应用程序,首先要描述算法,算法中要说明的数据也是以常量和变量的形式来描述的。所以,常量和变量是程序员编程时使用最频繁的两种数据形式。

1. 常量

在程序运行过程中,其值不能被改变的量称为常量。常量区分为四种类型:整型常量、实型常量、字符型常量和字符串常量。程序中的常量可以有两种形式:一种是文字常量,简称常量或常数;另一种是符号常量。符号常量是用标识符表示的文字常量,标识符是文字常量的名字。习惯上,符号常量名用大写,变量名用小写,以示区别。

如 6、0、-5 为整型常量,5.3、-2.4 为实型常量,'a'、'b'为字符常量,"abc"为字符串常量。也可以用一个名字(字符序列)来代表一个常量,如以下示例。

【例 2.1】 符号常量的定义方法。
程序如下:
```
#include<stdio.h>
#define PI 3.14

void main( )
{
    int r, s;
    r = 3;
    s = PI * r * r;
    printf("s=%d", s);
}
```
此段程序先用#define 命令行定义 PI 代表常量 3.14,后面在此文件中出现 PI 都代表 3.14。这种用一个标识符代表一个常量的,称为符号常量。

注意:符号常量定义必须放在程序的开头,每个定义必须独占一行,其后不能跟分号。
在程序中使用符号常量的优点:

(1)修改程序方便。当程序中多处使用某个常量而要修改该常量时,修改的操作十分繁琐,漏改了一处,程序运行结果就会出错。

(2)为阅读程序提供了方便。

2. 变量

在程序运行过程中,其值可以被改变的量称为变量。变量被分为不同类型,在内存中占用不同的存储单元,以便用来存放相应变量的值。编程时,用变量名来标识变量,变量的命名规则同标识符的定义规则相同。

C 语言系统本身也使用变量名,一般都以下画线"_"开头。为此,为了区分系统变量,用户程序中的变量名一般都不以"_"开头。给变量取名时,为了方便阅读和理解程序,一般都用代表变量值或用途的标识符。可以是英文单词或缩写,也可以是中文拼音字母或缩写。例如,存放姓名的变量名可以为"name",也可以为"xm"。

变量定义包括三部分：

[存储属性] <数据类型> <变量名表>

存储属性决定了变量的存在性和可见性；数据类型决定了变量的取值范围和占用内存空间的字节数；变量名表是具有同一数据类型变量的集合，使用逗号分隔变量名表中的多个变量，并使用分号结束语句。

在 C 语言中，要求对所有用到的变量作强制定义，也就是"先定义，后使用"，这样做的目的在于：

（1）凡未被事先定义的，系统不把它认作变量名，这就能保证程序中变量名使用得正确。例如，如果在声明部分有语句：

int student;

而在执行语句中错写成 student1。例如：

student1=20;

在编译时检查出 student1 未经定义，不作为变量名，因此输出"Undefined symbol student1 in function main"（在 main 函数中 student1 未定义）的信息，提醒用户检查错误，避免使用变量名时出错。

（2）每一个变量被指定为一确定类型，在编译时就能为其分配相应的存储单元。如指定 c 为 int 型。

（3）每一变量属于一个类型，便于在编译时检查该变量所进行的运算是否合法。

2.2.2 C 语言的数据类型

数据是程序加工、处理的对象，也是加工的结果，所以数据是程序设计中所要涉及和描述的主要内容。程序所能够处理的基本数据对象被划分成一些组，或说是一些集合。属于同一集合的各数据对象都具有同样的性质，例如对它们能够做同样的操作，它们都采用同样的编码方式，等等。把程序语言中具有这样性质的数据集合称为数据类型。

为了数据存储和处理的需要，数据被划分为不同的类型。编译程序为不同的数据分配不同大小的存储空间(存储空间的大小即存储单元的字节数)，并对各类型规定了该类型数据所能进行的运算。由于给各类数据分配的存储空间总是有限的，所以任何一种类型的数据值被限制在一定的范围内，称为数据类型的值域。

C 语言的数据类型有基本类型、构造类型、指针类型和空类型，如图 2.1 所示。

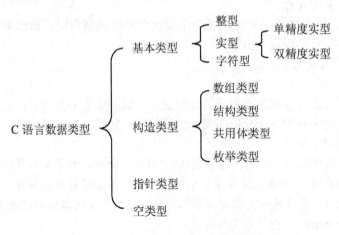

图 2.1 C 语言数据类型

1. 基本类型

基本数据类型的主要特点是其值不可再分解为其他类型。C 语言的基本数据类型包括整型、实型（也称浮点型）和字符型。由基本类型可以构造出其他复杂的数据类型，如数组、结构、共用体和枚举。本章主要介绍基本数据类型，其他数据类型将在后续章节中介绍。

2. 构造类型

构造类型是根据已定义的一种或多种数据类型用构造的方法定义的。也就是说，一个构造类型的值可以分解成若干个"成员"或"元素"。每个"成员"或"元素"都是一个基本数据类型或又是一个构造类型。C 语言的构造类型包括：数组类型、结构类型和共用体类型。

3. 指针类型

指针是一种特殊而又具有重要作用的数据类型，其值表示某个量在内存中的地址。虽然指针变量的取值类似于整型量，但这是两种完全不同类型的量，一个是变量的数值，而指针变量的值是变量在内存中存放的地址。

4. 空类型（无值型）

通常情况下，在调用函数时被调用函数要向调用函数返回一个函数值。函数值的类型应该在定义函数时在函数的说明部分（函数头）加以说明。例如在函数说明"int max(int a,int b,int c)"中，写在函数名 max 之前的类型说明符"int"就限定了该函数的返回值为整型。但是，在实际应用中也有这样一类函数：该函数被调用后无需向调用函数返回函数值，即该函数只是作为调用函数执行中的一个"过程"。像这样一类函数定义为"空类型"（也称"无值型"），其类型说明符为 void。

2.2.3 整型数据

1. 整型常量

整型常量就是整数。在 C 语言中，整型数有三种表示形式：十进制整数形式，八进制整数形式和十六进制整数形式。

（1）十进制整型数。

用（0~9）10 个数字表示。例如：

12，65，-456，65535 等。

（2）八进制整型数。

以 0 开头，用（0~7）8 个数字表示。例如：

014，0101，0177777 等。

（3）十六进制整型数。

以 0X 或 0x 开头，用（0~9）10 个数字、A~F 或 a~f 字母表示。例如：

0xC，0x41，0xFFFF 等。

八进制数和十六进制数一般用于表示无符号整数。

（4）长整型数。

在 C 语言中，整型数又可分为基本整型、长整型、短整型、无符号整型等。

长整型数用后缀"L"或"l"来表示。例如：

十进制长整型数：　　12L，65536L 等。

八进制长整型数：　　014L，0200000L 等。

十六进制长整型数：0XCL，0x10000L 等。

（5）无符号整型数。

无符号整型数用后缀"U"或"u"表示。例如：

十进制无符号整型数：　　15u，234u 等。

八进制无符号整型数：　　017u，0123u 等。

十六进制无符号整型数：　0xFu，0xACu 等。

十进制无符号长整型数：　15Lu，543Lu 等。

2. 整型变量

整型变量可分为：基本型、短整型、长整型和无符号整型 4 种类型，其定义的关键字如下：

（1）基本型：用 int 表示。

（2）短整型：用 short int 或 short 表示。

（3）长整型：用 long int 或 long 表示。

（4）无符号整型：

无符号整型：用 unsigned int 或 unsigned 表示。

无符号短整型：用 unsigned short int 或 unsigned short 表示。

无符号长整型：用 unsigned long int 或 unsigned long 表示。

数据类型的描述确定了数据所占内存空间的大小和取值范围。表 2.1 列出了在 16 位计算机中整型类型在内存中所占字节数以及取值范围。

表 2.1　　　　　　　　　　　　整型类型分类表

变量类型名	类型说明符	所占字节数	取值范围
基本整型	int	2	-32768~32767
短整型	short int(short)	2	-32768~32767
长整型	long int(long)	4	-2147483648~2147483647
无符号基本型	unsigned int	2	0~65535
无符号短整型	unsigned short int	2	0~65535
无符号长整型	unsigned long int	4	0~4294967295

说明：

（1）标准 C 语言并没有具体规定各类数据所占内存的字节数，不同的编译系统在处理上有所不同，一般取计算机系统的字长或字长的整数倍作为数据所占的长度。

（2）在 Turbo C 中，基本型（int）和短整型（short）是等价的，都是占 2 个字节；在 VC 中，int 类型和 short 类型所占的字节数是不同的，int 类型占 4 个字节，short 类型占 2 个字节。

【例 2.2】　在 Visual C++ 6.0 编程环境下，输出整型数据所占字节的大小。

程序如下：

```
#include <stdio.h>

void main( )
{
    printf("基本型占%d 个字节。\n", sizeof(int));
    printf("短整型占%d 个字节。\n", sizeof(short));
    printf("长整型占%d 个字节。\n", sizeof(long));
    printf("无符号基本型占%d 个字节。\n", sizeof(unsigned));
    printf("无符号短整型占%d 个字节。\n", sizeof(unsigned short));
    printf("无符号长整型占%d 个字节。\n", sizeof(unsigned long));
}
```

程序运行结果为：
基本型占 4 个字节。
短整型占 2 个字节。
长整型占 4 个字节。
无符号基本型占 4 个字节。
无符号短整型占 2 个字节。
无符号长整型占 4 个字节。

以上程序中使用了 C 语言内置的单目运算符"sizeof"，该运算符称为"长度运算符"或"取占内存字节数"运算符，运算优先级为 2 级，运算结合性为右结合。使用 sizeof 构成表达式的一般格式为：

sizeof(类型说明符)
sizeof(常量)
其值为类型说明符指定类型数据或某常量在内存中所占的字节数。
例如：
sizeof(int)   //该表达式的值为 4，即 int 型数据在内存中占 4 个字节。
sizeof(short)   //该表达式的值为 2，即 int 型数据在内存中占 2 个字节。
sizeof(322)   //该表达式的值为 4，即整数 322 在内存中占 4 个字节。

【例 2.3】 求 50 的三次方。
程序如下：
```
#include<stdio.h>

void main( )
{
    short int x;
    x = 50 * 50 * 50;
    printf("%d\n", x);
}
```

程序运行结果为：
-6072

显然，这个结果是不正确的。其原因是 50*50*50 的值超出了短整型变量 x 的取值范围（125000>32767）。因此，应将变量 x 定义为基本型或长整型，即将以上程序中的第 4 行改为：int x;，程序如下：
#include<stdio.h>

```
void main( )
{
    int x;                    //或改为：long int x;
    x = 50 * 50 * 50;
    printf("%d\n", x);
}
```

程序运行结果为：
125000

本例说明，在定义变量时，要注意不同数据类型的取值范围，当其值超出了最大取值范围时，就会产生"溢出"错误。

2.2.4 实型数据

1. 实型常量

实数在 C 语言中又称浮点数。实数有两种表示形式：

（1）十进制数形式。

它是由整数、小数点、小数三部分组成，其中整数部分或小数部分可以省略。如 3.123、-6.9、0.0、.2、2.等都是十进制数形式。

（2）指数形式。

在 C 语言中，指数形式用 e(或 E)代表"×10"，指数部分与前面的符号平齐。如 2.4e4 或 2.4E4 都代表 $2.4×10^4$。

注意：

①字母 e(或 E)之前必须有数字。

②e(或 E)后面的指数必须为整数。

如：e-4，e6，7e3.2 等都是不合法的。

2. 实型变量

实型变量又称为浮点型变量，分为单精度型、双精度型和长双精度型三类。C 语言编译程序为不同类型的数据分配不同大小的存储空间，表 2.2 列出了在 16 位计算机中的浮点型数据在内存中所占的字节数、取值范围和有效数字。

表 2.2　　　　　　　　　　　　浮点类型分类表

变量类型名	类型说明	所占字节	取值范围	有效数字
单精度型	float	4	$\pm 3.4 \times 10^{-38} \sim \pm 3.4 \times 10^{38}$	7
双精度型	double	8	$\pm 1.7 \times 10^{-308} \sim \pm 1.7 \times 10^{308}$	16
长双精度型	long double	10	$\pm 1.2 \times 10^{-4932} \sim \pm 1.2 \times 10^{4932}$	19

说明：

（1）在 VC 中，long double 类型占 8 个字节。

（2）所有浮点常量默认为 double 类型，当把一个浮点常量赋给不同精度的浮点变量时，系统将根据变量的类型截取浮点常量的有效数字。如果要把一个浮点常量指定为 float 类型，则需要在常量后加后缀 f 或 F；指定为 long double 类型时，需加后缀 l 或 L。

【例 2.4】 分析以下程序的运行结果。

```
#include<stdio.h>

void main( )
{
    float f;
    double d;
    f = 123456789.345;
    d = 123456789.345;
    printf("f=%f\n", f);
    printf("d=%f\n", d);
}
```

编译以上程序时，系统会对程序中的第 6 行语句给出以下警告信息：

warning C4305: '=' : truncation from 'const double' to 'float'

即警告：系统会将赋值运算符"="后面的 double 型常量按 float 型有效位数进行截取。尽管警告性错误仍允许程序继续执行运行操作，但有时会影响程序运行的结果。

以上程序运行结果为：

f=123456792.000000

d=123456789.345000

可以看出，由于变量 f（单精度浮点型变量）有效数字为 7 位，故后两位数字为无效数字；变量 d（双精度浮点型变量）有效数字为 16 位，故以上数字全部为有效数字。

2.2.5　字符型数据

1. 字符型常量

在 C 语言中，字符常量用单引号括起来的单个字符表示。例如：

'a', 'A', '=', '+', '?' 等

都是合法字符常量。

字符常量在计算机中是以 ASCII 码值存储的。因此，每个字符都对应一个 ASCII 码值（见附录1）。

字符常量有以下特点：

（1）字符常量只能用单引号括起来，不能用双引号或其他括号。

（2）字符常量只能是一个字符，不能是多个字符或字符串。

（3）字符常量可以是字符集中的任意字符。

在 C 语言中，还有一种特殊的字符常量称为"转义字符"。转义字符主要用来表示那些不可视的打印控制字符和特定的功能字符。

转义字符以反斜杠"\"开头，后跟一个或几个字符。

转义字符具有特定的含义，不同于字符原有的意义。

例如，函数调用语句 printf("C Programming\n");在输出字符串"C Programming"后，再输出回车换行。其中"\n"是一个转义字符，意义是"回车换行"。常用的转义字符及其含义见表 2.3。

表 2.3　　　　　　　　C 语言中常用的转义字符

转义字符	转义字符的意义	ASCII 码
\n	回车换行(newline)	010
\t	横向跳到下一制表位置(tab)	009
\v	竖向跳格(vertical)	011
\b	退格(backspace)	008
\r	回车(return)	013
\f	走纸换页(form feed)	012
\\	反斜线符"\"(backslash)	092
\'	单引号符(apostrophe)	039
\"	双引号符(double quote)	034
\a	鸣铃(bell)	007
\0	空字符(null)	000
\ddd	1～3 位八进制数所代表的字符	1～3 位八进制数
\xhh	1～2 位十六进制数所代表的字符	1～2 位十六进制数

使用转义字符"\ddd"和"\xhh"可以方便地表示任意字符。例如'\101'或'\x41'表示字母 A，'\102'或'\x42'表示字母 B。

'\0'或'\000'是代表 ASCII 码为 0 的控制字符，即空操作符。

注意，转义字符中的字母只能使用小写字母。在 C 程序中，对不可打印的字符，通常用

转义字符表示。

【例 2.5】 转义字符举例。

程序如下：
```c
#include<stdio.h>

void main( )
{
   printf("\101 \x42 C\n");
   printf("I say:\"How are you?\"\n");
   printf("\\C Program\\\n");
   printf("Turbo \'C\' ");
}
```

程序运行结果为：

A B C
I say: "How are you?"
\C Program\
Turbo 'C'

程序中用 printf 函数直接输出双引号内的各个字符。第四行"\101"表示 10 进制数 65（代表大写字母 A）；"\x42"表示 10 进制数 66（代表大写字母 B）；"\n"代表换行。第五行"\""表示在冒号后接着输出双引号。第六行"\\"表示输出"\"。第七行"\'"表示输出单引号。

2. 字符型变量

用来存放单个字符型数据的变量称为字符变量。字符变量的类型说明符是 char。
字符型变量的定义形式如下：
char   b1,b2;
它表示 b1 和 b2 为字符型变量，各可以存放一个字符，因此可以用下面语句对 b1、b2 赋值：

b1 = 'a';   b2 = ' b';
系统为每个字符型变量分配一个字节的内存空间，用于存放一个字符。在内存单元中，实际上存放的是字符的 ASCII 码值。例如：
char c1 = 'A', c2 = 'a';
则在内存中：
c1 单元存放的是 01000001（十进制 65）；
c2 单元存放的是 01100001（十进制 97）。
由此可见，字符数据在内存中的存储形式与整型数据的存储形式类似。所以，在 C 语言中字符型数据和整型数据之间可以通用，即
允许对整型变量赋以字符值；
允许对字符变量赋以整型值；
允许把字符变量按整型量输出；

允许把整型量按字符量输出；

允许整型量和字符量相运算。

注意，由于整型数据占用的字节数要比字符型数据多，故当整型数据按字符型数据处理时，只有低8位字节参与操作。

【例 2.6】 字符型变量的使用。

程序如下：

```c
#include<stdio.h>

void main( )
{
   char c1,c2;
   int x;
   c1 = 65;
   c2 = 97;
   x = 100 - c1;
   printf("c1=%c,c2=%c\nc1=%d,c2=%d\nx=%d\n", c1, c2, c1, c2, x);
}
```

程序运行结果为：

c1=A,c2=a

c1=65,c2=97

x=35

【例 2.7】 将小写字母转换为大写字母。

程序如下：

```c
#include<stdio.h>

void main( )
{
   char c1,c2;
   c1 = 'a';
   c2 = 'b';
   c1 = c1 - 32;
   c2 = c2 - 32;
   printf("%c,%c\n%d,%d\n", c1, c2, c1, c2);
}
```

程序运行结果为：

A,B

65,66

C 语言允许字符型变量用字符的 ASCII 码参与数值运算。因为大小写字母的 ASCII 码相差 32，所以运算后很方便地将小写字母换成大写字母。

2.2.6 字符串常量

C 语言除了允许使用字符常量外，还允许使用字符串常量。字符串常量是由一对双引号括起来的字符序列。例如，"Hello"、"B"、"How do you do"都是字符串常量。双引号仅起定界符的作用，并不是字符串中的字符。字符串常量中不能直接包括单引号、双引号和反斜杠"\"，可参照转义字符中介绍的方法。

C 语言中没有专门的字符串变量。字符串如果需要存放在变量中，需要用字符型数组来存放，有关字符串的输入输出在 9.1 节介绍。

例如：

char b;

b = 'a';　　　//是正确的

b = "a";　　　//是错误的

C 语言中规定在每个字符串的结尾加一个字符"\0"作为字符串结束标志。

可以用 s 格式符输出一个字符串，有以下几种用法：

（1）%ms：m 为输出时字符串所占的列数。如果字符串的长度(字符个数)大于 m，则按字符串的本身长度输出，否则，输出时字符串向右对齐，左端补以"空格"符。

（2）%-ms：m 的意义同上。如果字符串的长度小于 m，则输出时字符串向左对齐，右端补以"空格"符。

（3）%m.ns：输出占 m 列，但只取字符串左端 n 个字符。这 n 个字符输出在 m 列的右侧，左补空格。

（4）%-m.ns：其中 m、n 含义同上，n 个字符输出在 m 列范围的左侧，右补空格。如果 n>m，则 m 自动取 n 值，即保证 n 个字符正常输出。

【例 2.8】　　s 格式输出字符串常量举例。

程序如下：

```
#include<stdio.h>

void main( )
{
   printf("%s,%5s,%-10s\n", "Internet", "Internet", "Internet");
   printf("%10.5s,%-10.5s,%4.5s\n", "Internet", "Internet", "Internet");
}
```

程序运行结果为：

Internet,Internet,Internet

─────Inter,Inter─────,Inter

注意：系统输出字符和字符串时，不输出单引号和双引号。

2.3 运算符及表达式

用来表示各种运算的符号称为运算符。C 语言的运算符非常丰富，使用方法也非常灵活，这是 C 语言的主要特点。C 语言具有 44 种运算符，其中一部分与其他高级语言相同，而另外一部分与汇编语言相似。

运算符必须有运算对象。C 语言的运算符按其在表达式中与运算对象的关系(连接运算对象的个数)可以分为：

（1）单目运算：一个运算符连接一个运算对象。
（2）双目运算：一个运算符连接两个运算对象。
（3）三目运算：一个运算符连接三个运算对象。

若按它们在表达式中所起的作用又可以分为：

（1）算术运算符　　　　　　　　　（+ − * / %）
（2）关系运算符　　　　　　　　　（> < == >= <= !=）
（3）逻辑运算符　　　　　　　　　（! && ||）
（4）位运算符　　　　　　　　　　（<< >> ~ | ^ &）
（5）赋值运算符　　　　　　　　　（= 及其扩展赋值运算符）
（6）条件运算符　　　　　　　　　（?:）
（7）逗号运算符　　　　　　　　　（,）
（8）指针运算符　　　　　　　　　（* 和 &）
（9）求字节数运算符　　　　　　　（sizeof）
（10）强制类型转换运算符　　　　　（(类型)）
（11）分量运算符　　　　　　　　　（. →）
（12）下标运算符　　　　　　　　　（[ ]）
（13）其他　　　　　　　　　　　　（如函数调用运算符()）

表达式就是用运算符将运算对象(常量、变量、函数)连接而成的符合 C 语言规则的算式。C 语言是一种表达式语言，它的多数语句都与表达式有关。正是由于 C 语言具有丰富的多种类型的表达式，才得以体现出 C 语言所具有的表达能力强，使用灵活，适应性好的特点。从本质上说，表达式是对运算规则的描述并按规则执行运算，运算的结果是一个值，称为表达式的值，其类型称为表达式的类型。因此表达式代表一个值，它们等于计算表达式所得结果的值和类型。

当表达式中出现多个运算符，计算表达式的值时，就会遇到哪个先算、哪个后算的问题，我们把这个问题称为运算符的优先级。计算表达式值时，优先级高的运算符要先进行。同级别的运算符还规定了结合性。若自左向右，先遇到谁先算谁，则结合性称为自左向右；若是自右向左，后遇到谁先算谁，则结合性称为自右向左。

2.3.1 算术运算符和算术表达式

C 语言中的算术运算有单目运算和双目运算两种。

1. 双目运算符

+ 　（加法运算符。如 5+7）

- （减法运算符。如 7-4）
* （乘法运算符。如 8*3）
/ （除法运算符。如 7/3）
% （取模运算符，或称求余运算符。）

注意：

（1）要求取模运算符"%"两侧均为整型数据，结果的符号与运算符左边的操作数相同。如 9%7 的值为 2，-9%7 的值为-2，3%-7 的值为 3。

（2）两个整数相除的结果为整数。如 5/3 的结果值为 1，舍去小数部分。而 1/25 的值为 0。如果参加运算的两个数中有一个数为实数，则结果是 double 型，因为所有实数都按 double 型进行运算。

2. 单目运算符

+ （正值运算符。如+4）
- （负值运算符。如-9）
++ （自增运算符。如++a，a++）
-- （自减运算符。如--a，a--）

自增和自减运算符的功能是使变量自身的内容增 1 和减 1。例如：

++i 或--i （先进行 i=i+1 或 i=i-1 的运算，然后使用 i 变量的值）

i++或 i-- （先使用 i 变量的值，然后进行 i=i+1 或 i=i-1 的运算）

例如：

（1）i=1; j=i++; 经过运算，j 的值为 1，i 的值为 2。

而 i=1; j=++i; 经过运算，j 的值为 2，i 的值为 2。

（2）i=1; printf("%d",i++); 输出结果为 1。

而 i=1; printf("%d",++i); 输出结果为 2。

注意：

（1）自增运算符和自减运算符只能用于变量而不能用于常量或表达式。

例如：

① 3++ 是不合法的，因为 3 是常量，常量的值不能改变。

②(i+j)++ 也是不合法的，假如 i+j 的值为 1，那么自增后得到的 2 放在什么地方呢？无变量可供存放。

（2）++和--的结合方向是"自右至左"。

例如：printf("%d", -i++); i 的左面是负号运算符，右面是自加运算符。设 i=3，按右结合性，相当于-(i++)，则先取出 i 的值使用，输出-i 的值-3，然后使 i 增值为 4。注意(i++)是先用 i 的原值进行运算以后，再对 i 加 1，不要认为先加完 1 后再加负号，输出-4，这是不对的。

一般自增(减)运算符用于循环语句中使循环变量自动加(减)1。也用于指针变量，使指针指向下一个地址。这些将在以后的章节中介绍。

尽量不要在一般的表达式中将自增或自减运算符与其他运算符混合使用。

3. 算术表达式

由算术运算符、括号以及运算对象(也称操作数)组成的符合 C 语言语法规则的式子，称为 C 算术表达式。

例如下列式子均为算术表达式：

97%3+72/8

a*b+c/d-e

注意：

（1）算术表达式应能正确地表达数学公式。例数学表达式 $\dfrac{a+b}{c+d}$，相应的 C 语言表达式为：(a+b)/(c+d)，而不能写成 a+b/c+d。

（2）算术表达式的结果不应超过其所能表示的数的范围。如 32767+1，其结果会得出不正确的值。

（3）单目运算符的结合性是自右向左。

（4）同级双目算术运算符的结合性是自左向右。

【例 2.9】 区分整除运算符"/"和求余运算符"%"。

程序如下：

```
#include<stdio.h>

void main( )
{
    int x, y;
    x = 10;
    y = 3;
    printf("%d\n", x / y);
    printf("%d\n", x % y);
}
```

程序运行结果为：

3

1

【例 2.10】 区分先使用变量值和后使用变量值。

程序如下：

```
#include<stdio.h>

void main()
{
    int a, b, c, d;
    a = 1;
    b = 2;
    c = (a++) + (a++) + (a++);
    d = (++b) + (++b) + (++b);
    printf("c=%d,d=%d\n", c, d);
    printf("a=%d,b=%d\n", a, b);
```

}

程序运行结果为：
c=3,d=15
a=4,b=5

对于表达式(a++)+(a++)+(a++)，它是先把 a 的原值 1 取出来，作为表达式中 a 的值，然后进行三个 a 的相加，所以输出 c 的值为 3。最后再实现自加，所以输出 a 的值为 4；而对于表达式(++b)+(++b)+(++b)，++b 的自加是在整个表达式求解一开始时最先进行的，即对表达式扫描，先对 b 进行三次自加，b 得 5，然后进行 d=5+5+5 的运算，故 d 的值为 15，输出 b 的值为 5。

注意：在不同的 C 系统中得到的值可能有所不同。

2.3.2 赋值运算符和赋值表达式

赋值运算符分为两种：基本赋值运算符和复合赋值运算符。

1. 基本赋值运算符

C 语言的赋值运算符是"="，它的作用是将赋值运算符右边的数据或表达式的值赋给一个变量。

例如：
a = 4;   //将常量 4 赋给变量 a。
a = b + 3;   //将表达式 b+3 的值赋给变量 a。

如果赋值运算符两侧的数据类型不一样，在赋值时要进行类型转换。例如，执行语句"a=b;"时，将 b 的结果转换为 a 的类型后才能进行赋值运算。

2. 复合赋值运算符

在赋值运算符"="之前加上其他运算符，可以构成复合赋值运算符。在 C 语言中，凡是二目运算符，都可以与赋值符一起组成复合赋值符。C 语言规定可以使用 10 种复合赋值运算符。即：

+=, −=, *=, /=, %=, <<=, >>=, &=, ∧=, |=

例如：
a += 2   等价于：a = a + 2
x *= y + 4   等价于：x = x * (y + 4)
x %= 9   等价于：x = x % 9

赋值运算符都是自右向左执行的。C 语言采用复合赋值运算符，一是为了简化程序，使程序精练，二是为了提高编译效率。

3. 赋值表达式

由赋值运算符将一个变量和一个表达式连接起来的式子称为"赋值表达式"。

赋值表达式的一般形式为：

<变量> <赋值运算符> <表达式>

它的功能是将赋值运算符右边的"表达式"的值赋给左边的变量。注意：赋值表达式左边必须为变量，例如，下面的表达式均为赋值表达式：

b = 4	b 的值为 4。
e = f = -2	等价于 e=(f=-2),其值为-2。
a = (10 + 20) % 8 / 3	a 的值为 2。
x = (y = 10) / (d = 2)	x 的值为 5。

赋值表达式也可以包含复合的赋值运算符,例如,如果 a=10,表达式 a+=a-+a*a 的值为 -180。其求解步骤为:

(1)先进行 a-=a*a 的计算,它相当于 a=a-a*a=10-10*10=-90。

(2)再进行 a+=a=-90 的计算,它相当于 a=a+(-90)=-90-90=-180。

【例 2.11】 赋值表达式的使用。

程序如下:
```
#include<stdio.h>

void main( )
{
    int a = 3, b = 4, c = 5;
    a += b *= c;
    printf("%d,%d,%d\n", a, b, c);
}
```

程序运行结果为:
23,20,5

表达式 a+=b*=c,先计算 b*=c,相当于 b=b*c=4*5=20;接着计算 a+=20,相当于 a=a+20=3+20=23。故第一个输出语句结果为:23,20,5(c 没有变)。

2.3.3 强制类型转换运算符和表达式

在 C 语言中,不同类型的量可以参与同一表达式的运算。当参与同一表达式运算的各个量具有不同类型时,需进行类型转换。转换的方式有两种:"自动类型转换"和"强行类型转换"。

1. 自动类型转换

自动类型转换是当参与同一表达式中的运算量具有不同类型时,编译系统自动将它们转换成同一类型,然后再按同类型量进行运算的类型转换方式。

自动转换的规则为:当两个运算量类型不一致时,先将低级类型的运算量向高级类型的运算量进行类型转换,然后再按同类型的量进行运算。由于这种转换是由编译系统自动完成的,所以称为"自动类型转换"。各类型间自动类型转换规则如图 2.2 所示。

图中的箭头方向表示类型转换方向。横向向左箭头表示必定转换,如 float 类型必定转换成 double 类型进行运算(以提高运算精度);char 和 short 类型必定转换成 int 类型进行运算;纵向向上箭头表示当参与运算的量其数据类型不同时需要转换的方向,转换由"低级"向"高级"进行。例如,int 型和 long 型运算时,先将 int 型转换成 long 型,然后再按 long 型进行运算。float 型和 int 型运算时,先将 float 型转换成 double 型、int 型转换成 double 型,然后再按 double 型进行运算。从自动类型转换规则可以看出，这种由"低级"向"高级"转换的规则确保了运算结果的精度不会降低。自动类型转换也称隐式类型转换。

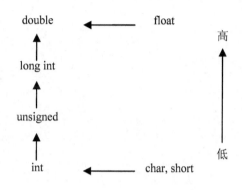

图 2.2　自动类型转换规则

2. 强制类型转换

自动类型转换提供了一种由"低级"类型向"高级"类型转换的运算规则，但有时候由于应用的需要，有意识地将某个表达式值的类型改变为指定的数据类型。为此，C 语言提供了一种强制类型转换功能。

强制类型转换的一般格式为：

（数据类型说明符）（表达式）

其功能是把表达式的运算结果强制转换成数据类型说明符所表示的类型。式中的"（数据类型说明符）"称为强制类型转换运算符，它是一个单目运算符，优先级为 2 级，结合性自右向左。

例如：

（int）6.25

即将浮点常量 6.25（单个常量或变量也可视为表达式）强制转换为整型常量，结果为 6。

例如：

（double）i

即将整型变量 i 的值转换为 double 型。

例如：

（int）（f1+f2）

即将 f1+f2 的值转换为 int 型。

实际应用中，一般当自动类型转换不能实现目的时，使用强制类型转换。强制类型转换主要用在两个方面：一是参与运算的量必须满足指定的类型，如模运算（或称求余运算）要求运算符（%）两侧的量均为整型量。二是在函数调用时，因为要求实参和形参类型一致，因此可以用强制类型转换运算得到一个所需类型的参数。

需要指出的是，无论是自动类型转换或是强制类型转换，都只是为了本次运算的需要而对变量或表达式的值的数据长度进行临时性转换，而不会改变在定义变量时对变量说明的原类型或表达式值的原类型。强制类型转换也称显式类型转换。

【例2.12】 赋值运算中的类型转换。

程序如下：

```c
#include<stdio.h>

void main()
{
    float PI = 3.14159;
    int s, r = 5;
    s = r * r * PI;
    printf("s=%d\n", s);
}
```

程序运行结果为：
s=78

本例程序中，PI 为实型；s，r 为整型。在执行 s=r*r*PI 语句时，r 和 PI 都转换成 double 型计算，结果也为 double 型。但由于 s 为整型，故赋值结果舍去了小数部分。

【例2.13】 分析下列程序结果。

程序如下：

```c
#include<stdio.h>

void main( )
{
    int n;
    float f;
    n = 25;
    f = 46.5;
    printf("(float)n=%f\n", (float)n);
    printf("(int)f=%d\n", (int)f);
    printf("n=%d,f=%f\n", n, f);
}
```

程序运行结果为：
(float)n=25.000000
(int)f=46
n=25,f=46.500000

可以看出，n 仍为整型，f 仍为浮点型。

2.3.4 关系运算符和关系表达式

1. 关系运算符

关系运算符是用来比较两个数值大小的，也称比较运算符。关系运算符均为双目运算符，C 语言提供 6 种关系运算符：

    <   （小于）
    <=   （小于或等于）
    >   （大于）
    >=   （大于或等于）
    = =   （等于）
    !=   （不等于）

关系运算符要求两个操作数是同一种数据类型，其结果为一逻辑值，即关系成立时，其值为"真"，用整数 1 表示；关系不成立时，其值为"假"，用整数 0 表示。

关系运算符优先级规定：

（1）算术运算符优先于关系运算符。

（2）<、<=、>、>=优先于= =、!=。

（3）<、<=、>、>=同级，结合性自左至右。

（4）= =、!=同级，结合性自左至右。

2. 关系表达式

由关系运算符将两个表达式(可以是算术表达式、关系表达式、逻辑表达式、赋值表达式或字符表达式)连接起来的式子称为关系表达式。例如，下面都是合法的关系表达式：

x<y、a+b>c+d、(a>b)<(c>d)、'x'>'y'、1>2>3。

关系表达式进行的是关系运算，也就是"比较运算"。比较的结果只可能有两个："真"或"假"。任何时候答案只可能是其中的一个，两种结果是相互对立不可能同时出现的。

注意：

（1）"1>2>3"作为关系式来说是正确的，其值为 0，即先计算"1>2"的结果为"0"(假)，然后计算"0>3"的结果为"0"(假)，它并不代表 1>2 且 2>3。

（2）关系运算符"= ="和赋值运算符"="表示不同的意义。"2= =3"的结果为"0"(假)，而"2=3"是不正确的表达式。

【例 2.14】 各种关系运算符的比较。

程序如下：

```
#include<stdio.h>

void main()
{
    int a = 3, b = 2, c = 1;
    printf("%d\n", a > b);
    printf("%d\n", b < c);
    printf("%d\n", a = = b + c);
    printf("%d\n", a > b > c);
```

}

程序运行结果为：
1
0
1
0

对于表达式"a>b"值为真，所以输出 1；对于表达式"b<c"值为假，所以输出 0；对于表达式"a==b+c"，因为关系运算符的优先级低于算术运算符，所以先计算"b+c"，其值为 3，接着判断 3 是否与 a 相等，为真，所以输出 1；对于表达式"a>b>c"，因为关系运算符的结合方向是自左向右，所以先判断"a>b"，其值为真，即为 1，接着判断 1 是否大于 c，显然结果为假，所以输出 0。

注意：如果用浮点数比较来测试某个条件，可能永远得不到所期望的结果，因为浮点数相除的结果有误差。

2.3.5 逻辑运算符和逻辑表达式

1. 逻辑运算符

逻辑运算实际上是复合的关系运算，即要判断一个大命题的成立与否，不仅要判断其中的各个小命题是否成立，还取决于每个小命题影响大命题成立的方式。

逻辑运算是在关系运算结果之间进行的运算，所有参与逻辑运算的运算量都是逻辑量（即值只为"真"或"假"的量），所以逻辑运算的结果也是逻辑值（"真"或"假"）。

C 语言提供三种逻辑运算符：

&&　　逻辑与
||　　逻辑或
!　　逻辑非

"&&"和"||"为双目运算符，它要求有两个操作数，如(b>c)&&(x>y)，(b>c)||(x>y)。"！"是单目运算符，仅对其右边的对象进行逻辑求反运算，如!(x>y)。

当 a 和 b 的值为不同组合时，其运算规则如表 2.4 所示。

表 2.4　　　　　　　　　　逻辑运算规则

数据 a	数据 b	!a	!b	a&&b	a||b
T	T	F	F	T	T
T	F	F	T	F	T
F	T	T	F	F	T
F	F	T	T	F	F

表中，T 表示真值，F 表示假值。
逻辑运算符的优先级规定：

（1）逻辑非（!）优先于双目算术运算符，双目算术运算符优先于关系运算符，关系运算符优先于逻辑与（&&），逻辑与（&&）优先于逻辑或（||）。

（2）单目逻辑运算符(!)和单目算术运算符（+、-、++、--）是同级别的，结合性是自右向左。

（3）双目逻辑运算符的结合性是自左向右。

例如：

(a>b)&&(c<d)　　　　等价于：a>b&&c<d

(a= =b)||(c= =d)　　　等价于：a= =b||c= =d

(!a)||(b>c)　　　　　等价于：!a||b>c

!!!x　　　　　　　　等价于：(!(!(!x)))

2. 逻辑表达式

用逻辑运算符将关系表达式或逻辑量连接起来的式子就是逻辑表达式。如：a&&b、(a+b)&&(x-y)、!a 均为逻辑表达式。

逻辑运算符两侧的运算对象不但可以是 0 和 1，或者是 0 或非 0 的整数，也可以是任何类型的数据。可以是字符型、实型或指针型等。系统最终以 0 和非 0 来判定它们属于"真"或"假"。C 语言系统对任何非 0 值都认定为逻辑"真"，而将 0 认定为逻辑"假"。如：

2&&2.5 的值是真（1）

-2.5&&0 的值是假（0）

注意：在 C 语言中，若逻辑运算符的左操作数已经能够确定表达式的值，则系统不再计算右操作数的值。

【例2.15】　各种逻辑运算符的比较。

程序如下：

#include<stdio.h>

```
void main( )
{
    int a = 3, b = 4, c = 5, x = 0, y = 0;
    printf("%d\n", a + b > c && b = = c);
    printf("%d\n", a++ || c++);
    printf("%d\n", !(x = a) && (y = b));
    printf("a=%d, c=%d\n", a, c);
    printf("x=%d, y=%d\n", x, y);
}
```

程序运行结果为：

0

1

0

a＝4, c＝5

x＝4, y＝0

第 5 行的表达式"a+b>c&&b= =c"可以写成((a+b)>c)&&(b= =c)，即(7>c) && (b= =c)。7>c 的值为 1，表达式可写成 1 && (b= =c)。b= =c 的值为 0，表达式可写成 1 && 0，最后表达式的值为 0。

第 6 行的表达式"a++||c++"，可以写成(a++)||(c++)，先计算 a++，结果是一个非 0 的数，也即是真(1)，而 1||(逻辑或)任何数，其结果都是 1，所以 c++没有被求解，a 值自增之后变为 4，c 的值没有变，仍是 5。

同理，在第 7 行表达式中，先计算(x＝a)，把 a 的值 4 赋给 x，x 的值也为 4，表达式可写成!4，其结果为 0，而 0&&(逻辑与)任何数，其结果都是 0，所以 y=b 也没有被求解，所以 y 的值没有变。

【例 2.16】 判断某一年 year 是否闰年。闰年的条件是符合下面二者之一：
（1）能被 4 整除，但不能被 100 整除。
（2）能被 4 整除，又能被 400 整除。
可以用一个逻辑表达式来表示：
(year % 4= =0 && year % 100!=0)||year % 400= =0
当 year 为某一整数值时，上述表达式值为真(1)，则 year 为闰年；否则，为非闰年。

2.3.6 条件运算符和条件表达式

1. 条件运算符
条件运算符为："？:"，要求有三个操作对象。它是 C 语言中唯一的一个三目运算符。

2. 条件表达式
条件表达式的一般形式是：
<表达式 1>？<表达式 2>：<表达式 3>
条件表达式功能：先计算表达式 1 的值，如果为真，则计算表达式 2 的值并把它作为整个表达式的值；如果表达式 1 的值为假，则计算表达式 3 的值并把它作为整个表达式的值。
例如：
c＝a>b？a:b
该表达式表示：如果 a 大于 b，则将 a 赋给 c，否则将 b 赋给 c，即 c 为 a 与 b 中值较大者。实际上，此表达式与下面的 if 语句是等价的。
if(a > b) c = a;   else c = b;
说明：
（1）条件运算符优先级别高于赋值运算符，低于关系运算符和算术运算符。
（2）条件运算符的结合方向是"自右至左"。如条件表达式："2>3?1:3<2?4:5"的值为 5。
（3）<表达式 1>与<表达式 2>、<表达式 3>的类型可以不同。

2.3.7 逗号运算符和逗号表达式

逗号运算符为"，"。它的作用是将两个表达式连接起来，组成一个逗号表达式。其一般形式为：
表达式 1，表达式 2
例如：
3-4，4+2

逗号表达式的执行过程是：先求表达式 1 的值，再求表达式 2 的值，表达式 2 的值就是整个逗号表达式的值。例如，上面的逗号表达式"3-4，4+2"的值为 6。又如：逗号表达式：a=2+4，a+6。

先对 a=2+4 进行处理，然后计算 a+6，a 的值为 6，整个表达式的值为 12。

一个逗号表达式可以与另一个表达式组成一个新的逗号表达式。如：
(a=2*5,a*3),a+7

先计算 a=2*5，a=10，然后再计算 a*3=30（但 a 的值未变，仍是 10），最后计算 a+7，即整个表达式的值为 17。

逗号表达式的一般形式可以扩展为：
表达式 1，表达式 2，表达式 3，…，表达式 n
其中表达式 n 的值是整个表达式的值。逗号运算符是所有运算符中级别最低的。

【例 2.17】 逗号表达式的应用。
程序如下：
#include<stdio.h>

```
void main()
{
    int a = 2, b = 4, c = 6, x, y;
    y = ((x = a + b), (b + c));
    printf("y=%d\nx=%d\n", y, x);
}
```

程序运行结果为：
y=10
x=6

可以看出：y 等于整个逗号表达式的值，也就是逗号表达式中表达式 2 的值，x 是表达式 1 的值。

说明：

（1）程序中使用逗号表达式，通常是要分别求逗号表达式内各表达式的值，并不一定要求整个表达式的值。

（2）并不是在所有出现逗号的地方都组成逗号表达式，如在变量说明中，函数参数表中的逗号只是用作各变量之间的间隔符。

习　题　2

一、选择题

1．以下选项中均为合法整型常量的是：_____。

　　A）160，0xffff，011　　　　　　　　B）-0xcdf，01a，0xe

C) -01, 986.012, 0668　　　　　　D) -0x48a, 2e5, 0x

2. 以下选项中不正确的转义字符是：_____。

   A) '\\'　　　　B) '\"'　　　　C) '077'　　　　D) '\0'

3. 设 a 为 int 类型，有语句段：a = -017L; printf("a=%d\n", a); ，则输出结果为：_____。

   A) -017　　　　B) -17　　　　C) -017L　　　　D) -15

4. 下列变量说明语句中，正确的是：_____。

   A) double: a,b,c;　　　　　　　　B) char a,b,c.
   C) int x,y,z=10;　　　　　　　　D) float x=y=10;

5. 以下为字符串常量的是：_____。

   A) 'China'　　　B) "_China"　　C) 'China\0'　　D) China

6. 以下不属于 C 语言数据类型的是：_____。

   A) short int　　　　　　　　　　B) unsigned long int
   C) unsigned int　　　　　　　　 D) long unsigned short

7. 以下选项中均为不合法浮点常量的是：_____。

   A) 160., 0.12, e3　　　　　　　B) 123, 2e2.5, e5
   C) -118, 1.24e5, 0.12　　　　　D) -3.e3,123.8,118

8. 以下选项中均为合法转义字符的是：_____。

   A) '\'', '\\', '\n'　　　　　　B) '\'', '\017', '\"'
   C) '\018', '\f', 'xab'　　　　 D) '\\0', '\101', '\x1f'

9. char 类型在内存中的存储形式是：_____。

   A) 原码　　　B) 反码　　　C) 补码　　　D) ASCII 码

10. 以下选项中正确定义符号常量的是：_____。

    A) #include NAME "Wang"　　　　B) #define NAME "Wang";
    C) #define NAME "Wang"　　　　 D) char NAME "Wang"

11. 下列运算符中，只能用于整型数据的是：_____。

    A) +　　　　B) -　　　　C) /　　　　D) %

12. 设有定义 int a=8,b=5,c; ，则执行语句 c=a/b+0.4; 后，c 的值是：_____。

    A) 1.4　　　B) 1　　　C) 2.0　　　D) 2

13. 设有定义 int a,b,i=18; double x, y; ，则符合 C 语言规则的表达式是：_____。

    A) y=(float)i　　　　　　　B) a=a*3=5
    C) x%(-7)　　　　　　　　　D) a+=a++=(b=4)*(a=6)

14. 设有定义 int k=11; ，则表达式 k++*1/3 的值是：_____。

    A) 0　　　　B) 3　　　　C) 11　　　　D) 12

15. 设有定义 float a=2; b=4; h=3; ，则以下 C 语言表达式中与代数式计算结果不相符的是：_____。

    A) (a+b)*h/2　　　　　　　B) (1/2)*(a+b)*h
    C) (a+b)*h*1/2　　　　　　D) h/2*(a+b)

16. 有以下程序：

    #include <stdio.h>

```
void main()
{
    int k=2, i=2, m;
    m=(k+=i*=k);
    printf("%d,%d\n", m, i);
}
```
执行后输出结果为：_____。
A）8,6　　　　　　B）8,3　　　　　　C）6,4　　　　　　D）7,4

17. 以下选项中，与表达式 k=n++ 等价的表达式是：_____。
A）k=n, n=n+1　　B）n=n+1,k=n　　C）k=++n　　D）k+=n+1

18. 设有定义 double x,y;，则表达式 x=2,y=x+3/2 的值是：_____。
A）3.500000　　B）3　　C）2.000000　　D）3.000000

19. 设有定义 int m=10;，则以下错误的表达式是：_____。
A）m++ = 15　　B）m = m++　　C）256　　D）m

20. 设有定义 int a=5;　float b=5.5;　，则以下错误的表达式是：_____。
A）a%3+b
B）b*b&&++a
C）(a>b)+((int)b%2)
D）---a+b

二、填空题

1. C 语言中标识符的首字符必须是　[1]　。
2. 在 VC 中，int 类型数据占用　[2]　个字节。
3. 若有变量说明语句：char c='\72';，则变量 c 包含　[3]　个字符。
4. 字符串"w\x53\\\np\103q"的长度是　[4]　。
5. 字符串"How are you?"在内存中占用　[5]　个字节。
6. 表达式 8/4*(int)2.5/(int)(1.25*(3.7+2.3))的数据类型为　[6]　。
7. 表达式 5 % 6 的值是　[7]　。
8. 设有定义 int x='f';，则执行语句 printf("%c\n",'a'+(x-'a'+1));　后输出结果是　[8]　。
9. 设 y 为 int 型变量，则描述"y 是偶数"的表达式是　[9]　。
10. 设有定义 int x=3,y=2; float a=2.5,b=3.5;，则表达式(x+y)%2+(int) a/(int)b 的值为 [10]　。
11. 设有定义 int a=6;，则表达式 a+=a-=a*a 的值是　[11]　。
12. 设有定义 int k;，则执行表达式 k=10, k++, k++, k+3 后，表达式的值是 15，变量 k 的值是　[12]　。
13. 以下程序：
```
#include <stdio.h>
void main()
{
    char a;
    a = 'H'-'A'+'0';
    printf("%c\n", a);
```

}
　　执行后的输出结果是__[13]__。

14．以下程序
```
#include <stdio.h>
#include <math.h>
void main()
{
    int a=1, b=4, c=2;
    double x=-10.5,y=4.0,z;
    z=(a+b)/c+sqrt(y)*1.2/c+x;
    printf("%f\n",z);
}
```
执行后的输出结果是__[14]__。

15．请写出数学式 $\cos 60° + 8e^y$ 的 C 语言表达式__[15]__。

第3章 顺序结构程序设计

程序是由若干条语句组成的语句序列，但程序在执行时并不一定按语句序列的书写顺序来执行。C 程序由三种基本结构组成。如果程序中的语句无条件地按语句的书写顺序执行，则称为"顺序结构"；如果某些语句需按一定的条件来决定是否执行，则称为"选择结构"；如果某些语句可在一定的条件下反复执行，则称为"循环结构"。

本章主要介绍 C 程序的基本语句和构成顺序结构的赋值语句、处理输入和输出的函数调用语句。

3.1 C 程序的基本语句

C 程序由 C 语句构成。C 程序中的语句应按 C 语言的语法规则书写并用来完成一定的功能。C 语句按其功能和结构可以分为声明语句、表达式语句、函数调用语句、控制语句、复合语句和空语句六类。

3.1.1 声明语句

在 C 语言中，对程序中用到的变量、数组、函数等数据对象必须遵循"先说明，后使用"的原则。声明语句就是对这些数据对象进行说明的语句。

声明语句的一般形式为：

　　类型说明符　变量名表列,数组说明符表列；

或：

　　类型说明符　函数名（形式参数表列）；

【例 3.1】 声明语句示例。

```
int a, b, x[10];          //变量 a、b 为整型变量，x 为整型数组。
char c1, c2;              //变量 c1、c2 为字符型变量。
int max(int x, int y);    //对函数 max 的声明，函数返回值为整型。
```

注意：由于对数据对象的声明并产生任何操作指令，所以在有些文献中没有把声明语句列作 C 语言的语句。

3.1.2 表达式语句

表达式语句是由一个表达式加一个分号"；"构成的语句。

表达式语句的一般形式为：

　　表达式；

C 语言规定一个语句必须以分号结尾，如果一个表达式不以分号结尾，那么它只是一个表达式而不是一个语句，不能作为一个语句独立的存在。

执行一个表达式语句就是计算该表达式的值，并将其结果保存在存储单元。如果计算的结果不被保存在一个存储单元，执行的操作就没有实际意义，如下例中的表达式语句 a+b；。

【例 3.2】 表达式语句示例。

```
c = a + b;          //赋值表达式语句
a += b + c;         //复合赋值表达式语句
a + b;              //算术表达式语句
i++;                //自增运算表达式语句
```

在表达式语句中，由赋值表达式构成的语句最为常用。赋值语句方便、简洁和灵活，可由形式多样的赋值表达式构成赋值语句。但需要注意的是，不要和变量定义时的赋初值相混淆。

3.1.3 函数调用语句

函数调用语句是由函数名和函数实际参数加上一个分号";"组成。

函数调用语句的一般形式为：

函数名(实际参数表列);

执行函数调用语句就是调用一个函数，并将其实际参数赋予被调用函数的形式参数，然后执行被调用函数的函数体中的语句，求得函数值（有关函数定义和调用的详细内容在第 6 章介绍）。

【例 3.3】 函数调用语句应用示例。

程序如下：

```
#include<stdio.h>

int max(int x, int y) //自定义函数max，求两个整数x和y中的最大数。
{
    if(x >= y)
        return x;
    else
        return y;
}

void main()
{
    int a, b, c;
    scanf("%d,%d", &a, &b);    //调用标准输入函数，从键盘输入整型数。
    c = max(a, b);             //调用自定义函数max，将求得的函数值赋给变量c。
    printf("The maximum is %d !\n", c);   //调用标准输出函数，输出变量c的值。
}
```

3.1.4 控制语句

控制语句是用于控制程序执行流程的语句。在C语言中，选择语句、循环语句、转向语

句等都属于控制语句,共有 9 种控制语句,分为以下 3 类:

(1) 选择语句:if 语句、switch 语句。

(2) 循环语句:while 语句、do while 语句、for 语句。

(3) 转向语句:goto 语句、continue 语句、break 语句、return 语句。

【例 3.4】 控制语句应用示例。

程序如下:

```
/* 求某个实数 x 的绝对值,用 if 语句实现。*/
#include<stdio.h>

void main()
{
    int x, y;
    scanf("%d", &x);
    if(x >= 0)     //if 语句
        y = x;
    else
        y = -x;
    printf("%d\n", y);
}
```

3.1.5 复合语句

把多个语句用大括号{ }括起来,就构成了一个复合语句。复合语句又称为分程序或语句块,在语法上被看作是单条语句,而不是多条语句。例如:

```
{
    t = a;
    a = b;
    b = t;
    printf("a=%f,b=%f\n", a, b);
}
```

就是一条复合语句。

复合语句内的各条语句都必须以分号";"结尾,但在大括号"}"外不要加分号。

复合语句可以出现在允许语句出现的任何地方,在选择结构和循环结构中都会看到复合语句的用途。

复合语句组合多个子语句的能力,以及采用分程序定义局部变量的能力是 C 语言的一个重要特色,它增强了 C 语言的灵活性,同时可以按层次使变量的作用域局部化,使程序具有模块化结构。

3.1.6 空语句

仅仅只有一个分号";"的语句称为空语句。即:

；

　　空语句不产生任何操作。

　　空语句一般在两种情况下使用：一是用作空循环体，即在循环语句中提供一种不做任何操作的语句，因为从结构上讲，这个空语句是必需的；二是为有关语句提供一种"标号"，用以说明程序执行的位置。在程序设计初期，有时需要在某个位置加一个空语句来表示一个语句的存在，以待今后对程序的扩充和完善。例如：

　　　　while(getchar() != '\n')
　　　　　　　；　　　　　//空语句

　　该循环语句的功能是从键盘输入一个字符，只要键盘输入的字符不是回车符，就要重新输入，直到输入的字符为回车符时循环才会终止。

3.2　格式输入与输出函数

　　数据的输入和输出是一个完整程序中必不可少的功能。C 语言和其他有些语言不同，它没有提供输入输出语句，所有的输入和输出操作都是通过调用标准函数库中的输入输出函数来完成的。本节主要介绍两个基本的输入输出函数（printf 和 scanf），以及两个输入输出字符函数（getchar 和 putchar）的基本使用。

3.2.1　printf 函数

　　printf 函数称为格式化输出函数，用于按指定格式向终端设备（显示器和打印机）上输出数据。

　　1. printf 函数的调用形式

　　printf 函数的一般调用形式为：

　　　　printf("格式控制字符串",输出表列)

　　其中"格式控制字符串"用于控制数据输出的格式，可以由格式说明符、转义字符和普通字符三种字符构成。"输出表列"是由各输出项组成的，各输出项之间用逗号","分隔，每个输出项可以是常量、变量或表达式。

　　例如：

　　　　printf("%d,%d,%d", a, a + b, 255);

　　有时，在调用 printf 函数时可以只有格式控制字符串而无需输出项。在这种情况下，一般用来输出一些提示信息或字符串信息。

　　例如：

　　　　printf("this is a C Program\n");

　　注意：printf 函数是一个标准库函数，它的函数原型在头文件"stdio.h"中。所以，程序中在调用 printf 函数时，要包含 stdio.h 头文件。

　　2. printf 函数的格式控制字符串

　　在 printf 函数中，格式控制字符串用于控制数据输出的格式。在格式控制字符串中可以使用格式说明符、转义字符和普通字符三种字符。下面介绍这三种字符的基本用法。

(1) 格式说明符。

格式说明符是以百分号"%"开头,在%后面跟一个格式控制字符。格式说明符是用来说明输出数据的类型、形式、长度和小数位数等格式的。

格式说明的一般形式为:

%[修饰符]格式字符

printf 函数中常用的格式字符如表 3.1 所示。

表 3.1   printf 函数的格式字符

格式字符	意　义
d	以十进制形式输出带符号整数(正数不输出符号)
o	以八进制形式输出无符号整数(不输出前缀 0)
x,X	以十六进制形式输出无符号整数(不输出前缀 0x)
u	以十进制形式输出无符号整数
f	以小数形式输出单、双精度浮点数
e,E	以指数形式输出单、双精度浮点数
g,G	以%f、%e 中较短的输出宽度输出单、双精度浮点数
c	输出单个字符
s	输出字符串

(2) 转义字符。

用于在程序中描述键盘上没有的字符或某个具有复合功能的控制字符,如回车换行"\n"、水平制表符"\t"等。

(3) 普通字符。

除格式说明符和转义字符之外的其他字符,这些字符在输出时原样输出。如语句 printf("a=%f,b=%f\n",a,b); 中的"a="、逗号","和"b="。输出普通字符是为了增强输出清单的明了和可读性,并不是必需输出项。

【例 3.5】 printf 函数的格式控制字符串的基本使用。

程序如下:

```
#include<stdio.h>

void main()
{
    int a = 25;
    float b = 125.5, c;
    c = a + b;
    printf("a=%d,b=%f,c=%f\n", a, b, c);
}
```

程序运行结果为：
a=25,b=125.500000,c=150.500000

程序说明：以上的输出值 25、125.500000 和 150.500000，分别是变量 a、b、c 按格式说明符%d、%f、%f 输出的变量值，其他是原样输出的普通字符。

注意：在以小数形式输出实数时，系统自动输出 6 位小数。

【例 3.6】 将整数分别按十进制、八进制、十六进制和无符号形式格式输出。

程序如下：
```
#include <stdio.h>

void main()
{
    int a, b;
    a = 1250;
    b = -1;
    printf("%d,%o,%x,%u\n", a, a, a, a);
    printf("%d,%o,%x,%u\n", b, b, b, b);
}
```

程序运行结果为：
1250,2342,4e2,1250
-1,37777777777,ffffffff,4294967295

程序说明：以上输出的是变量 a 和 b 的值。这里值得注意的是，带符号的数是以机器数的补码形式存储的。正数的补码为其原码，因此变量 a 的八进制、十六进制和无符号形式输入结果一目了然。但变量 b 是负数，直接由它的补码转换成八进制、十六进制数输出时，把它的所有位当作数值位，即按无符号数输出。

3. printf 函数的格式修饰符

在 printf 函数的格式说明中，除了必须有格式控制字符外，还可以根据需要在百分号"%"和格式控制字符之间添加修饰符，以定制输出数据的宽度、精度和对齐方式等。printf 函数的修饰符如表 3.2 所示。

表 3.2　　　　　　　　　　printf 函数的修饰符

修饰符	意　义
-	结果左对齐，右边填空格
m（一个整数）	数据最小宽度，
n（一个整数）	对实数，表示输出 n 位小数；对字符串,表示截取的字符个数
L, l	表示按长整型输出

对 printf 函数格式修饰符的使用简述如下：

（1）%ld，%lo，%lx，%lu 格式。

表示以十进制、八进制、十六进制和无符号形式输出长整型数据。

说明：修饰符 l 表示按长整型输出。

（2）%md，%mo，%mx，%mu 格式。

表示以十进制、八进制、十六进制和无符号形式输出整型数据，输出项所占宽度为 m。

说明：m 为一整数，表示输出数据所占的列宽。当 m 大于输出数据的实际宽度时，在数据的左边填补空格；当 m 小于或等于输出数据的实际宽度时，按数据的实际宽度输出。如果是%-md，%-mo，%-mx，%-mu 形式，则输出数据在域内左对齐。

例如，有以下程序段：

  a =123;

  printf("%5d,%5o,%5x,%5u\n", a, a, a, a);

  printf("%-5d,% -5o,% -5x,% -5u\n", a, a, a, a);

  printf("%2d\n", a);

输出结果为：

␣␣123,␣␣173,␣␣␣7b,␣␣123

123␣␣,173␣␣,7b␣␣␣,123␣␣

123

（␣表示空格）

（3）%mf 和%-mf 格式。

表示以十进制小数形式输出浮点数，输出项所占宽度为 m。

说明：m 为一整数，表示输出的浮点数所占的列数（包括整数部分和小数部分，小数点占一位）。当 m 大于输出数据的实际宽度时，在数据的左边补足空格；当 m 小于或等于输出数据的实际宽度时，按数据的实际宽度输出。如果是%-mf 形式，则输出数据在域内左对齐。

例如，有以下程序段：

  double f = 12.34;

  printf("%12f,% -12f,%6f\n", f, f, f);

输出结果为：

  ␣␣␣12.340000,12.340000␣␣␣,12.340000

（4）%m.nf 和%-m.nf 格式。

表示以十进制小数形式输出浮点数，输出项所占宽度为 m，小数位数为 n。

说明：m 为一整数，表示输出的浮点数所占的列数（包括整数部分和小数部分，小数点占一位）；n 也为一整数，表示输出小数部分的列数。当 n 大于数据的实际小数位数时，小数部分按实际位数输出，当 n 小于输出数据的实际小数位数时，则只输出 n 位小数，并对小数部分的第 n+1 位进行四舍五入。

当 m 的值大于数据的宽度时，则在数据的左边补足空格，再输出有 n 位小数的实际数据；当 m 的值小于数据的宽度时，整数部分按实际数据的宽度输出，小数部分按指定的 n 位输出。如果是%-m.nf 形式，则输出数据在域内左对齐。

例如，有以下程序段：

  double f = 12.34567;

　　　　printf("%12.3f\n%-12.3f\n%.3f\n", f, f, f);
　输出结果为：
　□□□□□□12.346
　12.346□□□□□□
　12.346
　　（5）%me 格式。
　表示以十进制标准指数形式输出浮点数，m 是输出数据所占列数。
　说明：标准的指数形式是数值位（也称尾数）由系统自动指定 6 位小数，小数点前有且仅有 1 位非 0 数字，小数点占 1 位，指数部分占 5 位，共占 13 位。
　　例如，有以下程序段：
　　　　double f = 12.34567;
　　　　printf("%e\n%15e\n%-15e\n", f, f, f);
　输出结果为：
　1.234567e+001
　□□1.234567e+001
　1.234567e+001□□
　　（6）%m.ne 格式。
　表示以指数形式输出浮点数，m 是输出数据所占列数，n 为数值位中的小数位数。
　说明：当 m 小于等于 n+7 时（整数部分有 1 位非 0 数字，指数部分占 5 位，小数点占 1 位，共 7 位固定位数），小数部分输出 n 位有效数字（对小数部分的第 n+1 位进行四舍五入），其余部分按标准指数形式输出实际数据；当 m 大于 n+7 时，则先输出 m-(n+7)个空格，再输出有 n 位小数位的指数形式的实际数据。
　　例如，有以下程序段：
　　　　double f = 12.34567;
　　　　printf("%15.2e\n%-15.2e\n", f, f);
　输出结果为：
　□□□□□□1.23e+001
　1.23e+001□□□□□□
　　（7）%s，%ms，%m.ns 格式。
　其中，%s 表示按实际长度输出字符串；%ms 表示输出的字符串占 m 列，当 m 小于等于字符串的实际长度时，按实际字符串中的字符输出；当 m 大于字符串的实际长度时，先输出 m-k（k 为字符串实际长度）个空格，再按实际字符串中的字符输出；%m.ns 表示输出字符串左端 n 个字符，整个字符数据占 m 列。当 m 小于等于 n 时，则输出字符串中左端的 n 个字符；当 m 大于 n 时，则先输出 m-n 个空格，再输出字符串中左端 n 个字符。
　　例如，有以下程序段：
　　printf("%s\n%.3s\n%10s\n", "computer", "computer", "computer");
　　printf("%10.3s\n%-10.3s\n", "computer", "computer");
　输出结果为：
　computer
　com

△△computer
△△△△△△com
com△△△△△△

4. 在使用 printf 函数时要注意的几点

（1）格式控制字符串和各输出项在数量和类型上应该一一对应。

在 printf 函数中，当格式控制字符串的个数多于输出表列中变量或表达式的个数时，无对应变量或表达式的格式控制字符串会输出随机值；当输出表列中变量或表达式的个数多于格式控制字符串的个数时，多出项不予输出。

例如，有以下程序段：
int a = 1, b = 2, c = 3;
printf("%d,%d,%d,%d\n", a, b, c);
printf("%d,%d,%d\n", a, b, c, a + b + c);
输出结果为：
1,2,3,2367460
1,2,3

显然结果是不正确的，原因是格式说明符个数与输出项个数不一致。

（2）除 X,E,G 外，其他格式字符必须用小写字母。

（3）在格式控制字符串中可以包含转义字符。

例如，有以下程序段：
　　int a = 1234, b = 5678;
　　printf("a=%d\t b=%d\n", a, b);
　　printf("a=%d\t \bb=%d\n", a, b);
　　printf("\'%s\'\n", "CHINA");
输出结果为：
a=1234△△△b=5678
a=1234△△b=5678
'CHINA'

（4）不同编译系统对输出表列中的求值顺序不一定相同，可以从左至右，也可从右至左。Turbo C 和 VC 都是按从右至左进行的。

例如，有以下程序段：
　　int i = 8;
　　printf("%d,%d\n", i++, ++i);
输出结果为：
9,9

即在调用 printf 函数时先对输出表列中的第 2 项 "++i" 求值，得变量 i 的值为 9，然后再对 "i++" 项求值。

注意，求值顺序是从右至左，但输出顺序仍是从左至右。

3.2.2　scanf 函数

scanf 函数称为格式输入函数，其功能是按格式控制字符串规定的格式，从输入设备（一一般为键盘）上把数据赋予指定变量的存储单元中。

1. scanf 函数的调用形式

scanf 函数的一般调用形式为：

  scanf("格式控制字符串",输入项地址表列);

其中"格式控制字符串"中可以包含以下三种字符：

（1）格式说明符：用来指定数据的输入格式。

（2）空白字符：包括空格、水平制表符和回车键，通常作为相邻两个输入数据的缺省分隔符。

（3）非空白字符：又称普通字符，在输入有效数据时，必须原样输入。

"输入项地址表列"由若干个输入项地址组成，相邻两个输入项地址之间用逗号分开。输入项地址表中的地址，可以是变量的地址，也可以是字符数组名或指针变量。变量地址的表示方法为"&变量名"，其中"&"是取变量地址运算符。

例如：

  scanf("%d%f", &i, &f);

该语句功能是：调用 scanf 函数从键盘输入两个数据，分别赋予变量 i 和变量 f 所在的存储单元。输入时，一个按十进制整数格式输入，另一个按十进制浮点格式输入。

注意：scanf 函数是一个标准库函数，它的函数原型在头文件"stdio.h"中。所以，程序中在调用 scanf 函数时，要包含 stdio.h 头文件。

2. scanf 函数的格式控制字符串

这里主要介绍格式说明符的使用。

格式说明符的一般形式为：

  %[修饰符]格式字符

scanf 函数中使用的格式字符如表 3.3 所示。

表 3.3   scanf 函数的格式字符

格式字符	意　义
d,i	以十进制形式输入带符号整数
o	以八进制形式输入无符号整数
x,X	以十六进制形式输入无符号整数
u	以十进制形式输入无符号整数
f	输入实数，可以用小数形式或指数形式输入
e,E,g,G	与 f 的作用相同，e 与 f、g 可以相互替换
c	输入单个字符
s	输入字符串

【例 3.7】 scanf 函数格式说明符的基本使用。

程序如下：

#include <stdio.h>

```
void main()
{
    int a, b, c;
    double x, y, z;
    scanf("%d%d", &a, &b);          //输入两个整数赋给变量 a 和 b
    scanf("%lf,%lf", &x, &y);       //输入两个浮点数赋给变量 x 和 y
    c = a + b;
    z = x + y;
    printf("c=%d,z=%.2f\n", c, z);
}
```

程序运行结果为：
12␣45✓
35.7,25.5✓
c=57,z=61.20

程序说明：当程序运行到调用 scanf 函数的语句时，系统会等待用户从键盘输入数据。该例中，由于语句 scanf("%d%d",&a,&b);的格式控制字符串中没有出现非格式字符，所以输入时可以使用空格或回车符作为两个输入数据的间隔；但由于在语句 scanf("%lf,%lf",&x,&y);的格式控制字符串中出现了非格式字符逗号","，所以输入时逗号","需原样输入，以作为两个输入数据的间隔。

3. scanf 函数的格式修饰符

在 scanf 函数的"格式控制字符串"中，除了必须有格式字符外，还可以根据需要使用修饰符。scanf 函数中的格式修饰符如表 3.4 所示。

表 3.4　　　　　　　　　　scanf 函数的格式修饰符

修饰符	意　义
*	表示该输入项读入后不赋给任何变量，即跳过该输入值
h	表示按短整型输入
l	表示按长整型或双精度浮点型输入
宽度	用十进制整数指定输入的宽度(即字符数)

如果在%和格式字符之间加入修饰符"*"，表示对应本格式控制字符串输入的数据并不赋给任何的变量。

【例 3.8】　scanf 函数格式修饰符"*"的使用。
程序如下：
#include <stdio.h>

```c
void main()
{
    int a, b, c, d;
    printf("input a,b,c,d\n");
    scanf("%d%*d%d%d", &a, &c, &d);
    printf("a=%d,c=%d,d=%d\n", a, c, d);
}
```

程序运行结果为：
input a,b,c,d
2␣4␣6␣8✓
a=2,c=6,d=8

程序说明：当程序执行语句 scanf("%d%*d%d%d",&a,&c,&d); 时，从键盘输入数据为：2␣4␣6␣8，此时系统将 2、6、8 分别赋给了变量 a、c、d，而数据 4 并没有赋给任何变量。
如果在%和格式字符之间加入一个正整数，指定输入数据所占的宽度，则表示输入的数据不能超过此域宽。

【例 3.9】 scanf 函数格式修饰符"宽度"的使用。
程序如下：

```c
#include <stdio.h>
void main()
{
    int x;
    double y;
    printf("Input x, y:\n");
    scanf("%4d,%6lf", &x, &y);
    printf("x=%d,y=%lf", x, y);
}
```

程序运行结果为：
input x, y:
␣123,456.78✓
x=123,y=456.780000

程序说明：当在格式控制字符串中指定了输入数据的宽度时，输入的数据绝不能超过此域宽，否则会出现输入数据的混乱。再次运行以上程序，重新输入数据，有以下结果：
input x, y:
12345,456.78✓
x=1234,y=-9255963131931……

第二次运行的结果显然是错误的。可以看到，如果输入数据超出域宽不仅会影响到本输入数据项，而且还会影响到其他输入数据项。因此，一般不提倡指定输入数据的宽度。

4. 在使用 scanf 函数时要注意的几点

（1）scanf 函数格式说明符中无精度控制设定。例如：

scanf("%5.2f", &a);

是错误的。

（2）scanf 函数的地址表列中要求获取变量的地址，如果只给出变量名则是出错的。

例如，有以下语句：

scanf("%d", a);

是错误的，正确的形式是：

scnaf("%d", &a);。

（3）在 scanf 函数的格式控制字符串中，如果相邻两个格式说明符之间不指定分隔符（如逗号、冒号等），则相应的两个输入数据之间至少用一个空格或水平制表符（Tab）分开，也可以输入一个数据后按回车键，然后再输入下一个数据。

（4）从键盘输入数据时，如果 scanf 函数的格式控制字符串中出现普通字符，则必须原样输入。

例如，有以下语句：

scanf("m1=%d,m2=%d", &m1, &m2);

则正确的输入形式为：

m1=10,m2=20↙　　（若赋给变量 m1 的值为 10，赋给变量 m2 的值为 20）

注意：在 scanf 函数中，对于格式控制字符串内出现的转义字符（如"\n"），系统并不把它当作转义字符来解释，而是将其视为普通字符，所以也要原样输入。

（5）在输入字符数据时，若格式控制串中无非格式字符，则认为所有输入的字符均为有效字符，即使是空格或回车等都作为有效字符被输入。

例如，有以下语句：

scanf("%c%c%c", &a, &b, &c);；

若输入 d␣␣e␣␣f↙，则把字符 d 赋给变量 a，两个空格分别赋给变量 b 和变量 c。

如果需要在格式控制字符串中加入空格作为间隔时，如语句：scanf("%c␣%c␣%c",&a,&b,&c);；则输入时各数据之间可加空格。

【例 3.10】　设输入的三条边 a、b、c 能构成三角形，编写程序求三角形面积。计算公式：

$$area=\sqrt{s(s-a)(s-b)(s-c)} \quad (其中：s=(a+b+c)/2)$$

程序如下：
```
#include<stdio.h>
#include<math.h>

void main()
{
    double a, b, c, s, area;
```

```
printf("input a,b,c:\n");
scanf("%lf,%lf,%lf", &a, &b, &c);
s = (a + b + c) / 2.0;
area = sqrt(s * (s-a) * (s-b) * (s-c));
printf("area=%lf\n", area);
}
```

程序运行结果为：
input a,b,c:
4.1,2.7,3.8✓
area=4.980361

3.3 字符输入与输出函数

3.3.1 putchar 函数

putchar 函数是字符输出函数，功能是在显示器上输出一个字符。
putchar 函数的一般调用形式为：

  putchar(c);

其中：c 为字符型变量或整型变量，也可以是字符型常量。
例如，有以下程序段：

```
char c ='A';
putchar(c);         // 输出大写字母 A
putchar('b');       // 输出小写字母 b
putchar('\n');      // 输出一个换行符，使输出的当前位置移到下一行的开头
putchar('\101');    // 输出大写字母 A
putchar('\'');      // 输出单引号字符'
putchar('\015');    // 输出回车符，不换行，使输出的当前位置移到本行开头
```

【例 3.11】 putchar 函数的基本应用。
程序如下：
```
#include <stdio.h>

void main()
{
    char c1 = 'A', c2 = 'B', c3 = 'C';
    putchar(c1);   putchar(c2);   putchar(c3);   putchar('\t');
    putchar(c1);   putchar(c2);
    putchar('\n');
    putchar(c2);   putchar(c3);
}
```

程序运行结果如下：
ABC⎵⎵⎵⎵⎵AB
BC

3.3.2 getchar 函数

getchar 函数是字符输入函数，功能是接收从键盘上输入的一个字符。
getchar 函数的一般调用形式为：
  变量=getchar();
例如，有以下程序段：
char c;
c = getchar();
若输入：A↙，则将输入的字符 A 赋给字符变量 c。
在使用 getchar 函数时要注意的是，getchar 函数只能接收单个字符，输入多个字符时，只接收第一个字符。
getchar 函数是一个标准库函数，它的函数原型在头文件"stdio.h"中。所以，程序中在调用 getchar 函数时，要包含 stdio.h 头文件。

【例 3.12】 getchar 函数的基本应用。
程序如下：

```
#include <stdio.h>

void main()
{
    char c;
    printf("input a character\n");
    c = getchar();
    putchar(c >= 'A' && c <= 'Z' ? c - 'A' + 'a' : c);
    putchar('\n');
}
```

程序运行结果为：
input a character
F↙
f

说明：该程序的功能是输入一个字符，若输入的是大写字母，则转换为小写字母后输出。对于其他字符，则原样输出。

习 题 3

一、选择题

1. 若变量已定义并赋值,以下合法的赋值语句是_____。
   A)a=b= =10;   B)a=b%60.0;
   C)a+b=180;   D)a=10=b+c;

2. 以下语句的输出结果是_____。
   unsigned short x=0xFFFF;
   printf("%u\n",x);
   A)-1   B)65535   C)32767   D)0xFFFF

3. 以下叙述中错误的是_____。
   A)C 语句必须以分号结束
   B)复合语句在语法上看作一条语句
   C)一条语句可以分多行写
   D)空语句可以出现在程序的任何位置

4. 若从键盘输入数据,使变量 a 中的值为 123,变量 b 中的值为 456,变量 c 中的值为 789,则正确的输入是_____。
   int a,b,c;
   scanf("a=%db=%dc=%d",&a,&b,&c);
   printf("a=%d,b=%d,c=%d\n",a,b,c); ;
   }
   A)a=123b=456c=789   B)a=123,b=456,c=789
   C)a=123 b=456 c=789   D)123 456 789

5. 以下语句的输出结果是_____。
   int x=3325;
   printf("|%06d|\n",x);
   A)|332500| B)|003325|
   C)|3325| D)|332500|

6. 以下语句的输出结果是_____。
   double x=3325.255;
   printf("%6.2lf\n",x);
   A)3325.255000   B)3325.3
   C)3325.25   D)3325.26

7. 以下语句的输出结果是_____。
   double x=332.54321;
   printf("|%8.2e|\n",x);
   A)|3.32e+002| B)|3.3254e+002|
   C)|3.33e+002| D)输出格式域宽不够

8. 以下程序输出结果是_____。

```
#include <stdio.h>
void main()
{
    int x=010,y=16;
    printf("x=%d,y=%o\n",x,y);
}
```
 A）x=10,y=16　　　　　　　　　B）x=010,y=16
 C）x=8,y=20　　　　　　　　　　D）输出格式错误

9. 在使用 getchar 函数和 putchar 函数时，程序中要有预处理命令_____。
 A）#include<stdio.h>　　　　　　B）#include<string.h>
 C）#include<stdlib.h>　　　　　　D）#include<math.h>

10. 以下语句的输出结果是_____。
```
int x=78;
putchar(x+32);
```
 A）78　　　　B）n　　　　C）110　　　　D）N

二、填空题

1. C 语句必须以__[1]__结束。

2. 复合语句又称为__[2]__或__[3]__。

3. printf 函数的"格式控制字符串"中可以包含三种字符，它们是：__[4]__、__[5]__和__[6]__。

4. 执行以下程序时输入的数据为：1234567，则输出的结果为__[7]__。
```
#include <stdio.h>
void main()
{
    int x,y;
    scanf("%2d%3d", &x, &y);
    printf("x=%d,y=%d", x, y);
}
```

5. 以下程序的运行结果是__[8]__。
```
#include <stdio.h>
void main()
{
    int x = 25;
    x = (2*5, x+5);
    printf("x=%d\n", x+30);
}
```

6. 若变量 x、y 已定义为 double 型并赋值 20 和 23.556，要求用 printf 函数以 x=20.00,y=23.56 的形式和结果输出，请写出完整的输出语句__[9]__。

7. 以下程序的运行结果是__[10]__。

```
#include <stdio.h>
void main()
{
    int a = 025;
    printf("a=%X\n", a);
}
```

8．以下程序运行时若输入：50 60 70，输出结果是__[11]__。

```
#include <stdio.h>
void main()
{
    int a = 0, b = 0, c = 0;
    scanf("%d%*d%d", &a, &b, &c);
    printf("%d%d%d\n", a, b, c);
}
```

三、上机操作题

（一）填空题

1．以下程序要求输出的结果为"A,65"。

```
#include <stdio.h>
void main()
{
    int c=65;
    printf("__[1]__\n", c, c);
}
```

2．以下程序要求按"100 200"的格式从键盘输入数据，按"x=100,y=200"格式输出结果。

```
#include <stdio.h>
void main()
{
    int x, y;
    scanf("__[2]__", &x, &y);
    printf("__[3]__ \n", x, y);
}
```

3．以下程序要求从键盘输入一个字符，从屏幕显示该字符。

```
#include <stdio.h>
void main()
{
    char c;
    c=__[4]__
       __[5]__
```

}

（二）改错题

1．以下程序的输出结果是：c=10,d=15,e=20,f=25。
#include <stdio.h>
void main()
{
　　int c=10,d=15,e=20,f=25;
　　/******************found********************/
　　printf("c=%c,d=%d,e=%e,f=%f\n", c, d, e, f);
}

2．以下程序的功能是计算两个整数的和。
#include <stdio.h>
void main()
{
　　int a, b, c;
　　/***********found***********/
　　scanf("%d,%d\n", a, b);
　　c = a + b;
　　printf("a+b=%d\n", c);
}

3．以下程序从键盘输入一个字符，然后在屏幕上显示该字符。
#include <stdio.h>
void main()
{
　　char x;
　　/*****found*****/
　　getchar(x);
　　putchar(x);
}

（三）编程题

1．将十进制数 107 转化为八进制数和十六进制数。
2．设圆半径 r=2.5，求圆周长、圆面积、圆球表面积和圆球体积。要求用 scanf 函数输入数据，输出结果有文字说明，保留小数点后两位数。
3．用 getchar 函数读入两个字符 c1、c2，然后分别用 putchar 函数和 printf 函数输出。

4. 编程计算方程 $ax^2+bx+c=0$ 的根,假设 $b^2-4ac>0$。
5. 输入一个三位正整数,然后反向输出。如输入 789,则输出 987。

第4章 选择结构程序设计

按照结构化程序设计的观点,一个程序可以由三种基本结构组成,它们是:顺序结构、选择结构和循环结构。也有人曾证明,程序中对任何复杂问题的描述都可以用这三种基本结构来实现。上一章介绍的顺序结构,其程序的执行是按语句顺序依次执行的,这是最简单的程序设计。但是在实际应用中,有很多操作的执行需要经过对一个逻辑条件的判断,即当条件成立或满足时才能执行。通过本章介绍的逻辑判断语句,可以实现这种选择结构的程序设计。

4.1 用 if 语句实现选择结构

4.1.1 单分支 if 语句

单分支 if 语句的一般形式为:
  if (表达式) 语句

其中:表达式表示的是一个条件,它可以是 C 语言中任意合法的表达式。表达式之后是一条语句,称为 if 子句。如果 if 子句中含有多条语句,则必须使用复合语句。

该语句执行过程是:首先计算括号内表达式的值,如果表达式的值为非零("真"),则执行 if 子句,接着执行 if 语句后的下一条语句;如果表达式的值为零("假"),则跳过 if 子句,直接执行 if 语句后的下一条语句。所谓单分支是指用作条件的表达式为"真"时,执行一项给定的操作(if 子句),为"假"时就执行 if 语句的后继语句。

【例 4.1】 输入一个学生的成绩,如果该成绩大于等于 60,则输出 Pass。
程序如下:
```
#include <stdio.h>

void main()
{
    int grade;
    printf("Please input grade:");
    scanf("%d", &grade);
    if (grade >= 60) printf("Pass\n");
}
```

程序运行结果为:
Please input grade:75✓

Pass

以上程序中首先从键盘输入一个学生成绩赋给变量 grade，然后使用 if 语句作逻辑判断，如果表达式 grade>=60 成立，执行 if 子句 printf("Pass\n");，如果表达式 grade>=60 不成立，则结束程序的运行。从程序执行的过程可以看出，if 子句 printf("Pass\n"); 是否执行，须由逻辑条件 grade>=60 是否成立来控制，这就是由 if 语句构成的选择结构。

【例 4.2】 设变量 x 和变量 y 有如下函数关系，试根据输入 x 的值，求出 y 的值。

$$y = \begin{cases} x-7 & (x>0) \\ 2 & (x=0) \\ 3x^2 & (x<0) \end{cases}$$

程序如下：
#include<stdio.h>

```
void main()
{
    float x, y;
    printf("Please input x:");
    scanf("%f", &x);
    if (x > 0) y = x − 7;
    if (x == 0) y = 2;
    if (x < 0) y = 3 * x * x;
    printf("%.2f\n", y);
}
```

程序运行结果如下：
Please input x:4.2✓
−2.80

本例使用了三条 if 语句，分别对三个条件（x>0、x=0、x<0）所对应的函数关系进行判断，求其函数值。

【例 4.3】 从键盘输入一个字符，判断该字符是否为英文字母。
程序如下：
#include<stdio.h>

```
void main()
{
    char ch;
    printf("Please input a character:");
    scanf("%c", &ch);
```

```
    if ('a' <= ch && ch <= 'z' || 'A' <= ch && ch <= 'Z')
        printf("It's a letter\n");
}
```

程序运行结果如下：
Please input chx:x✓
Yes.

本例中 if 语句的表达式使用了一个逻辑表达式，由于 C 语句是区分英文字母大小写的，所以如果变量 ch 获得的字符在 a 到 z（'a'<=ch<='A'），或者 A 到 Z（'A'<=ch<='Z'）之间，则为英文字母。

4.1.2 双分支 if 语句

双分支 if 语句的一般形式为：
  if（ 表达式 ）
   语句 1
  else
   语句 2

其中：表达式表示的是一个条件，它可以是 C 语言中任意合法的表达式。语句 1 称为 if 子句，语句 2 称为 else 子句。if 子句和 else 子句均为内嵌语句，当含有多条语句时，则必须使用复合语句。

该语句执行过程是：首先计算括号内表达式的值，如果表达式的值为非零（"真"），则执行语句 1（if 子句），否则执行语句 2（else 子句）。所谓双分支是指用作条件的表达式为"真"时执行一项操作（if 子句），为"假"时执行另一项操作（else 子句），即有两个路径的选择，在两项可供选择的操作中必有一项要做。

这里值得注意的是：else 子句不能脱离 if 子句而单独存在。

【例 4.4】 输入一个学生的成绩，如果该成绩大于等于 60 输出 Pass，否则输出 failure。
程序如下：

```
#include <stdio.h>

void main()
{
    int grade;
    printf("Please input grade:");
    scanf("%d", &grade);
    if ( grade >= 60 )
        printf("Pass\n");
    else
        printf("Failure\n");
}
```

程序运行结果如下：
Please input grade:82✓
Pass
Please input grade:54✓
Failure

【例 4.5】 输入一个英文字母，若是小写字母直接输出，否则转换成小写字母输出。
程序如下：
```c
#include <stdio.h>

void main()
{
    char ch;
    printf("Input a letter:");
    scanf("%c", &ch);
    if ('a' <= ch && ch <= 'z')
        printf("%c\n", ch);
    else
    {
        ch = ch + 32;
        printf("%c\n", ch);
    }
}
```

程序运行结果如下：
Input a letter:a✓
a
Input a letter:A✓
A

4.1.3 if 语句的嵌套

if 语句的嵌套，就是 if 子句或 else 子句本身又是一个单分支的 if 语句或是一个双分支的 if 语句。也就是说，在 if 语句中内嵌有 if 语句称为 if 语句的嵌套。

嵌套 if 语句有以下几种形式：
（1）在 if 子句中嵌套不带 else 子句的 if 语句。
    if(表达式 1)
       { if(表达式 2) 语句 1 }
    else
       语句 2

（2）在 if 子句中嵌套 if-else 语句。
    if(表达式 1)
      if(表达式 2)
        语句 1
      else
        语句 2
    else
      语句 3

（3）在 else 子句中嵌套不带 else 子句的 if 语句。
    if(表达式 1)
      语句 1
    else
      if(表达式 2) 语句 2

（4）在 else 子句中嵌套 if-else 语句。
    if(表达式 1)
      语句 1
    else
      if(表达式 2)
        语句 2
      else
        语句 3

作为一种典型的形式，是不断地在 else 子句中嵌套 if-else 语句，形成多层嵌套。即
    if(表达式 1)
      语句 1
    else
      if(表达式 2)
        语句 2
      else
        if(表达式 3)
          语句 3
        else
          if(表达式 4)
            语句 4
            …
          else
            语句 n+1

为便于阅读和看起来层次分明，习惯上把上述形式写成以下语句形式：
    if(表达式 1) 语句 1
    else if(表达式 2) 语句 2
    else if(表达式 3) 语句 3

        else if(表达式 4) 语句 4
            ⋮
        else   语句 n+1

在使用嵌套 if 语句时,应当注意以下几点:

(1) 在书写程序时应采用缩进格式,以便看出 if 子句和 else 子句的配对关系。

(2) 在嵌套 if 语句中,从最内层开始,else 子句总是与它上面最近的一个不带 else 子句的 if 子句相匹配。

(3) 内层 if 语句必须完整地嵌套在外层 if 语句内,两者不能交叉。

(4) 如果 if 与 else 的数目不同,为实现编程者的意图,可以加花括号来确定匹配关系。

【例 4.6】 输入三个数 a、b、c,输出其中的最大数。

程序如下:

```c
#include <stdio.h>

void main()
{
    int a, b, c;
    printf("Input a,b,c:");
    scanf("%d,%d,%d", &a, &b, &c);
    if (a > b)
        if (a > c)
            printf("%d\n", a);
        else
            printf("%d\n", c);
    else
        if (b > c)
            printf("%d\n", b);
        else
            printf("%d\n", c);
}
```

程序运行结果如下:
Input a,b,c: 12,25,17↵
25

本例先将 a 和 b 进行比较,得到 a 和 b 之中的大数,再将其和 c 比较,得到三个数中的最大数。

【例 4.7】 将学生成绩分为 4 个等级:85 到 100 分为等级 A;75 到 84 分为等级 B;60 到 74 分为等级 C;60 分以下为等级 D。要求从键盘输入学生的成绩,输出成绩等级。

程序如下:
#include <stdio.h>

```
void main()
{
    int g;
    printf("Please input grade:");
    scanf("%d", &g);
    if (g <= 100 && g >= 85) printf("A\n");
    else if (g < 85 && g >= 75) printf("B\n");
    else if (g < 75 && g >= 60) printf("C\n");
    else printf("D\n");
}
```

程序运行结果如下：
Please input grade:73✓
C

【例 4.8】 求 y 的值。

$$y = \begin{cases} 0 & (0 \leqslant x < 1) \\ 3x+5 & (1 \leqslant x < 2) \\ 2\sin(x)-1 & (2 \leqslant x < 3) \\ \ln(1+x^2) & (3 \leqslant x < 4) \\ \log(x^2-2x) & (4 \leqslant x < 5) \end{cases}$$

程序如下：
```
#include<stdio.h>
#include<math.h>

void main()
{
    double x, y;
    int m;
    printf( "Please input a number between 0 to 5:(%%lf)\n" );
    scanf("%lf", &x);
    if (x >= 0 && x < 1) printf("y=%lf\n", 0);
    else if (x >= 1 && x < 2) printf("y=%lf\n", 3 * x + 5);
    else if (x >= 2 && x < 3) printf("y=%lf\n", 2 * sin(x) - 1);
    else if (x >= 3 && x < 4) printf("y=%lf\n", log(1 + x * x));
    else if (x >= 4 && x < 5) printf("y=%lf\n", log10(x * x - 2 * x) + 5);
    else printf("Input error.\n");
}
```

程序运行结果如下：
Please input a number between 0 to 5:(%lf)
3.57✓
y=2.620668

4.1.4 由条件表达式实现选择结构

C 语言中有唯一的一个三目运算符——条件运算符。它要求有三个操作对象，优先级 13 级结合方向为"自右至左"。由条件运算符构成的表达式称为条件表达式，其一般形式为：

　　表达式 1 ? 表达式 2 : 表达式 3

式中"? :"为条件运算符。

条件表达式的执行过程是：先计算表达式 1 的值，若其为非 0（"真"），则计算表达式 2，此时表达式 2 的值就作为整个条件表达式的值；若表达式 1 的值为 0（"假"），则计算表达式 3，表达式 3 的值就是整个条件表达式的值。

例如：

(a > b) ? max = a : max = b

即当 a 大于 b 时，将 a 的值赋给 max；当 a 的值小于或等于 b 时，将 b 的值赋给 max。

说明：

（1）条件运算符的优先级高于赋值运算符，低于算术运算符、关系运算符、逻辑运算符。例如上面的表达式可以写成：

max = a > b ? a : b

（2）条件运算符的结合方向是"自右向左"。例如，以下条件表达式：

a > b ? a : b > c ? b : c

等价于：

a > b ? a : (b > c ? b : c)

（3）在条件表达式中，各表达式的类型可以不同，此时，条件表达式值的类型为表达式 2 和表达式 3 中较高的类型。例如，若 x 的类型为整型时，则条件表达式 x?'a':'b'的值为字符型，而条件表达式 x?2:3.5 的值为 double 型。

（4）条件表达式通常用于以下情况：无论条件是否成立，都给同一个变量赋值或实现同一项功能。例如以下 if-else 语句：

if (a > b)
　　max = a;
else
　　max = b;

用条件表达式，写成：

max = a > b ? a : b

（5）条件表达式的运算过程与双分支的 if 语句执行过程相同，但它不能完全取代双分支的 if 语句。

【例 4.9】 任意输入一个字母，按小写字母输出。

程序如下：

```
#include <stdio.h>

void main()
{
    char c;
    printf("Please input a letter:");
    c = getchar();
    c = (c >= 'A' && c <= 'Z') ? (c + 32) : c;
    printf("%c\n", c);
}
```

程序运行结果如下：
 H↙
 h

4.2 用 switch 语句实现多分支选择结构

4.2.1 switch 语句

if 语句可以实现分支选择控制，但它只有两个分支可供选择。虽然可以使用嵌套的 if 语句实现多分支的控制，但如果分支较多，则嵌套 if 语句的层数就多，这样就降低了程序的可读性。C 语言提供了一个 switch 语句用于处理多分支选择，使用方便，看起来直观、清晰。switch 语句也称开关语句，它的一般形式如下：

  switch(表达式)
  {
   case 常量表达式 1: [语句 1] [break；]
   case 常量表达式 2: [语句 2] [break；]
   case 常量表达式 3: [语句 3] [break；]
   ⋮
   case 常量表达式 n: [语句 n] [break；]
   [default: 语句 n+1]
  }

switch 语句的执行过程是：先计算表达式的值，如果表达式的值与某个 case 后面的常量表达式的值相等，就执行该 case 后面的语句；如果所有 case 后面的常量表达式都没有和表达式的值相匹配，就执行 default 后面的语句；如果在执行过程中遇到 break 语句，就中断 switch 语句的执行。

【例 4.10】 将例 4.8 用 switch 语句实现。
程序如下：
#include<stdio.h>

```c
#include<math.h>

void main()
{
    double x, y;
    int m;
    printf( "Please input a number between 0 to 5:(%%lf)\n");
    scanf("%lf", &x);
    m = floor(x);           //调用库函数 floor，取不大于 x 的最大整数。
    switch(m)
    {
        case 0: printf("y=%lf\n", 0);   break;
        case 1: printf("y=%lf\n", 3 * x + 5);   break;
        case 2: printf("y=%lf\n", 2 * sin(x) - 1);   break;
        case 3: printf("y=%lf\n", log(1 + x * x));   break;
        case 4: printf("y=%lf\n", log10(x * x - 2 * x) + 5);   break;
        default : printf ("Input error !\n");
    }
}
```

程序运行结果如下：
Please input a number between 0 to 5:(%lf)
3.57↙
y=2.620668

【例 4.11】 输入 0 到 9 之间的一个整数，判断是奇数还是偶数，并将结果输出。
程序如下：

```c
#include<stdio.h>

void main()
{
    int n;
    printf( "Please input an integer between 0 to 9:\n" );
    scanf("%d", &n);
    switch (n)
    {
        case 1:
        case 3:
```

```
        case 5:
        case 7:
        case 9: printf("It's an odd number.\n");    break;
        case 0:
        case 2:
        case 4:
        case 6:
        case 8: printf("It's an even number.\n");   break;
        default : printf("Input error\n");
    }
}
```

程序运行结果如下：

Please input an integer between 0 to 9:

3✓

It's an odd number.

Please input an integer between 0 to 9:

6✓

It's an even number.

以上程序运行时，如果输入整数 3（n=3），switch 语句会从上到下依次寻找与之匹配的常量表达式，找到 case 3:，但随后并没有需要执行的语句，此时 switch 会继续往下执行，直到 case 9:，然后执行输出语句 printf("It's an odd number.\n");，再执行 break 语句，跳出 switch 语句体。从本例可以看出，多个 case 可以共用一个语句，只要不遇到 break 语句，switch 就会继续往下执行。

4.2.2 switch 语句的使用说明

作为一种分支结构，switch 语句可以实现分支选择，但它和 if 语句的使用有不同之处，在使用时应该注意以下几点：

（1）switch 后面的表达式可以是任何具有整型值的 C 语言表达式。

（2）每一个 case 后面的常量表达式的值互不相同，否则会出现对表达式的同一个值有多种操作的现象。

（3）语句 1 至语句 n+1 可以是单个语句，也可以是若干个语句组成的复合语句。

（4）各个 case 和 default 出现的次序不影响执行结果。

（5）在 switch 语句中，switch、case 和 default 均为关键字。switch 后用花括弧"{}"括起来的部分称为 switch 体。

（6）多个 case 可以共用一个语句，只要不遇到 break 语句，switch 就会继续往下执行。

（7）break 语句的功能是退出 switch 体，转而执行 switch 语句的下一条语句。

（8）在 switch 语句中 default 项是可以省略的。

习 题 4

一、选择题

1. 以下程序的输出结果是_____。
   ```
   #include<stdio.h>
   void main()
   {
      int i=1,j=2,k=3;
      if(i++= =1&&(++j= =3||k++= =3))
         printf("%d %d %d\n",i,j,k);
   }
   ```
   A）1 2 3　　　　B）2 3 4　　　　C）2 2 3　　　　D）2 3 3

2. 以下不正确的 if 语句是_____。
   A）　if(x<y);
   B）　if(x!=y) scanf("%d",&x) else scanf("%d",&y);
   C）　if(x= =y) x+=y;
   D）　if(x<y) {x++；y++；}

3. 执行以下语句后 x 的值是_____。
   int a=9,b=8,c=7, x=1;
   if (a>7) if (b>8) if (c>9) x=2 ;　else x = 3；
   A）0　　　　　　B）2　　　　　　C）1　　　　　　D）3

4. 以下正确的 if 语句是_____。
   A）if(x>0)　　　　　　　　　　　B）if(x>0)printf("%f ",-x)
   　　{x=x+y；printf("%f ",x)；}　　　else printf("%f",-x);
   　　else　printf("%f ",-x);
   C）if(x>0)　　　　　　　　　　　D）if(x>0)
   　　{x=x+y；printf("%f ", x)；}；　　{x=x+y；printf("%f",x)}
   　　else printf ("%f", -x) ;　　　　else printf ("%f", -x);

5. 若程序前面已包含 math.h 文件，不能够正确计算下列公式的程序段是_____。
   A）if(x>=0)y=sqrt(x);　　　　　　B）y=sqrt(x);
   　　else y=sqrt(-x);　　　　　　　if(x<0)y=sqrt(-x);
   C）if(x>=0)y=sqrt(x) ;　　　　　　D）y=sqrt(x>=0?x:-x);
   　　if(x<0)y=sqrt(-x);

6. 以下程序段中与语句 k=a>b?(b>c?1:0):0；功能等价的是_____。
   A）if((a>b)&&(b>c))k=1;　　　　　B）if((a>b)||(b>c))k=1
   　　else　k=0；　　　　　　　　　else k=0;
   C）if(a<=b)k=0;　　　　　　　　D）if(a>b)k=1;

    else if(b<=c)k=1;   else if(b>c)k=1;
                else k=0；

7. 执行以下程序段后，m 的值是_____。
  int w=1,x=2,y=3,z=4;
  m=(w<x)?w : x;
  m=(m<y)?m : y;
  m=(m<z)?m: z;
  A）4   B）3   C）2   D）1

8. 对于嵌套的 if 语句，C 语言规定 else 总是_____。
  A）和之前与其具有相同缩进位置的 if 配对
  B）和之前与其最近的 if 配对
  C）和之前与其最近的且不带 else 的 if 配对
  D）和之前的第一个 if 配对

9. 下列叙述中正确的是_____。
  A）break 语句的功能是终止程序的执行
  B）在 switch 语句中必须使用 default
  C）break 语句必须与 switch 语句中的 case 配对使用
  D）在 switch 语句中，不一定使用 break 语句

10. 若有定义：float x； int a,b；则正确的 switch 语句是_____。
  A）switch(x)   B）switch(x)
   {case1.0:printf("*\n");   {case1,2:printf("*\n");
   case2.0:printf("**\n"); }   case 3:printf("**\n"); }
  C）switch(a+b)   D）switch(a+b);
   {case 1:printf("\n");   {case 1:printf("*\n");
   case 1+2:printf("**\n"); }   case 2:printf("**\n"); }

二、填空题

1. 把以下两条 if 语句合并成一条 if 语句为： [1] 。
 if(a<=b)x=1;
 else y=2;
 if(a>b)printf("y=%d\n",y);
 else printf("x=%d\n",x);

2. 以下程序运行后输出结果为： [2] 。
#include<stdio.h>
void main()
{
 int x=3,y=2,z=1;
 if(z=x)
  printf("%d\n",z);
 else

```
        printf("%d\n",y);
}
```

3．以下程序运行后输出结果为： __[3]__ 。
```
#include <stdio.h>
void main()
{
    char m='b';
    if(m++>'b')printf("%c\n",m);
    else printf("%c\n",m--);
}
```

4．以下程序运行后输出结果为： __[4]__ 。
```
#include <stdio.h>
void main()
{
    double x=2.0,y;
    if(x<0.0) y=0.0;
    else if(x<5.0) y=1.0/x;
    else y=1.0;
    printf("y=%.2f\n",y);
}
```

5．以下程序运行后输出结果为： __[5]__ 。
```
#include <stdio.h>
void main()
{
    int x=1,a=0,b=0;
    switch(x)
    {
        case 0: b++;
        case 1: a++;
        case 2: a++；b++;
    }
    printf("a=%d,b=%d\n",a,b);
}
```

三、上机操作题

（一）填空题

1．以下程序用于判断 a、b、c 能否构成三角形，若能，输出 yes，否则输出 no。当给 a、b、c 输出三角形三条边长时，确定 a、b、c 能构成三角形的条件是需同时满足三个条件：a+b>c，a+c>b，b+c>a。

```
#include<stdio.h>
void main()
{
    double a,b,c;
    scanf("%lf,%lf,%lf",&a,&b,&c);
    if(      [1]      )
        printf("yes\n");
    else
        printf("no\n");
}
```

2. 在执行以下程序时,若从键盘上输入整数 8,则输出结果为 9。
```
#include <stdio.h>
void main()
{
    int x;
    scanf("%d",&x);
    if(    [2]    > 8)
        printf("%d\n",++x);
    else
        printf("%d\n",x--);
}
```

3. 在执行以下程序时,若从键盘上输入整数 3 和 4,则输出结果为 16。
```
#include <stdio.h>
void main()
{
    int a,b,s;
    scanf("%d%d",&a,&b);
    s=a;
    if(    [3]    ) s=b;
    s*=s;
    printf("%d\n",s);
}
```

(二)改错题

1. 以下程序是当变量 a 的值小于变量 b 的值时,将其值对调。
```
#include <stdio.h>
void main()
{
    int a,b,temp;
    scanf("%d%d",&a,&b);
```

```
    if(a<b)
    {
      temp=a;
      a=b;
/*******found********/
      b=a;
    }
    printf("a=%d,b=%d\n", a, b);
}
```

2．以下程序是当变量 x 的值大于变量 a 小于变量 b 时，执行语句 x=a+b；
```
#include <stdio.h>
void main()
{
  int a,b,x;
  scanf("%d%d%d",&a,&b,&x);
/**********found**********/
  if(a<x<b)
  {
    x=a+b;
    printf("x=%d\n", x);
  }
}
```

3．以下程序的输出结果为 2。
```
#include <stdio.h>
void main()
{
  int a=2,b=1,c=2;
  if (a)
/**********found**********/
    if (b<0) c=0;
  else c++;
  printf("%d\n", c);
}
```

（三）编程题

1．输入三个整数 a、b、c，将最大值放入 max 中。
2．输入一个整数，判断其奇偶性。
3．按以下公式计算 y 的值：

$$y = \begin{cases} 3x+12 & (x \geq 0) \\ -x^2+4x-7 & (x < 0) \end{cases}$$

4. 某商场推出促销活动，对购买商品在 1000 元及以上的，8 折优惠；500 元至 1000 元以下的，9 折优惠；200 元至 500 元以下的，9.5 折优惠；100 元至 200 元以下的，9.7 折优惠；100 元以下不优惠。请输入购买商品款额，输出实际交款金额。

5. 输入一个学生成绩，输出对应成绩的等级。90 分以上为等级 A，80～89 分为等级 B，70～79 分为等级 C，60～69 分为等级 D，60 分以下为等级 E。

第5章 循环结构程序设计

在实际问题中，常常需要重复进行某些运算和操作，如对若干个数求和、记数，统计学生成绩等，这类问题可以用循环控制结构来解决。

循环结构是三种基本结构之一，它是根据条件是否成立来决定是否重复执行某个程序段。使用循环语句避免了多次书写要重复执行的语句，使程序紧凑、可读性强。

C语言提供了三种循环语句：while语句，do-while语句和for语句。

5.1 while语句

while语句的一般形式如下：

　　while（表达式）语句

其中while是关键字，括号内的表达式是用作条件判断的关系表达式或逻辑表达式，表达式后面的语句是while语句的内嵌语句，也称循环体。

while语句的执行过程是：先计算括号内的表达式，若表达式为非0（"真"），则执行while语句的内嵌语句，然后再次判断表达式的值是否为非0。如果表达式的值为0（"假"），则退出循环。只要表达式的值为非0，就执行内嵌语句，否则结束循环语句的执行退出循环。

例如，有以下程序段：

```
t = 5;
while (t > 0)
{
    t--;
    printf("%2d", t);
}
```

输出结果为：

　4 3 2 1 0

在以上程序段中，变量t的初值为5。执行while语句时，先判断条件t>0成立，则执行内嵌语句（为一条复合语句，内有两条单语句：t--；和printf("%2d", t);），变量t自减1后输出t的值为4；再判断条件t>0仍然成立，变量t自减1后输出t的值为3；如此循环，当t=0时，条件不再成立，则退出循环。在循环体内，表达式语句t--；被反复执行，变量t用来控制循环是否进行，称为循环变量。

【例5.1】 求1+2+3+…+100。

程序如下：
#include<stdio.h>

```c
void main()
{
    int i, sum;
    i = 1;
    sum = 0;
    while (i <= 100)
    {
        sum += i;
        i++;
    }
    printf("1+2+3+…+100=%d\n", sum);
}
```

程序运行结果如下：
1+2+3+…+100=5050

本例是求 1 到 100 的累加和。变量 i 从 1 开始每次加 1 到 100，每次判断条件 i<=100 是否成立，如果 i 的值小于或等于 100，执行循环体，当 i 的值大于 100 时，结束循环。表达式 sum+=i 为求和累加式，sum 为累加和。

【例 5.2】　求 n！

程序如下：
```c
#include<stdio.h>

void main()
{
    int n, i = 1;
    long int f = 1;
    printf("Please input an integer:");
    scanf("%d", &n);
    while (i <= n)
    {
        f *= i;
        i++;
    }
    printf("%d factorial is equal to %d\n", n, f);
}
```

程序运行结果如下：
Please input an integer:6✓
6 factorial is equal to 720

本例求阶乘在循环体中使用了表达式 f*=i，要注意的是 f 的初值应设为 1。

说明几点：

（1）在 while 语句的内嵌语句（循环体）中应该有对循环变量进行修改的语句，使循环逐渐趋于结束，否则就会出现死循环。例如，以下程序段：

```
int i = 1,s = 0;
while (i <= 10)
    s = s + i;
printf("%d\n", s);
```

应改为：

```
int i = 1, s = 0;
while (i <= 10)
{
    s = s + i;
    i++;
}
printf("%d\n", s);
```

（2）在循环体中，循环变量的值可以使用，但不要随意给循环变量赋值，以免造成死循环。例如，在以下程序段中使用了循环变量：

```
int x, s, t;
x = t = 10;
while (x > 0)
{
    x--;
    s = x + t;      //使用 x 的值
}
```

而以下程序段是错误的：

```
int x, t;
x = t = 10;
while (x > 0)
{
    x--;
    x=t;        // 给 x 赋值，造成死循环。
}
```

（3）while 语句的内嵌语句可以为空语句，例如：

```
while (getchar() != '\n');
```

（4）有些表达式可以简化书写，例如：

```
while (x != 0)      可写成：  while(x)
while (x = = 0)     可写成：  while(!x)
```

5.2 do-while 语句

do-while 语句的一般形式如下：
  do
   语句
  while(表达式);

该语句的执行过程是：先执行 do 后面的内嵌语句（循环体），再判断 while 后面括号内的表达式（条件），当表达式的值为非 0（"真"）时，返回 do 重新执行内嵌语句，如此循环，直到表达式的值为 0（"假"）为止，然后退出循环。

例如，有以下程序段：
```
int i = 1, sum = 0;
do
{
    sum += i;
    i++;
} while (i <= 100);
printf("sum=%d\n", sum);
```

该程序段中，变量 i 的初值为 1，sum 的初值为 0。程序执行到 do-while 语句时，直接执行内嵌语句{sum+=i; i++; }，i 为 2；再判断条件 i<=100 成立，则继续执行内嵌语句，条件依旧成立。如此循环，直到 i=101 条件不再成立为止，退出循环。该程序段输出结果：sum=5050。

【例 5.3】 利用 $\frac{\pi}{4}=1-\frac{1}{3}+\frac{1}{5}-\frac{1}{7}+\cdots$ 公式求 π 的近似值，直到最后一项的绝对值小于 10^{-6} 为止。

程序如下：
```
#include<stdio.h>
#include<math.h>

void main()
{
    double n, t, pi;
    int s;
    s = 1;   pi = 0;   n = 1.0;   t = 1.0;
    do
    {
        pi += t;
        n += 2;
        s = -s;
        t = s / n;
    } while (fabs(t) > 1e-6);
```

```
        pi *= 4;
        printf("pi=%.6f\n", pi);
}
```

本例中变量 t 表示多项式中的某一项，如 $1, -\frac{1}{3}, \frac{1}{5}, -\frac{1}{7}, \cdots$；变量 n 表示某一项的分母，如 1, 3, 5, 7, …；变量 s 表示某一项正负符号的改变，通过 s=-s 来实现。当求到某一项 t 的绝对值小于或等于 10^{-6} 时就中止循环，最后输出变量 pi 的值作为 π 的近似值。

一般说来，凡能用 while 语句处理的问题，都能用 do-while 语句处理。用 while 语句或 do-while 语句在处理同一问题时，如果二者的循环体相同，结果也是一样的。但当 while 语句的循环条件一开始就不成立时，两种循环的结果就会不一样。

【例 5.4】 观察以下两个程序的运行结果，分析 while 和 do-while 语句的不同之处。

程序 1：
```
#include<stdio.h>

void main()
{
    int s = 0, n;
    scanf("%d", &n);
    while (n <= 2)
    {
        s += n;
        n++;
    }
    printf("s=%d,n=%d", s, n);
}
```

程序 1 的运行结果如下：
1✓   （第一次运行）
s=3,n=3
3✓   （第二次运行）
s=0,n=3

程序 2：
```
#include<stdio.h>

void main()
{
    int s = 0, n;
    scanf("%d", &n);
    do
```

```
    {
      s += n;
      n++;
    } while (n <= 2);
    printf("s=%d,n=%d", s, n);
}
```

程序 2 的运行结果如下：
1↙   （第一次运行）
s=3,n=3
3↙   （第二次运行）
s=3,n=4

可以看出：当输入 n 的值等于 1 时，由于一开始条件都是成立的，所以二者得到的结果是相同的。但当输入 n 的值为 3 时，二者的结果就不同了。这是因为对 while 语句来说它一次也没执行（因为 n<=2 为假），而对于 do-while 语句来说则会执行一次循环，当然得到的结果就不同。

由于执行 while 语句从一开始（第一次）就要判断条件，当条件成立才进入循环体，故称 while 循环为"当型循环"。而执行 do-while 语句一开始无需判断条件，直接进入循环体，执行完循环体内的语句之后再判断条件，只要条件成立就继续执行循环，直到条件不成立为止，故称 do-while 循环为"直到型"循环。

5.3 for 语句

for 语句是 C 语言中使用最为灵活的循环语句，尤其适用于循环次数确定的情况。不仅如此，它也适用于循环次数不确定而只给出循环条件的情况。它完全可以代替 while 语句。在有的书籍里称 for 循环为"次数型"循环。

for 语句的一般形式如下：
　　for(表达式 1； 表达式 2； 表达式 3) 语句
其中："表达式 1"通常用来给循环变量赋初值的表达式，"表达式 2"通常为循环条件的逻辑表达式，"表达式 3"通常为循环变量增量表达式。因此，for 语句也可以写成如下形式：
　　for (循环变量赋初值； 循环条件； 循环变量增值) 语句
for 语句的执行过程如下：
（1）先计算表达式 1。
（2）计算表达式 2，若表达式 2 的值为非 0（"真"），则执行 for 语句的内嵌语句，然后执行下面的第（3）步。若表达式 2 的值为 0（"假"），转到执行第（5）步。
（3）计算表达式 3。
（4）转到执行第（2）步。
（5）结束 for 循环，执行 for 语句后面的语句。
用 for 语句书写的循环结构简洁、清晰，使用方便。例如，以下 for 语句

```
for (i = 1;   i <= 100;    i++) sum = sum + i;
```
相当于以下语句:
```
i = 1;
   while (i <= 100)
   {
      sum += i;
      i++;
   }
```
可以看到，for 语句不仅简洁、清晰，而且直观。从以上 for 语句一眼就可以看出循环变量 i 从 1 到 100 并每次增 1，循环内嵌语句共执行 100 次。

说明：

（1）在 for 语句中的"表达式 1"可以省略，但需在之前给循环变量赋初值。注意：省略表达式 1 其后的分号不能省略。例如：
```
for (i = 1;   i <= 100;    i++) sum = sum + i;
```
可以写成：
```
i = 1;
for (;   i <= 100;    i++) sum = sum + i;
```

（2）表达式 2 也可以省略，此时因无判断条件，所以循环体语句会无条件地执行，程序会出现死循环。例如：
```
for (i = 0;    ;   i++) sum += i;
```
等价于：
```
for (i = 0;   1;    i++ ) sum += i;
```

（3）表达式 3 也可以省略，但此时表达式 3 应出现在循环体内。例如：
```
for (i = 1;   i <= 100;  )
{
   sum = sum + i;
   i++;
}
```

（4）三个表达式可以全部或部分省略，但需在循环体内对循环条件和循环变量进行设置和修改，以防出现死循环。例如：
```
i = 1;
for(  ;    ;  )
{
   sum += i;
   i++;              //修改循环变量
   if (i > 100) break;        //设置循环条件
}
```

（5）for 后面括号内的表达式可以是任意有效的 C 语言表达式。它们可以与循环变量有关，也可以与循环变量无关。例如：
```
for (i = 1, sum = 0;   i <= 100;   sum += i, i++);
```

【例 5.5】 求 n!
程序如下： （试将以下程序和【例 5.2】进行比较）

```c
#include<stdio.h>

void main()
{
    int n, i;
    long int f = 1;
    printf("Please input an integer:");
    scanf("%d", &n);
    for (i = 1;   i <= n;   i++)
        f *= i;
    printf("%d factorial is equal to %d\n", n, f);
}
```

程序运行结果如下：
Please input an integer:6✓
6 factorial is equal to 720

【例 5.6】 求 0°、30°、60°、90°的正弦值。
程序如下：

```c
#include<stdio.h>
#include<math.h>

void main()
{
    int x;
    double y;
    for (x = 0;   x <= 90;   x += 30)
    {
        y = sin(x * 3.141593 / 180);
        printf("y=%lf\n", y );
    }
}
```

程序运行结果如下：
y=0.000000
y=0.500000
y=0.866025
y=1.000000

【例5.7】 编程求水仙花数。

所谓水仙花数是一个三位数，这个数等于它的百位、十位和个位数的立方和。如153就是一个水仙花数，因为$153=1^3+5^3+3^3$。

程序如下：

```c
#include<stdio.h>

void main()
{
    int n = 100, i, j, k;
    printf("Narcissus number is: ");
    for (n = 100;   n < 1000;   n++)
    {
      i = n / 100;
      j = (n / 10) % 10;
      k = n % 10;
      if (n = = i * i * i + j * j * j + k * k * k)
            printf("%5d", n);
    }
}
```

程序运行结果如下：

Narcissus number is: 153   370   371   407

5.4 嵌套循环结构

一个循环体内又包含另一个完整的循环结构，称为循环的嵌套。内嵌的循环中还可以嵌套循环即为多层循环。例如，以下程序段为二层嵌套循环：

```c
for (i = 1;   i <= 5;   i++)
   for (j = 1;   j <= 10;   j++ )
      printf("i=%d,j=%d\n", i, j);
```

或写成：

```c
i = 1;
while (i <= 5)
{
  j = 1;
  while(j <= 10)
   {
     printf("i=%d,j=%d\n", i, j);
     j++;
```

       }
       i++;
}
```

该程序段执行过程是：首先执行外层循环，变量 i=1，判断条件 i<=5 成立，则执行内层循环；变量 j=1，判断条件 j<=10 成立，则输出变量 i 和 j 的值。再执行 j++，判断条件 j<=10 成立，第二次输出变量 i 和 j 的值。再执行 j++，…，直至 j=11，退出内层循环。内层循环结束后，再次执行 i++，判断条件 i<=5 成立，如此循环，直至外层循环结束退出该程序段。

在这个程序段中，外层循环共循环了 i（i=5）次，内循环则循环了 i×j（5×10=50）次。

说明：

（1）内循环必须完整地嵌套在外循环内，两者不允许相互交叉。

（2）并列的循环变量可以同名，但嵌套循环变量不允许同名。例如：

```
for (i =1； i <= 5； i++)
{
    for (j = 1； j <= 10； j++)
      printf("i=%d,j=%d\n", i, j);
    for (j = 1； j <= 5； j++)
      printf("i=%d,j=%d\n", i, j);
}
```

（3）三种循环语句可以互相嵌套。例如：

```
for (i = 1； i <= 5； i++)
{
    j = 1;
    while (j <= 10)
    {
      printf("i=%d,j=%d\n", i, j);
      j++;
    }
}
```

【例 5.8】 输出以下图形：

```
* * * * * * * *
* * * * * * * *
* * * * * * * *
* * * * * * * *
```

程序如下：

```c
#include <stdio.h>

void main()
{
    int i, j;
    for (i = 1； i <= 4； i++)
```
```

```
        {
            for (j = 1;  j <= 8;  j++)
                printf("*");
            printf("\n");
        }
    }
```

本例用外循环控制行（1 到 4 行），内循环控制列（1 到 8 列），每行输出 8 个星号"*"，输出每行 8 个星号后输出一个回车换行符。

【例5.9】 输出 9×9 乘法表。

程序如下：
```
#include<stdio.h>

void main()
{
    int i, j;
    for (i = 1;  i <= 9;  i++)
    {
        for (j = 1;  j <= i;  j++)
            printf("%d*%d=%2d ", j, i, i * j);
        printf("\n");
    }
}
```

程序运行结果为：

```
1*1= 1
1*2= 2   2*2= 4
1*3= 3   2*3= 6   3*3= 9
1*4= 4   2*4= 8   3*4=12   4*4=16
1*5= 5   2*5=10   3*5=15   4*5=20   5*5=25
1*6= 6   2*6=12   3*6=18   4*6=24   5*6=30   6*6=36
1*7= 7   2*7=14   3*7=21   4*7=28   5*7=35   6*7=42   7*7=49
1*8= 8   2*8=16   3*8=24   4*8=32   5*8=40   6*8=48   7*8=56   8*8=64
1*9= 9   2*9=18   3*9=27   4*9=36   5*9=45   6*9=54   7*9=63   8*9=72   9*9=81
```

本例中的九九表为一个 9 行 9 列呈阶梯状的图表。按行观察，每行的第二个数字均相同，且每行的最末一列的前两位数字相同。同样，按列观察每列的第一个数字相同。由于计算机通常是按行输出的，因此，利用双重循环设计了该程序。这里用外循环控制行数，内循环控制列数，外循环变量 i 从 1 到 9，在每次执行外循环时内循环变量 j 从 1 到 i。

5.5 break 语句

在介绍 switch 语句时我们已经介绍过 break 语句的使用，它可以跳出 switch 体。除此之外，break 语句还可以用在循环语句中，用于跳出循环体。

break 语句的一般形式为：

  break;

请看以下例程。

【例 5.10】 输出从键盘输入的字符，并统计输入字符的个数。输入以"！"结束。
程序如下：

```c
#include <stdio.h>

void main()
{
    char ch;
    int s;
    for (s = 0;    ;   s++)
    {
        ch = getchar();
        if ( ch = = '!')
            break;
        else
            printf("%c", ch);
    }
    printf("\ns=%d\n", s);
}
```

程序运行结果如下：
abcijkxyz!
abcijkxyz
s=9

注意：break 语句不允许用在除 switch 语句和循环语句之外的任何语句中。当处在嵌套循环结构之中时，只能跳出本层循环。

5.6 continue 语句

continue 语句的一般形式为：

  continue;

该语句的功能是结束本次循环，接着进行下一次是否执行循环的判断。

continue 语句与 break 语句不同的是,它只能用于循环语句(不能用于 switch 语句),也只能结束本次循环而不能终止整个循环。也就是说,它忽略了后面的语句,直接进入对下一次循环条件的判断。

【例 5.11】 对除 5 的倍数以外的 1~100 之间的数求和。

程序如下:
```c
#include<stdio.h>

void main()
{
    int i, sum;
    sum = 0;
    for(i = 1;   i <= 100;   i++)
    {
        if (i % 5 = = 0)
            continue;
        sum += i;
    }
    printf("sum=%d\n", sum);
}
```

程序运行结果如下:
s=4000

本例中当 i 是 5 的倍数时,跳过 continue 后的语句 s+=i,转回执行 for 后面括号内的表达式 3,再判断条件 i<=100,若满足条件则进入下次循环。

【例 5.12】 输入一个学生五门功课的成绩,找出其中的最高分和最低分。

程序如下:
```c
#include<stdio.h>

void main()
{
    int max, min, g, n;
    printf("请输入第 1 门功课的成绩: ");
    scanf("%d", &g);
    max = min = g;
    for (n = 2;   n <= 5;   n++)
    {
        printf("请输入第%d 门功课的成绩: ", n);
        scanf("%d", &g);
        if (g > max)
```

```
        {
            max = g;
            continue;
        }
        if (g < min)
            min = g;
    }
    printf("最高分：%d ； 最低分：%d\n", max, min);
}
```

程序运行结果如下：
请输入第 1 门功课的成绩：86✓
请输入第 2 门功课的成绩：94✓
请输入第 3 门功课的成绩：78✓
请输入第 4 门功课的成绩：63✓
请输入第 5 门功课的成绩：76✓
最高分：94；最低分：63

本例把最高分和最低分的初值设置为第一个成绩，然后再和其余 4 个成绩进行最高分、最低分的比较即可。当某门成绩分数大于当前最高分，即 g>max 为真，则该分数不可能低于当前最低分，因此不需要再进行 g<min 的判断，所以执行 continue 语句来结束本次循环，提前进入下一次循环的判断。只有当 g>max 为假时，才有必要判断 g<min。

5.7 goto 语句

goto 语句是一个无条件转向语句，它能使程序执行的流程转向任意位置去执行该位置的语句。无条件转向语句的一般形式为：
　　goto　语句标号；
其中，语句标号是一个标识符，用来标明要转向的那条语句，它的命名规则和变量名相同。例如：
goto loop;
其中 loop 就是一个标号。
说明：
（1）语句标号实际上是一个入口地址，使用时要求在其后加一个冒号"："，一般形式为：
　　语句标号: 语句；
（2）语句标号的作用域是局部的，只能在说明它的函数中可见。
【例 5.13】　计算半径 r=1～10 的圆面积，直到面积 area 大于 100 为止。
程序如下：
#include <stdio.h>
#define PI 3.141593

```
void main()
{
        int r = 1;
        double area;
    loop: if (r <= 10)
        {
        area = PI * r * r;
        if (area > 100)
            goto leap;
        r++;
        goto loop;
        }
    leap: printf("r=%d, area=%.2f\n", r, area);
}
```

程序运行结果如下：
r=6, area=113.10

本例程序中用了两个 goto 语句，利用 goto loop 语句使程序进入循环，利用 goto leap 语句使程序跳出循环。

goto 语句使用方便，但它的过于灵活和转向的无规律性降低了程序的可读性。结构化程序设计方法主张限制使用 goto 语句，以防滥用。一般可在试图与 if 语句构成循环的结构中和从内层循环直接跳转到循环体外时使用。

习 题 5

一、选择题

1. 若输入"china?"，执行以下程序的输出结果是_____。
   ```
   #include<stdio.h>
   void main()
   {
      while(putchar(getchar())!='?');
   }
   ```
   A）china   B）china?   C）cchina   D）chinaa

2. 以下程序段运行后_____。
   ```
   int x=0,s=0;
   while(!x!=0) s+=++x;
   printf("%d",s);
   ```

A）输出 0　　　　　　　　　　B）输出 1
C）非法的控制表达式　　　　　D）出现无限循环

3. 对以下程序段描述正确的是_____。
   int k=10；while(k=0) k=k-1；
   A）循环执行 10 次　　　　　　B）出现无限循环
   C）循环体语句一次也不执行　　D）循环体语句执行一次

4. 以下能正确计算 1×2×3×4×…×10 的程序段是_____。
   A）do {i=1；s=1；s=s*i；i++；} while(i<=10);
   B）do {i=1；s=0；s=s*i；i++；} while(i<=10);
   C）i=1；s=1；do {s=s*i；i++；} while(i<=10);
   D）i=1；s=0；do {s=s*i；i++；} while(i<=10);

5. 以下叙述中正确的是_____。
   A）do-while 的循环体内只能是一条可执行语句，不能使用复合语句。
   B）do-while 循环以 do 开始并以 while 结束，因此在 while（表达式）后不加分号。
   C）do-while 循环一定要有使 while 后面表达式的值变为"假"的操作。
   D）do-while 循环可以根据情况省略 while。

6. 若 i 已定义为整型变量，以下循环执行的次数为_____。
   for(i=2；i==0；) printf("%d",i--);
   A）无限次　　　B）0 次　　　C）1 次　　　D）2 次

7. 以下 for 循环的执行次数是_____。
   for(x=0,y=0；(y=123)&&(x<4)；x++);
   A）无限循环　　　　　　　　　B）3 次
   C）4 次　　　　　　　　　　　D）0 次

8. 设 i 已定义为整型量,执行循环语句 for(i=500；i>=0；i-=100);后,变量 i 的值是_____。
   A）500　　　B）0　　　C）100　　　D）-100

9. 以下程序的运行结果是_____。
   #include<stdio.h>
   void main()
   {
     int y=9;
     for(； y>0； y--)
       if(y%3==0) printf("%d",--y);
   }
   A）741　　　B）963　　　C）852　　　D）875421

10. 以下程序的运行结果是_____。
    #include<stdio.h>
    void main()
    {
      int i,j,m=55;
      for(i=1；i<=3；i++)

```
       for(j=3；j<=i；j++)
           m=m%j；
       printf("%d\n",m);
   }
```
A）0 　　　　B）1 　　　　C）2 　　　　D）3

11．以下叙述中正确的是_____。
   A）continue 语句的作用是结束整个循环的执行。
   B）break 语句只能用于循环体内和 switch 语句内。
   C）continue 语句和 break 语句在循环体内使用时，两者作用是相同的。
   D）在嵌套循环中，goto 语句可以使程序执行流程从内层循环转移到外层循环。

12．以下程序的运行结果是_____。
```
#include<stdio.h>
void main()
{
    int x=5；
    while(--x) printf("%d",x-=3);
}
```
A）1 　　　　B）2 　　　　C）4 　　　　D）无限循环

二、填空题

1．在 C 语言中，构成循环控制结构的语句有___[1]___语句，___[2]___语句和___[3]___语句。

2．如果循环次数是由循环体内执行情况确定的，一般用___[4]___循环或___[5]___循环；如果循环次数在执行循环体之前就已经确定，一般用___[6]___循环；当循环体至少执行一次时，用___[7]___循环。

3．设变量已正确定义和赋值，有以下程序段：
```
   for(s=1.0,k=1； k<=n； k++) s=s+1.0/(k*(k+1));
   printf("s=%f\n",s);
```
要使下面程序段的功能与之完全相同，请填空。
```
   s=1.0； k=1；
   while(___[8]___){s=s+1.0/(k*(k+1)); ___[9]___ ; }
   printf("s=%f\n",s);
```

4．以下程序的输出结果是___[10]___
```
#include<stdio.h>
void main()
{
    int i；
    for(i='a'； i<'f'； i++,i++) printf("%c",i-'a'+'A');
    printf("\n");
}
```

5．以下程序输出结果是__[11]__。
```
#include <stdio.h>
void main()
{
   int i,b,k=0;
   for(i=1; i<=5; i++)
   {
     b=i%2;
     while(b-->=0) k++;
   }
   printf("%d,%d\n",k,b);
}
```

三、上机操作题

（一）填空题

1．下面程序的功能是将从键盘上输入的一对数，由小到大排序输出。当输入一对相等数时结束循环。
```
#include<stdio.h>
void main()
{
   int a,b,t;
   scanf("%d%d",&a,&b);
   while(____[1]____)
   {
     if(a>b) {t=a; a=b; b=t; }
     printf("%d,%d\n",a,b);
     scanf("%d%d",&a,&b);
   }
}
```

2．下面程序的功能是将小写字母变成对应大写字母后的第二个字母。例如，将字母 y 变成 A，字母 z 变成 B。
```
#include<stdio.h>
void main()
{
   char c;
   while ((c=getchar())!='\n')
   {
     if(c>='a'&&c<='z')____[2]____ ;
     if(c>='Z'&&c<='Z'+2)____[3]____ ;
```

```
    printf("%c\n",c);
}
```

3. 下面程序的功能是将输入的正整数按逆序输出。例如，若输入 135 则输出 531。

```
#include<stdio.h>
void main()
{
    int n,s;
    printf("输入一个正整数：");
    scanf("%d",&n);
    do
    {
        s=n%10;
        printf("%d",s);
        _____[4]_____ ;
    }while (n!=0);
    printf("\n");
}
```

（二）改错题

1. 以下程序是计算 1+2+3+ … +100。

```
#include <stdio.h>
void main()
{
    int sum=0,i=0;
    while(++i)
    {
        sum+=i;
        /*******found*******/
        if(i=100)break;
    }
    printf("sum=%d\n", sum);
}
```

2. 以下程序是输出 1～100 之间的奇数。

```
#include <stdio.h>
void main()
{
    int i,j=1;
/*************found*************/
    for(i=1; i==100; i+=2)
    {
```

```
        printf((j%10= =0)?"%4d\n":"%4d", i);
        j++;
    }
}
```

3. 以下程序是统计输入的正整数中小于 60 和大于等于 60 的数据的个数，当输入负数时结束输入。

```
#include <stdio.h>
void main()
{
    /*************found**************/
    int x,c1,c2;
    scanf("%d",&x);
    while(x>0)
    {
        if(x<60)
            c1++;
        else
            c2++;
        scanf("%d",&x);
    }
    printf("小于 60 的正整数个数：%d 个。\n", c1);
    printf("大于等于 60 的正整数个数：%d 个。\n", c2);
}
```

（三）编程题

1. 任意输入 n 个整数，统计其中正数、负数和零的个数。
2. 任意输入一串字符，分别统计其中字母、数字和其他字符的个数。
3. 求 $\sum_{n=1}^{100} n + \sum_{k=1}^{50} k^2 + \sum_{k=1}^{10} \frac{1}{k}$。
4. 在 1~500 中，找出所有能同时满足用 3 除余 2，用 5 除余 3，用 7 除余 4 的所有整数。
5. 输入两个正整数，求其最大公约数和最小公倍数。

第6章 函　　数

在数学上，函数是指自变量与因变量之间的一种对应变化过程，在自变量范围内的每一个取值依照确定的函数关系，因变量可以得到相应的函数值。对于计算机语言，函数采用"子程序"来构建。函数子程序通过参数获得自变量的取值，依照确定的函数关系求得并返回因变量的值，即函数的返回值。

除上述意义下的函数关系外，在实际编程中还会遇到一些需要反复处理的过程，为了程序的清晰，也把这些"过程"抽取出来组成一个子程序。因此，在C语言中无论是函数子程序还是过程子程序都作为一个程序模块，统一视为函数。

C语言是一种结构化的程序设计语言，在进行程序开发时，通常采用模块化的程序设计。即将一个复杂问题分解成若干个小问题，每个小问题用一个独立的程序模块来处理，对每一个独立的程序模块又采用同样的思想进行进一步分解。这种自顶向下、逐级分解的程序设计方法称为模块化的程序设计，而与此对应的程序结构称为模块化的程序结构。

一个C语言程序可以由若干个程序模块（函数）组成。主模块（也称主函数，用main标识）是程序执行的入口，也是程序结束的出口。程序运行时从main函数开始，根据需要main函数调用其他函数，其他函数也可以互相调用，直至整个程序运行结束。

本章主要介绍C语言函数的分类与定义，函数的调用，变量的作用域和存储类别，以及内部函数和外部函数的基本知识。

6.1 函数的分类与定义

6.1.1 函数的分类

在C语言中可以从不同的角度对函数进行分类。

（1）从用户使用的角度，C语言函数可分为库函数和用户自定义函数。

① 库函数。它是由编译系统提供的，包括常用的输入输出函数，如printf、scanf函数；常用的数学函数，如sin、cos、sqrt函数；处理字符和字符串的函数，如strcmp、strcpy、strl函数；等等。由于库函数是编译系统提供的，用户在使用库函数时无需定义，也不必在程序中作类型说明，只需在程序前包含有该函数原型的头文件（如：#include <stdio.h>），在程序中直接调用即可。

② 用户自定义函数。由用户按需要编写的函数。因为C语言库函数中不可能包含所有用户需求的各类函数功能。为了完成特定功能，用户必须自己编写函数。按C语言规则在程序中定义的用户自己编写的函数，称为用户自定义函数。程序中在调用用户自定义函数时，必须对被调用函数进行说明。

（2）从函数是否包含参数，C 语言函数可分为有参函数和无参函数。

① 有参函数。即在函数定义、函数说明和函数调用时都包含参数的函数。在函数定义和函数说明时的参数称为形式参数（简称形参），在函数调用时主调函数的参数称为实际参数（简称实参）。主调函数把实际参数值传送给被调函数的形式参数，供被调函数使用。

② 无参函数。在函数定义、函数说明和函数调用时不包含参数的函数。在函数调用过程中主调函数和被调函数之间不进行参数传递。这类函数通常为无返回值的过程模块使用。

（3）在 C 语言中，函数兼并了函数子程序和过程子程序两种功能，从这个角度来看，C 语言函数分为有返回值函数和无返回值函数。

① 有返回值函数。当函数调用结束后，被调用函数向调用函数返回一个函数值，该被调用函数称为有返回值函数。用户在定义有返回值函数时，对函数返回值的类型要有明确说明。

② 无返回值函数。当函数调用结束后，被调用函数不向调用函数返回函数值，该被调用函数称为无返回值函数。用户在定义无返回值函数时，可指定函数返回值的类型为"空类型"。

（4）从函数能否被其他源文件调用，C 语言函数可分为内部函数和外部函数。

① 内部函数。一个函数如果只能被所在源文件中的函数调用，而不能被其他文件中函数调用，则该函数称为内部函数。标明一个函数为内部函数的方法是在其函数名和函数类型符前使用关键字"static"。

② 外部函数。如果一个函数既可以被所在源文件中的函数调用，也能被其他文件中的函数调用，则该函数称为外部函数。标明一个函数为外部函数的方法是在其函数名和函数类型符前使用关键字"extern"。但在 C 语言中函数的本质是全局的，即隐含为外部特性，因此关键字"extern"可以省略。

6.1.2　函数定义的一般形式

在 C 语言中，函数定义的一般形式为：
```
类型标识符　函数名(形式参数表列)
{
    说明部分
    语句部分
}
```
说明：

（1）"函数标识符"指定函数返回值的类型。如果函数返回值为 int 类型，则可以省略不写。如果函数无返回值，则函数应定义为"void"类型。

（2）"函数名"指定函数的名称。同一程序中的函数名不可以重名。

（3）"形式参数"指定函数被调用时用于接收主调函数实际值的标识符。当有多个形式参数时要用逗号分隔。形参名在同一函数中不可重名。

（4）如果定义的函数是一个无参函数，则函数名后面的括号不能省略。

（5）用大括号"{ }"括起来的部分称为函数体，通常由"说明部分"和"语句部分"组成，它确定了函数要实现的功能和任务。函数体也可以为空,但花括号不能省略。

(6) 函数不可以嵌套定义,即不能在函数体内再定义函数。

【例 6.1】 定义一个求两个整数中大数的函数。

函数定义如下:
```
int max(int a, int b)
{
   int c;
   if (a > b)
      c = a;
   else
      c = b;
   return (c);
}
```

在以上定义的函数中,函数返回值的类型为 int 型,函数名为 max,该函数有两个形式参数 a 和 b 为 int 型。当函数被调用时,主调函数把实际参数的值传递给函数中的形式参数 a 和 b。大括号内是函数体,说明部分"int c;"是对函数中用到的变量进行定义,然后利用 if-else 语句求出两个整数中的大数,语句"return (c);"是将变量 c 的值(求得的两个整数中的大数)作为函数的返回值带回到主调函数。

【例 6.2】 定义一个将华氏温度换算成摄氏温度的函数。

华氏温度与摄氏温度换算公式为:$c=\frac{5}{9}(f-32)$

函数定义如下:
```
double ftoc(double f)
{
   double c;
   c = (5. / 9.) * (f-32);
   return (c);
}
```

对以上定义的函数读者自己分析。

【例 6.3】 定义一个显示"Welcome to Wuhan University !"字样的函数。

函数定义如下:
```
void welcome()
{
   printf("Welcome to Wuhan University !\n");
}
```

以上定义的函数是一个无返回值和无形式参数的函数。当该函数被调用时,只是在屏幕上显示"Welcome to Wuhan University !"字样。由于该函数无返回值,所以函数定义时类型标识符为"void"。

6.2 函数的调用

6.2.1 函数调用的一般形式

函数要体现其功能必须得到调用。对一个函数来说，它可以调用别的函数，也可以被别的函数调用，所以调用是相对的。函数还可以嵌套调用，甚至可以自己调用自己。函数调用的一般形式为：

    函数名(实际参数表列)

说明：

（1）如果是调用无参函数，则"实际参数表列"为空，但括号不能省略。

（2）如果被调用函数有多个形参，则调用它时也应该包含多个实参，且各参数之间用逗号分隔。

（3）实参和形参在个数、类型和顺序上都应该一致。

以下是两个简单函数调用的例子。

【例 6.4】 调用例 6.1 定义的求两个整数中大数的函数。

程序如下：

```c
#include<stdio.h>

int max(int a, int b)
{
    int c;
    if (a > b) c = a;
    else c = b;
    return (c);
}

void main()
{
    int x, y, z;
    printf("Please input two integers:");
    scanf("%d%d", &x, &y);
    z = max(x, y);
    printf("The larger numbers is %d.\n ", z);
}
```

程序运行结果为：

Please input two integers:123 56↙

The larger numbers is 123.

以上程序由两个函数组成，一个 main 函数和一个 max 函数。程序在执行 main 函数中的

"z=max(x,y);"语句时对函数 max 进行调用。调用时将 main 函数的两个实参 x 和 y 的值传递给 max 函数的两个形参 a 和 b。max 函数将求得的两个整数中的大数赋给变量 c，然后通过语句"return (c);"将变量 c 的值作为函数返回值带回到 main 函数。

【例 6.5】 调用例 6.3 定义的显示"Welcome to Wuhan University !"字样的函数。

程序如下：

```
#include<stdio.h>

void welcome()
{
    printf("Welcome to Wuhan University !\n");
}

void main()
{
    welcome();
}
```

程序运行结果为：
Welcome to Wuhan University !

以上程序由两个函数组成，一个 main 函数和一个 welcome 函数。程序在执行 main 函数中的"welcome();"语句时对函数 welcome 进行调用。调用时没有任何实参值传递给 welcome 函数，只是将程序执行的流程转向 welcome 函数。welcome 函数将字符串"Welcome to Wuhan University !"输出返回 main 函数。

6.2.2 函数调用的方式

所谓函数调用方式是指在程序运行过程中如何获得函数调用。在 C 语言中，可以有以下 3 种方式获得函数调用。

1. 函数语句

把函数调用作为一个独立的语句。例如，例 6.5 中的"welcome( );"就是一个函数调用语句。将函数调用作为一个独立的语句出现时，通常无函数返回值，被调用函数只是作为一个"过程"完成一定的操作。

2. 函数表达式

即函数调用作为一个操作对象出现在表达式中。此时要求函数有一个确定的返回值。例如，例 6.4 中的"z=max(x,y);"就是一个函数调用出现在赋值表达式中。实际上，函数调用可以出现在允许任何表达式出现的地方。例如可以出现在以下循环语句中：
while(sum(x, y, z) <= 1000) {…}

3. 函数参数

函数的调用作为函数调用的实际参数。例如：
printf("%d\n", sum(x, y, z));

即 sum 函数的调用作为 printf 函数调用的实际参数。再例如：
z = max(sub(a, b), c);
即 sub 函数的调用作为 max 函数调用的实际参数。

6.2.3 函数的参数和函数的返回值

在函数调用过程中，大多数情况下，主调函数和被调函数之间都存在一定的数据联系，这种联系主要体现在函数的参数和函数的返回值上。

1. 函数的形参和实参

函数的形参是函数定义时形式参数表列中的参数，简称形参。在函数定义时，形式参数表列中的参数并没有具体的值，它只有接收从主调函数中传递给它实际值的能力。只有当函数被调用时，编译系统才为其分配与实际参数相应的存储单元，用于存放从主调函数传给它的实际值。在函数调用结束后，形参所占用的存储单元也将被释放。

函数的实参是主调函数在调用函数时传递给被调用函数的实际参数，简称实参。在 C 语言中，实参向形参的数据传递是单向"值传递"，即只能由实参传递给形参，而不能由形参传递给实参。实参和形参占用不同的存储单元，因此，当形参值发生改变时不会影响实参。

下面给出一个简单的例子，来说明函数调用过程中形参和实参的数据联系。

【例 6.6】 分析以下程序输出结果。

程序如下：

```c
#include<stdio.h>

int max(int a, int b)
{
    int c, c1;
    c = a >= b ? a : b;
    a = 2 * a;
    b = 2 * b;
    c1 = a + b;
    printf("c1=%d\n", c1);
    return (c);
}

void main()
{
    int a=6, b=5, c;
    c=max(a, b);
    printf("c=%d\n", c);
    printf("a=%d,b=%d\n", a, b);
}
```

程序运行结果如下：

c1=22
c=6
a=6,b=5

以上程序中主调函数的实参值 a=6 和 b=5，当调用 max 函数时将实参值传递给形参变量 a=6，b=5。在 max 函数执行过程中，形参值通过语句"a=2*a;"和"b=2*b;"得到改变：a=12，b=10。但当函数调用结束返回主调函数后，实参值仍为 a=6 和 b=5。这说明实参向形参是单向传值的，它们各占用不同的存储单元，形参的改变不会影响实参。因此，实参变量和形参变量可以同名，它们代表不同的存储单元，互不影响。

说明：

（1）实参可以是常量、变量或表达式，例如：

z = max(x + y, 25);

（2）实参和形参的类型应该一致，如实参为整型而形参也要为整型。当然，实参和形参的类型也可以向下赋值兼容，如实参为整型而形参可以为实型，但如果实参为实型而形参为整型就会出错。

2. 函数的返回值

当被调用函数在完成了一定的功能和任务之后，主调函数就希望能得到一个确定的结果，这就是函数的返回值。函数的返回值是通过函数体中的 return 语句显式给出的。只要主调函数需要从被调用函数带回一个值，则被调用函数就必须包含 return 语句。return 语句的一般形式为：

return（表达式）；

该语句的功能是将"表达式"的值作为函数中一个确定的值带回到主调函数。

说明：

（1）"表达式"可以用括号括起来，也可以省去括号。

（2）一个函数中可以有多个 return 语句，程序执行遇到哪一个 return 语句，哪一个 return 语句就生效。

（3）也可以省去 return 语句中的"表达式"，此时返回主调函数时无函数返回值。当然，为了避免因函数返回值可能产生的错误，对于无返回值的函数直接用"void"定义。

（4）return 语句中"表达式"的类型必须与函数类型一致，否则以函数类型为准。

【例 6.7】 将求两个整数中的大数的函数（见例 6.1）稍作修改后进行调用。

程序如下：

```
#include<stdio.h>

int max(int a, int b)
{
    int c;
    if (a > b)
        return c = a;
    else
        return c = b;
```

```
}
void main()
{
    int x, y, z;
    printf("Please input two integers:");
    scanf("%d%d", &x, &y);
    z = max(x, y);
    printf("The larger numbers is %d.\n ", z);
}
```

程序运行结果为：
Please input two integers:45 380↙
The larger numbers is 380.

6.2.4 对被调用函数的声明

在调用一个函数时，被调用函数必须存在（或者说已经定义），但不仅如此，还要先声明。

函数的定义只是说明该函数的存在和功能的确立，它是一个独立的程序单元。但当要调用这个函数时，还要进行对照性检查，即检查函数名是否正确、实参和形参的类型和个数是否一致等。因此，在调用一个函数之前必须具备两个条件：第一，该调用函数已经定义；第二，已经对该调用函数作了声明。

函数声明的一般形式为：

   函数说明部分；

例如，对以上例 6.7 中 max 函数的声明为：

int max(int a, int b) ;

说明：

（1）由于在进行对照性检查时，只检查参数的类型而不检查参数名，所以参数名可以省略不写。如上面的函数声明可以写成：

int max(int , int);

（2）既然只检查参数类型不检查参数名，那么用其他标识符作参数名也是可以的，因此以上函数声明也可以写成如下形式：

int max(int x, int y);

所以，函数声明可以有以下两种格式：

格式 1：

   函数类型 函数名(参数类型 1 参数名 1,参数类型 2 参数名 2,…,参数类型 n 参数名 n);

格式 2：

   函数类型 函数名(参数类型 1,参数类型 2,…,参数类型 n);

（3）对于库函数，在文件开头用#include 命令将有关库函数的相关信息包含在本文件中，用户不必再作库函数的函数声明。

（4）如果被调函数的定义出现在主调函数之前，就不必对被调用函数作函数声明了，因为编译系统已经拥有作正确性检查的足够信息了。

（5）由于函数声明的内容和函数说明部分（函数首部）相同，故把函数声明称为函数原型。

【例6.8】 对被调用函数作声明。

程序如下：

```
#include<stdio.h>

void main()
{
    int max(int a, int b) ;           //max 函数声明
    int x, y, z;
    printf("Please input two integers:");
    scanf("%d%d", &x, &y);
    z = max(x, y);
    printf("The larger numbers is %d.\n ", z);
}

int max(int a, int b)
{
    int c;
    if (a > b)
        return c = a;
    else
        return c = b;
}
```

6.3 函数的嵌套调用和递归调用

6.3.1 函数的嵌套调用

在调用一个函数的过程中又调用另一个函数称函数的嵌套调用。在C语言中，由于函数的定义是独立的，各函数是相互处于平行的关系，因此在一个函数体中不能再定义或包含另一个函数。也就是说，C语言允许嵌套调用函数，不允许嵌套定义函数。

根据结构化程序设计的特点，一个大的问题往往被逐级分解为不同层次的子问题，而处理这些子问题是通过定义许多函数的功能来实现的。因此，对函数的嵌套调用是不可避免并大量存在的。

【例6.9】 输入两个同心圆的半径值r1、r2，求此两个同心圆组成的圆环的面积。

程序如下：

第 6 章 函　　数

```c
#include<stdio.h>

void main()
{
    double r1, r2, s;
    double area_ring (double  x,double y);     //area_ring 函数声明
    printf("Input r1 and r2: ");
    scanf("%lf%lf", &r1, &r2);                 //输入两同心圆的值 r1、r2
    s = area_ring(r1, r2);                     //调用 area_ring 函数
    printf("area_ring=%lf\n", s);              //输出圆环面积
}

//area_ring 函数定义，求圆环面积。
double area_ring(double x, double y)
{
    double a, b, c;
    double area(double r);           //area 函数声明
    a = area(x);                     //求半径为 x 的圆面积
    b = area(y);                     //求半径为 y 的圆面积
    c = a - b;
    if (c < 0.) c = -c;
    return   c;                      //返回圆环面积
}

//area 函数定义，求圆面积。
double area(double r)
{
    double pai, ar;
    double pi(int n);        //pi 函数声明
    pai = pi(10000);         //求 π 的值，精确到小数点后 4~5 位。
    ar = pai * r * r;
    return ar;               //返回圆面积值
}

//pi 函数定义，求 π 的近似值。
double pi(int n)
//利用公式：π≈(1-1/3+1/5-1/7+…)×4 计算 π 的近似值
{
    int i;
    double sign=1.0, sum=0, item=1.0;
```

```
    for (i = 1;    i <= n;    i++)
    {
        sum = sum + item;              //计算π的近似值
        sign = -sign;                  //修正公式中每一项的符号
        item = sign / (2 * i + 1);     //修正公式中每一项的值
    }
    return (sum * 4);                  //返回π的近似值
}
```

程序运行结果如下：
Input r1 and r2:3 5✓
area_ring=50.263882

说明：

（1）程序总是从主函数开始执行，主函数通过调用库函数 printf( )、scanf( )，得到用户从键盘输入的两个半径值 r1、r2，然后再通过调用自定义函数 area_ring( )得到圆环的面积，最后通过调用库函数 printf( )输出圆环面积值。

（2）函数 area_ring( )计算圆环的面积，通过形参 x、y 接收主函数传来的 r1、r2 值，然后两次通过调用函数 area( )来分别计算两个圆的面积，再将得到的两个圆的面积相减，得到圆环的面积，然后返回给主函数。

（3）函数 area( )被调用执行时，通过形参 r 接收 area_ring( )函数传来的半径值，通过调用自定义函数 pi( )得到π的近似值，再通过圆面积计算公式算得圆面积，然后返回 area_ring( )函数。

（4）函数 pi( ) 被调用执行时，通过形参 n 接收 area( )函数传来的求π的近似值的精度参数，并据此计算出π的近似值，然后返回 area( )函数。

本例嵌套调用的过程如图 6.1 所示。

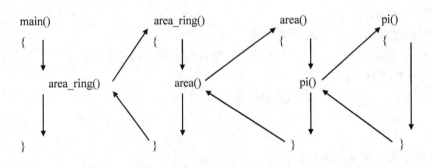

图 6.1 例 6.9 函数嵌套调用过程

6.3.2 函数的递归调用

在调用一个函数的过程中直接或间接地调用函数自身，称为函数的递归调用。那么在 C

语言中为什么要确定函数的递归调用方式和定义递归函数呢？因为在数学中有某些函数是采用递归形式定义的。

例如，求一个整数 n 的阶乘：

$$n! = \begin{cases} 1 & (n=0,1) \\ n(n-1)! & (n>1) \end{cases}$$

从以上定义可以看出，在求解 n 的阶乘中使用了(n-1)的阶乘，也就是说要求解 n!先要知道(n-1)!，但要求解(n-1)!又要先知道(n-2)!……依次类推，直至知道 1!=1。这一从未知推得已知的过程称为递推。反过来，由 1!=1 为基础回代求得 2!，由 2!回代求得 3!……直至由(n-1)!回代求得 n!。这一从已知求得未知的过程称为回归。

显然，递归调用应在一定条件下结束递归调用，否则就会出现无休止的调用。

【例 6.10】 编写一个递归函数求解 n 的阶乘。

程序如下：

```c
#include<stdio.h>

long int fac(int n);

void main()
{
    int n;
    long int sum;
    printf ("Input a interger: ");
    scanf ("%d", &n);
    sum = fac(n);
    printf ("%d!= %ld\n", n, sum );
}

//定义递归函数求 n 的阶乘。
long int fac( int n )
{
    long int f;
    if (n == 1)
        f = 1;
    else
        f = n * fac(n – 1);
    return f;
}
```

程序运行结果如下：
Input a interger: 5✓
5!= 120

递归函数的结构简洁、明了，有较好的可读性。构造递归函数的关键是要找到适当的递归算法和结束条件，因为递归的过程不能无限制地进行下去。上例中的"1!=1"就是结束递归过程的条件。但是，由于此例也可以用循环结构来实现，因此它并不是递归调用的最有说服力的例子。最典型的一个用递归方法来求解的例子是汉诺（Hanoi）塔问题，它能较好地展示出函数递归调用的作用。

【例6.11】 汉诺塔问题是一个古典的数学问题：在一个塔座（设为塔1）上有若干个盘片，盘片的大小各不相等，大盘在下，小盘在上（如图6.2所示）。现在要将全部的盘片移放至另一个塔座（设为塔2）上去。移动时可依靠一个附加的塔座（设为塔3），但每次只允许搬动一个盘片，且在整个移动过程中始终保持每个塔座上的盘片均为大盘在下，小盘在上。

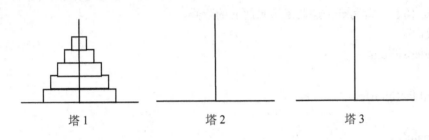

图6.2　Hanoi塔问题

解决汉诺塔问题的设想是：对于n个盘片，除最下面最大的一个盘片外，其余的n-1个盘片均能从塔1移至塔3上，剩下的一个盘片就可以直接从塔1移至塔2；这n-1个盘片既然能从塔1移至塔3，自然也可照理将除最下面最大的一个盘片外，其余的n-2个盘片从塔3移至塔1，再把剩下的一个盘片直接从塔3移至塔2。如此下去，每次使用同样的办法就可以解决最下面最大一个盘片的移动问题。一次一次地搬下去，直至剩下最后一个盘片直接搬到塔2上就可以了。

这种设想是成立的，也确实是解决此问题的办法。这是一个典型的递归问题，递归的结束条件是只剩下一个盘片时直接移至塔2。

下面是解决汉诺塔的程序，程序能输出盘片移动过程中的每一个步骤。程序中用字符常量'1'、'2'、'3'来表示塔1、塔2和塔3，用箭头符号"→"表示搬动塔座上的最上面的一个盘片。

程序如下：

```c
#include <stdio.h>

void hanoi(int n, char pa1, char pa2, char pa3);

void main()
{
    int n;
    printf("Input the number of diskes : ");
```

```
    scanf("%d", &n);              //输入盘片个数
    hanoi(n, '1', '2', '3');
}

void hanoi(int n, char pa1, char pa2, char pa3)
{
    if (n = = 1)
        printf("%c→%c\n", pa1, pa2);      //一个盘片时,直接移动。
    else
    {
        hanoi( n-1, pa1, pa3, pa2);       //n-1 个盘片由 pa1 移至 pa3
        printf ("%c→%c\n", pa1, pa2);     //下面最大的一个盘片,直接移动。
        hanoi(n-1, pa3, pa2, pa1);        //n-1 个盘片由 pa3 移至 pa2
    }
}
```

程序运行结果如下：
Input the number of diskes : 3✓
1→2
1→3
2→3
1→2
3→1
3→2
1→2

要实现函数的递归调用，首先要分析处理的问题是否可以采用递归形式来定义。有些数学函数是采用递归形式定义的，有了清晰的定义，就可以较容易地编写递归函数。使用递归函数可使程序结构简洁、明了。但是，使用递归函数最大的缺点是程序的效率降低，递归调用要占用计算机大量的时间和空间。一般说来，除非不得已，应尽量避免使用递归函数。

6.4 变量的作用域和存储类别

6.4.1 变量的作用域

我们知道，C 语言对变量的使用要遵循"先定义，后使用"的原则。为什么要这样要求呢？这是因为：其一，要保证程序中变量的使用，必须正确标识变量的名称，否则就不会被视为一个变量；其二，定义了变量，编译系统可为其正确地分配存储单元，以便存放变量的值；其三，确定了变量类型，以便编译系统对变量参入的运算进行合法性检查。

C 语言允许在不同的地方定义变量，但定义变量的地方不同其作用的范围（或称作用域）

就会不同。本节主要讨论变量的作用域问题。实际上,体现在变量的作用域方面就是看变量定义的是局部变量还是全局变量。

1. 局部变量

在一个函数内定义的变量称为局部变量(也称内部变量)。

局部变量仅在定义它的函数内才能有效地使用,其作用域仅限于本函数内部,在函数以外就不能使用这些变量了。通常,局部变量的定义是放在函数体的前部,即函数定义中的"说明语句"部分。实际上,局部变量的作用域是从它定义的位置开始到函数体结束处。

例如:

```
int fun1(int a)        //变量 a、b、c 的作用域在 fun1 函数内
{
    int b, c;
    ……
}

int fun2 (int x)       //变量 x、y、z 的作用域在 fun2 函数内
{
    int y, z;
    ……
}

void main()            //变量 m、n 的作用域在 main 函数内
{
    int m, n;
    ……
}
```

对局部变量作用域的几点说明:

(1) 定义在主函数内的变量只能在主函数中有效,其他函数不能使用。同样,主函数也不能使用其他函数中定义的变量。

(2) 在不同的函数中可以使用同名的变量,它们代表不同的对象,分配不同的存储单元,互不干扰和影响。

(3) 在复合语句中定义的变量也是局部变量,其作用域只局限于该复合语句,出了花括号它将不复存在。因此,它也可以和复合语句外的变量同名,不会互相干扰和影响。

(4) 形参变量是属于被调函数的局部变量,实参变量是属于主调函数的局部变量。

(5) 在程序编译期间,编译系统不会为局部变量分配内存单元,只有它在程序运行期间当局部变量所在的函数被调用时,才会为其临时分配内存单元。当函数调用结束时,系统将收回其存储空间,该局部变量随之消亡。

【例 6.12】 分析以下程序运行结果。

程序如下:

```
#include <stdio.h>
```

```
void main()
{
    int i = 10, j = 20, k;
    k = i + j;
    {
        int k = 100;
        if (i = 50) printf("%d\n", k);
    }
    printf("%d\n%d\n", i, k);
}
```

程序运行结果如下：
100
50
30

分析：这是一个简单的局部变量应用的例程。在 main 函数中定义了 i、j、k 三个变量，在复合语句内定义了一个变量 k，这两个 k 代表不同的变量。在复合语句外由 main 定义的 k 起作用，在复合语句内由在复合语句内定义的 k 起作用。因此当在复合语句内输出变量 k 的值时，其值为 100，而在复合语句外输出变量 i 和 k 的值时，由于此时变量 i 和 k 在整个函数中有效，故输出变量 i 的值为 50，变量 k 的值为 30（由赋值语句 k=i+j; 求得）。

2. 全局变量

在函数外定义的变量称为全局变量（也称外部变量）。

由于全局变量是在函数外定义的，因此它不属于哪一个函数，它可为源程序文件中的函数所共用。全局变量的作用域是从定义的位置开始到本源程序文件的结束。为了使全局变量能被更多的函数所使用，通常把全局变量的定义位置集中放在源程序文件中各函数的前面。全局变量一经定义，编译系统就为其分配固定的内存单元，在程序运行期间始终占据所分配的存储单元，直至整个程序运行结束。

例如：
```
int a, b;              //全局变量 a、b 作用域的起始位置

void fun1()
{
    ……
}

double x, y;           //全局变量 x、y 作用域的起始位置

int fun2()
{
```

......
}

void main()
{
　......
}   //全局变量 a、b、x、y 作用域的结束位置

对全局变量作用域的几点说明：

（1）全局变量加强了函数之间的数据联系，如果变量要被多个函数共用，定义全局变量比用参数传递更为方便。

（2）全局变量一经定义，编译系统就为其分配固定的存储单元并予以初始化。数值型初始值为 0，字符型初始值为空（Null）。

（3）在同一源程序文件中，如果全局变量和局部变量同名，则在局部变量的作用域内，全局变量被屏蔽而不起作用（不过，为了尽量避免因全局变量和局部变量同名而产生的错误，最好不要使用同名的两种变量。有很多程序员采用第一个字符用大写字母来表示全局变量的方法）。

【例 6.13】 分析以下程序运行结果。

程序如下：
```c
#include<stdio.h>

int x = 3, y = 4;

void fun()
{
    x *= x;
    y *= y;
    printf("x=%d,y=%d\n", x, y);
}

void main()
{
    fun();
    x += 100;
    y += 100;
    printf("x=%d,y=%d\n", x, y);
}
```

程序运行结果如下：
x=9,y=16
x=109,y=116

分析：这是一个简单的全局变量应用的例程。该程序由 main 函数和 fun 函数组成，在两个函数前面定义了两个全局变量 x 和 y，变量 x 的初值为 3，变量 y 的初值为 4。在执行 main 函数时首先调用 fun 函数，在 fun 函数执行期间求得变量 x 的值为 9，变量 y 的值为 16。当结束 fun 函数的调用并返回 main 函数后，继续使用变量 x=9 和变量 y=16 的值。最后在 main 函数中计算求得变量 x 的值为 109 和变量 y 的值为 116。

使用全局变量有以下优点：

（1）增加了各函数间数据传送的渠道。我们知道，函数的返回值只有一个，当主调函数希望能从被调用函数那里得到一个以上可用数据的时候，使用全局变量就可以很方便地予以解决。

（2）可以减少函数实参和形参的个数。这样，就会减少因函数调用时为参数分配的内存空间以及数据传递所需要的时间。

当然，使用全局变量会存在以下缺点：

（1）全局变量在程序执行期间始终占据存储单元，直到整个程序运行结束。这样一来，有很多并不是在程序执行的整个期间都使用的全局变量就会始终"霸住"内存空间，不能有效地利用内存空间，造成无意浪费。

（2）降低了函数的独立性，这是使用全局变量最致命的缺点。因为，函数的执行要依赖于全局变量，如果将函数移植到其他文件，就必须将所涉及的全局变量一起移植过去，这样就可能出现原有全局变量与新文件中全局变量同名的问题，从而降低了程序的可靠性。

函数实际上就是一个功能模块，重在强调它的独立性和可移植性。因此，在可以不使用全局变量的情况下应尽量避免使用全局变量。

6.4.2 变量的存储类别

上节介绍了变量的作用域，体现在变量的作用域方面就是要看所使用的变量是局部变量还是全局变量，它从空间上确定变量可以访问的范围。变量还有一个很重要的属性就是它的生存期，即变量值存在的时间。体现在变量的生存期方面就是要看所使用的变量是动态存储类变量还是静态存储类变量。

为什么要讨论变量的存储类别呢？这是因为在程序执行的过程中，程序和数据在内存中的存放区域是有一定规定的。这种规定是为了更好地利用内存，提高程序的执行效率。在内存区域供用户使用的存储空间大致分为三个部分：程序区、静态存储区和动态存储区（也称运行栈区）。

程序区：存放程序的可执行代码。

静态存储区：存放所有的全局变量和静态类局部变量。

动态存储区：存放函数调用现场信息（如各类寄存器、程序计数器、状态寄存器等的内容以及返回地址等）；存放未动态类局部变量和函数的形式参数等。

变量的存储类别可分为"静态存储类"和"动态存储类"两种。静态存储变量通常是在变量定义时就为其分配了存储单元，并一直保持到整个程序结束。动态存储变量是在程序执行期间如果使用它才为其分配存储单元，使用完毕就立即释放。例如，函数的形参在函数定义时并未予分配存储单元，只是在函数被调用时才予以分配，函数调用一旦结束就立即释放。如果一个函数被多次调用，就会反复地分配、释放，再分配、再释放形参变量的存储单元。

从以上分析可知，静态存储变量是一直存在的，而动态存储变量则是时而存在时而消失。因此，我们又把由于变量存储方式的不同而产生的这种特性称为变量的生存期。生存期表示了变量值存在的时间。作用域和生存期是从空间和时间这两个不同的角度来描述变量特性的，它们既有联系，又有区别。

在定义变量时应该明确两方面属性：一是变量的数据类型，二是变量的存储类别。变量的数据类型确定了变量的取值范围和它参与的操作，变量的存储类别确定了变量在内存中存储的方法，它决定了变量的作用域和生存期。

在 C 语言中，变量的存储类别分为四种：自动类（auto）、寄存器类（register）、静态类（static）和外部类（extern）。自动类变量和寄存器类变量属于动态存储方式，静态类变量和外部类变量属于静态存储方式。

1. 自动变量

在函数体内用关键字 auto 开头定义的变量（包括形参）都属于自动变量。自动变量存放在动态存储区，是动态地分配存储空间的，即在调用该函数时系统给它们分配存储空间，当函数调用结束时就自动释放这些存储空间。自动变量是 C 语言程序中使用最广泛的一种变量类型。

定义自动变量的一般格式为：

    [auto] 类型说明符　变量名表；

其中，关键字 auto 是可选项，可写也可以不写。C 语言规定，凡没有给出关键字 auto 作存储类别说明的局部变量一律隐含定义为自动变量。在前面各章中所使用的局部变量大多没有用 auto 作存储类别说明，因此都是自动变量。

例如，下面两种局部变量的定义方式是等价的：

```
int fun(double d)
{
    int i;
    char c;
    ……
}
```

等价于：

```
int fun(double d)
{
    auto int i;
    auto char c;
    ……
}
```

自动变量有以下特点：

（1）自动变量的作用域是局部的。在函数中定义的自动变量只在该函数内有效，在复合语句中定义的自动变量只在该复合语句内有效。

（2）由于自动变量的作用域和生存期只局限于定义它的函数或复合语句内，所以不同函数或复合语句中允许定义同名的变量而不会混淆。

（3）自动变量属于动态存储方式。只有在函数被调用时系统才为自动变量分配存储单元,才开始它们的生存期。当函数调用结束时,系统会释放这些存储单元,结束它们的生存期。因此,函数调用结束之后自动变量的值是不能保留的。在复合语句中定义的自动变量,在退出复合语句后也不能再使用。

(4) 在定义自动变量时,系统不会为其赋予初值,其值为随机的不定值。

【例 6.14】 分析以下程序运行结果。

程序如下:

```c
#include <stdio.h>

void main()
{
    int x, y = 1, z = 1;
    printf("Input a number:");
    scanf("%d", &x);
    if (x > 0)
    {
        int y, z;
        y = 6 * x;
        z = 9 - x;
    }
    printf("y=%d,z=%d\n", y, z);
}
```

程序运行结果为:

Input a number:5✓

y=1,z=1

分析:在以上程序中的复合语句内定义了自动变量 y 和 z,它们只能在复合语句内有效。而程序运行输出的结果是退出复合语句之后用 printf 函数输出的 y 和 z 的值,因此已不再是复合语句内自动变量 y 和 z 的值了。

2. 寄存器变量

为了提高程序的执行效率,C语言允许将局部变量存放在 CPU 的寄存器中。一般是将使用频繁的变量存放在 CPU 的寄存器中,这是因为寄存器的存取速度要比内存快得多。存放在 CPU 寄存器中的局部变量称为寄存器变量。

定义寄存器变量的一般格式为:

  register 类型说明符 变量名表;

说明:

(1) 只有局部自动变量和形参才可以定义为寄存器变量。因为寄存器变量属于动态存储方式,凡是静态存储方式的变量不能定义为寄存器变量。

(2) 由于 CPU 中寄存器的数目都是有限的,因此使用寄存器变量的个数也是有限的。超过可用寄存器数目的寄存器变量,一般是按自动变量进行处理。

（3）有些计算机系统对寄存器变量的处理并不真正分配给寄存器，而是当作一般自动变量来对待，即仍存放在动态存储区。还有些能进行优化的编译系统能自动识别使用频繁的变量，即在有可使用寄存器的情况下，自动将它们分配给寄存器，而不需程序员来指定。因此，在程序中定义寄存器变量也只是一种"建议"而已，有无 register 定义已无太大意义了。

【例6.15】 编写函数求 π 的近似值。求 π 的近似值的公式为：

$$\pi = \left(1 - \frac{1}{3} + \frac{1}{5} - \frac{1}{7} + \frac{1}{9} - \cdots\right) \times 4$$

为了得到一定精度的 π 的近似值，所要进行的循环计算次数较多，故可将循环所涉及的变量定义为寄存器变量。

程序如下：

```
#include <stdio.h>

double pi(int n)
{
    register int i = 1;                    //定义寄存器变量
    double sign = 1.0, sum = 0, item = 1.0;
    for (i = 1;   i <= n;   i++)
    {
        sum = sum + item;
        sign = -sign;
        item = sign / (2 * i + 1);
    }
    return (sum * 4);
}

void main()
{
    int n;
    printf("please input n:\n");
    scanf("%d", &n);
    printf("n 为%d 时，π 的近似值为：%lf. \n", n, pi(n));
}
```

程序运行结果为：
please input n:
50000000✓
n 为 100000 时，π 的近似值为：3.141593。

3. 静态变量

用关键字 static 定义的局部变量和所有的全局变量都是静态变量。静态变量存放在静态存储区，一旦为其分配了存储单元，则在整个程序执行期间就固定占据了这些存储单元。

定义静态变量的一般格式为：

    static 类型说明符 变量名表；

说明：

（1）由于全局变量本身就是静态的，所以在全局变量的定义中关键字 static 可以省略。

（2）静态变量有两种：静态局部变量和静态全局变量。

用关键字 static 定义的局部变量称为静态局部变量。为什么要定义静态局部变量呢？我们知道，函数调用结束后分配给自动局部变量的存储单元就被释放，其值不能保留。当然，可以利用全局变量来增强函数间的数据联系，但这样做会带来很多副作用。为了既能在函数调用结束后保留部分局部变量的值，又能维护函数的独立性和此类变量的专用性，因此，可以使用静态局部变量来解决。

【例 6.16】 求 1 到 5 的阶乘。

程序如下：

```
#include <stdio.h>

void fac(int n)
{
    static int f = 1;           //定义静态局部变量并初始化
    f = f * n;
    printf("%d!=%d\n", n, f);
}

void main()
{
    int i;
    for (i = 1;   i <= 5;   i++)
        fac(i);
}
```

程序运行结果如下：

1!=1
2!=2
3!=6
4!=24
5!=120

在以上程序中，fac 函数内定义了静态局部变量 f。由于利用静态局部变量 f 计算 i!，因此每次调用 fac 函数结束后都保留了 i!的值，当下次调用 fac 函数时就可以继续使用上次调用结束时 f 的值再乘 i+1，从而求得下一个数的阶乘。

说明几点：

（1）静态局部变量属于静态存储方式，存储单元被分配在静态存储区。在整个程序执行期间，静态局部变量总是固定占据分配给它们的存储单元，每次函数调用结束后保留其值，即静态局部变量的生存期为整个程序运行期。

（2）静态局部变量的生存期虽然为整个程序运行期，但它的作用域仍然与自动变量相同，即只能在定义它的函数内有效，退出函数后尽管该变量还存在，但不能被使用。

（3）静态局部变量和全局变量一样，都是在编译期间系统自动赋初值一次。对数值型变量，赋初值 0，对字符型变量，赋初值为空字符。在函数调用时不会重新赋初值，再次调用函数时可以使用上次函数调用结束时保留下来的值。比如在例 6.16 中，语句 static int f=1;只执行一次，如果将它改为以下两条语句：

static int f;

f = 1；

则每调用一次函数就会执行一次语句 f=1;，这显然违背了题意。

对于全局变量（外部变量）而言，它本身就是静态的。在定义全局变量时，如果以关键字 static 作存储类别说明，就构成了"静态全局变量"。无论一般全局变量或静态全局变量都是静态存储方式，两者在存储方式上并无不同，区别在于它们的作用域。当一个 C 源程序由多个源文件组成时，一般全局变量的作用域就是整个源程序，而静态全局变量的作用域只限于变量所在的源文件内，同一源程序中的其他源文件不能使用。使用静态全局变量可以避免不同源文件中引起的错误。

从以上分析可知，把局部变量说明为静态局部变量后改变了它的存储方式，即改变了它的生存期。把全局变量说明为静态全局变量后改变了它的作用域，即限制了它的使用范围。因此，关键字 static 在不同的地方所起的作用是不同的，应予以注意。

4. 外部变量

外部变量（即全局变量）是在函数之外定义的变量。外部变量的作用域通常是从变量的定义处直至本程序文件的结束处，生存期为程序的运行期。

定义外部变量的一般格式为：

[extern] 类型说明符　变量名表；

其中，关键字 extern 可以省略。

说明：

（1）外部变量的定义是在所有函数体之外，定义时系统为其赋初值一次，而且只能一次。

（2）"外部变量"和"全局变量"是对同一类变量的两种不同提法。全局变量是针对作用域提出的，外部变量是针对存储方式提出的。

（3）如果外部变量是在源文件中各函数之前定义的，则该源文件中的各个函数都可以使用它，不需另加说明。如果外部变量的定义是在源文件中间，而使用又出现在定义之前，则必须在使用前用关键字 extern 进行说明，否则就不能使用该外部变量。例如：

fun()

{

　　extern int x, y；　　//外部变量说明

```
        x = 2 * y;
        ……
    }

    int x = 2, y = 3;              //外部变量定义

    void main()
    {
        ……
    }
```

在以上示例中，源文件的中间定义了两个外部变量 x 和 y，它们的作用域是 main 函数，但在 fun 函数中经 extern 说明之后，它们的作用域就扩展为 fun 函数和 main 函数都可以使用了。

（4）当一个 C 程序由若干个源文件组成时，在一个源文件中定义的外部变量可以被其他源文件使用。C 语言规定：共用的外部变量只需在任意一个源程序文件中定义一次，在其他源文件用关键字 extern 进行说明后就可以使用了。只有定义为 extern 存储方式的外部变量才能供其他文件使用。例如，有以下两个源程序文件 file1.cpp 和 file2.cpp：

```
//file1.cpp
int x, y;                    //外部变量定义
void main()
{
    ……
}


//file2.cpp
extern int x, y;             //外部变量说明
fun()
{
    x = ++y;
    ……
}
```

这样，在源文件 file1.cpp 中定义了两个外部变量 x 和 y，只要在源文件 file2.cpp 中用 extern 进行说明就可以使用了。

6.4.3 包含多个源文件的 C 程序

对于一般简单问题，一个 C 语言程序通常由一个源文件组成，该源文件中包含有处理该问题的所有函数。但对于一个较复杂问题来说，处理的方法是将要解决的问题分解成若干个小问题，每个较小问题构成一个功能模块，由函数实现每个模块的功能，在执行时由主函数调用这些函数最终实现整个程序的功能。从架构上看，各功能模块既相互独立又彼此存在联系，从开发过程上看，整个程序的不同模块可以由多个程序员来共同开发完成。

以下是一个简单的程序开发示例，假如由程序员 A、程序员 B 和程序员 C 来共同开发完成。

【例 6.17】 从键盘输入两个同心圆半径值 r1、r2，求此两个同心圆组成的圆环的面积。

分析：求圆环的面积，必须先求出两同心圆的面积，然后用大圆面积减去小圆面积。而求圆的面积，又必须先求得 π 的值，可利用公式：π≈(1-1/3+1/5-1/7+⋯)×4 计算 π 的近似值。因此，可分为三个功能模块：计算 π 的近似值、计算圆的面积和计算圆环的面积。例如程序员 A 编写程序模块计算 π 的近似值，程序员 B 编写程序模块计算圆的面积，程序员 C 编写程序模块计算圆环的面积。

程序如下：

```cpp
//计算 π 的近似值，源文件名为 file_a.cpp
double pi()
{
    double n = 1, sum = 1, t = 1;
    do
    {
        n += 2;
        t = -t;
        sum += t / n;
    }while(1. / n > 1e-7);
    return (sum * 4);
}


//计算圆面积，源文件名为 file_b.cpp
double area(double r)
{
    double pai, ar;
    double pi();
    pai = pi();           //求 π 的值
    ar = pai * r * r;
    return   ar;
}

//计算圆环的面积，源文件名为 file_c.cpp
double area_ring(double x,double y)
{
    double a, b, c;
    double area(double r);
    a = area(x);              //求半径为 x 的圆面积
    b = area(y);              //求半径为 y 的圆面积
    c = a - b;                //求圆环面积
```

```
    if (c < 0.) c = -c;
    return   c;
}
```

```
//主函数（源文件名为 file.cpp）调用各功能函数，最终实现问题的求解
#include<stdio.h>
double area_ring(double x, double y);

void main()
{
    double r1, r2, s;
    printf("input r1 and r2:\n");
    scanf("%lf,%lf", &r1, &r2);         //输入两同心圆半径值 r1、r2
    s=area_ring(r1, r2);                //求圆环的面积
    printf("area_ring =%.2lf\n", s);
}
```

以上求解圆环面积的 C 程序是由多个源文件组成的，每个文件可以单独编译，具体操作步骤如下：
（1）新建一个项目，如项目名为 ex617。
（2）分别新建源文件 file.cpp、file_a.cpp、file_b.cpp 和 file_c.cpp。
（3）分别编译源文件 file.cpp、file_a.cpp、file_b.cpp 和 file_c.cpp，生成相应的目标文件。
（4）组建（Build）目标文件，生成可执行文件 ex617.exe。
（5）执行可执行文件 ex617.exe。

以上程序运行结果为：
input r1 and r2:
3,5✓
area_ring =50.27

6.5 函数的存储类别

函数与外部变量的使用类似，其本质是全局的，即只要定义一次，就可以被别的函数调用。在 C 语言中，根据函数能否被其他源文件调用，将函数分为内部函数和外部函数。当然，如果一个 C 程序只存在于一个源文件中，就没有内部函数和外部函数之分了。

6.5.1 内部函数

如果一个函数只能被本源文件内的函数调用，而不能被其他文件内的函数所调用，则称为内部函数。定义一个函数为内部函数的方法是在其函数类型符的前面加关键字 static，一般格式为：

    static 函数类型符 函数名(形参表)

		{
			函数体
		}

例如：
static double fun(double x, double y)
{
    ……
}

说明：

内部函数也称静态函数，它不能被其他文件中的函数所调用。因此，不同文件中允许定义同名的内部函数而不会引起混淆。

6.5.2 外部函数

如果一个函数既能被本文件中的函数调用，也能被其他文件中的函数调用，则称为外部函数。定义一个函数为外部函数的方法是在其函数类型符的前面加关键字 extern，一般格式为：

		extern 函数类型符 函数名(形参表)
		{
			函数体
		}

例如：
extern double fun(double x, double y)
{
  ……
}

说明：

（1）由于函数的本质是全局的，在定义函数时如果省略了关键字 extern，则 C 语言隐含为外部函数。

（2）外部函数只需在任意一个源文件中定义一次，要在其他文件中调用该函数，用关键字 extern 进行外部函数原型说明（当然，在说明时也可以省略关键字 extern）。

例如：
//file1.cpp
void main()
{
    extern double fun(double x, double y);   //外部函数说明
    ……
}

//file2.cpp
extern double fun(double x, double y)   //外部函数定义
{

......
}

习 题 6

一、选择题

1. C 语言程序执行的第一个函数是_____。
   A）程序中的第一个函数　　　　　B）程序中的最后一个函数
   C）程序中的任意一个函数　　　　D）main 函数
2. 若函数调用时的实参为变量时，以下关于函数形参和实参的叙述中正确的是_____。
   A）函数的实参和其对应的形参共占同一存储单元
   B）形参只是形式上的存在，不占用具体的存储单元
   C）同名的实参和实参占同一存储单元
   D）函数的形参和实参分别占用不同的存储单元
3. 有以下函数定义：
   void fun(int n, double x) {……}
   若以下选项中的变量都已正确定义并赋值，则对函数 fun 的正确调用语句是_____。
   A）fun(int x,double n);　　　　　B）m=fun(10,12.5);
   C）fun(x,n);　　　　　　　　　　D）void fun(n,x);
4. 函数的实参不能是_____。
   A）变量　　　B）常量　　　C）语句　　　D）函数调用表达式
5. 定义为 void 类型的函数，其含义是_____。
   A）调用函数后，被调用的函数没有返回值
   B）调用函数后，被调用的函数不返回
   C）调用函数后，被调用的函数的返回值为任意的类型
   D）以上三种说法都是错误的
6. 若定义了以下函数：
   f(double x) {printf("%6d\n",x); }
   该函数的类型为_____。
   A）double 型　　　　　　　　　　B）void 类型
   C）int 类型　　　　　　　　　　　D）以上选项均不正确
7. 关于函数调用，以下叙述中不正确的是_____。
   A）出现在执行语句中　　　　　　B）出现在一个表达式中
   C）作为一个函数的实参　　　　　D）作为一个函数的形参
8. 在 C 语言中，函数返回值的类型是由什么决定的？
   A）调用函数时临时
   B）return 语句中的表达式类型
   C）调用该函数的主调函数类型

D）定义函数时，所指定函数的类型

9. 在函数调用过程中，如果函数 A 调用了函数 B，函数 B 又调用了函数 A，则被称为什么调用？

    A）函数的直接递归调用   B）函数的间接递归调用
    C）函数的循环调用   D）错误的函数调用

10. 以下程序的输出结果是_____。

```
#include <stdio.h>
int fun(int x,int y)
{
    static int m=0,i=2;
    i+=m+1; m=i+x+y;
    return m;
}
void main()
{
    int j=1,m=1,k;
    k=fun(j,m);    printf("%d,",k);
    k=fun(j,m);    printf("%d\n",k);
}
```

    A）5,5   B）5,11   C）11,11   D）11,5

11. 以下叙述中不正确的是_____。

    A）在函数之外定义的变量为外部变量，外部变量是全局变量
    B）在函数中既可以使用本函数中的局部变量，又可以使用其他函数的局部变量
    C）在可以不使用全局变量的情况下应避免使用全局变量
    D）若在同一个源文件中，外部变量与局部变量同名，则在局部变量的作用范围内，外部变量不起作用

12. 以下叙述中正确的是_____。

    A）局部变量说明为 static 存储类，其生存期将得到延长
    B）全局变量说明为 static 存储类，其作用域将被扩大
    C）形参可以使用的存储类说明符与局部变量完全相同
    D）任何存储类的变量在未赋初值时，其值都是不确定的

13. 以下叙述中正确的是_____。

    A）形参是全局变量，其作用范围仅限于函数内部
    B）形参是全局变量，其作用范围从定义之处到文件结束
    C）形参是局部变量，其作用范围仅限于函数内部
    D）形参是局部变量，其作用范围从定义之处到文件结束

14. 在一个 C 源程序文件中，若要定义一个只允许在该源文件中所有函数使用的外部变量，则该变量需要的存储类别为_____。

    A）extern   B）auto   C）register   D）static

15. 凡在函数中未指明存储类别的变量，其隐含的存储类别为_____。

A）register   B）auto   C）static   D）extern

二、填空题

1. 构造递归函数的关键是找到适当的递归算法和___[1]___。
2. 在定义带参数的函数中，必须指定形参名和形参的___[2]___。
3. C语言规定，实参变量对形参变量的数据传递都是___[3]___。
4. 函数的返回值是通过函数中的___[4]___语句获得的。
5. 如果函数值的类型和return语句中表达式的值不一致，则以___[5]___类型为准。
6. 为了明确表示"不带回值"，可以用___[6]___定义函数为"空类型"。
7. 按函数在程序中出现的位置来分，有3种函数调用方式：___[7]___、函数表达式、函数参数。
8. 实参可以是常量、变量或___[8]___。
9. 以下程序运行后的输出结果是___[9]___。

```
#include<stdio.h>
void swap(int x,int y)
{
   int t;
   t=x; x=y; y=t;
   printf("%d %d",x,y);
}
void main()
{
   int a=3,b=4;
   swap(a,b);
   printf(" %d %d\n",a,b);
}
```

10. 在以下程序中，若运行时输入：1234<回车>，程序的输出结果是___[10]___。

```
#include<stdio.h>
int sub(int n)
{
   return (n/10+n%10);
}
void main()
{
   int x,y;
   scanf("%d",&x);
   y=sub(sub(sub(x)));
   printf("%d\n",y);
}
```

11. 在 C 语言中,对没有给出存储类别的局部变量一律隐含定义为___[11]___存储类别。
12. 外部变量的作用范围通常是从___[12]___开始,直到___[13]___。
13. 对一个变量要从两方面分析:一是变量的___[14]___,二是变量值存在的时间长短,即___[15]___。
14. 由于函数本质是外部的,为方便编程,C 语言允许在声明函数时省略___[16]___。
15. 在 C 语言中,可以用___[17]___声明变量为已定义的外部变量。

三、上机操作题

(一)填空题

1. 以下 isprime 函数的功能是判断形参 a 是否为素数,是素数,函数返回 1,否则返回 0。

```
int isprime(int a)
{
    int i;
    for(i=2；i<=a/2；i++)
        if(a%i==0)   [1]   ；
        ___[2]___  ；
}
```

2. 在以下程序中,函数 fun 的功能是计算 $x^2 - 2x + 6$,主函数中将调用 fun 函数计算:
$y1 = (x+8)^2 - 2(x+8) + 6$
$y2 = \sin^2(x) - 2\sin(x) + 6$

```
#include<stdio.h>
#include<math.h>
double fun(double x)
{
    return (x*x-2*x+6);
}
void main()
{
    double x,y1,y2;
    printf("输入 x: ");
    scanf("%lf",&x);
    y1=fun(   [3]   );
    y2=fun(   [4]   );
    printf("y1=%lf,y2=%lf\n",y1,y2);
}
```

(二)改错题

1. 以下函数定义的功能是输出字符串"Welcome to Wuhan."。
/************found************/

```
void wel( );
{
   printf("Welcome to Wuhan.\n");
}
```

2．以下程序功能是求两个整数中的大数。
```
#include<stdio.h>
int _max(int a,int b)
{
   return (a>b?a:b);
}
void main()
{
   int a,b,max；
   scanf("%d%d",&a,&b);
   /***********found************/
   max=_max(int a,int b);
   printf("max=%d\n",max);
}
```

（三）编程题

1．编写一个求累加和的函数，然后调用此函数分别求 1~40，1~80，1~100 的累加和。

2．设有一个 3 位数，将它的百位、十位、个位的 3 个单一数字各自求立方，然后加起来，正好等于这个 3 位数。例如：$153 = 1^3 + 5^3 + 3^3$。试写一个函数，找出所有满足条件的数。

3．写两个函数，分别求两个整数的最大公约数和最小公倍数，用主函数调用这两个函数，并输出结果。两个整数由键盘输入。

4．有一分数序列：2/1，3/2，5/3，8/5，13/8，21/13……求这个数列的前 20 项之和。

第7章 指 针

指针是 C 语言的重要概念和精华所在，也是比较难掌握的一部分内容。指针其实也是一种数据类型，是一种复杂的数据类型。使用指针可以有效地表示复杂的数据结构，灵活方便地实现机器语言所能完成的功能，可以使编写的程序清晰、简洁，并且可以生成紧凑、高效的代码。指针可以作为函数间传递的参数，也可以作为函数的返回值，它为函数间数据的传递提供了简捷便利的方法。指针可以用于动态分配存储空间，可以简单、有效地处理数组。我们说 C 语言是既具有低级语言特色又具有高级语言特色的语言，其低级语言特色主要体现在对地址的直接操作，而对地址的直接操作主要是通过指针来实现的。

但是，指针使用不当也会产生程序失控，甚至导致系统崩溃的严重错误。因此，充分理解和全面掌握指针的概念和使用特点，是学习 C 语言程序设计的重点内容之一。本章将重点阐述指针的实质以及在数据处理中的使用方法，以及函数和指针的关系。

7.1 指针和指针变量的概念

7.1.1 变量的地址和指针

指针的概念与内存的地址有关。程序在运行时，所有的数据都是存放在内存中的。一般把内存中的一个字节称为一个内存单元，为了正确地访问这些内存单元，必须为每个内存单元编上惟一的编号。根据一个内存单元的编号即可准确地找到该内存单元，内存单元的编号也叫做地址。如果程序中定义了一个变量，编译系统在编译程序时，会根据变量的类型给这个变量分配一定长度并且连续的存储单元。例如：

int i = 1;
float f = 2.5;
char ch = 'A';

编译后，三个变量在内存中的存放示意情况如图 7.1 所示。

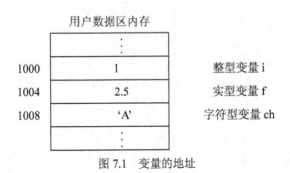

图 7.1 变量的地址

变量通常有三个特征：地址、内容（值）和名称。图 7.1 中，左边是内存单元的编号，也就是内存单元的地址；中间是变量的值，也就是内存单元的内容；而右边是变量的名称。内存单元地址和内存单元内容就好比一个旅馆中房间的编号和住在房间中的旅客，如果要拜访房间中的某位旅客，首先要根据这位旅客所在的房间编号，找到房间才能访问旅客，同样，对内存单元的访问也要先获得内存单元地址。为了形象地描述这种指向关系，我们把内存单元地址称为指针，或者说指针是内存单元地址的别名。

对内存单元的访问有两种方式：直接访问和间接访问。直接访问是直接根据变量名存取变量的值，比如访问整型变量 i 的值，只要根据变量名与内存单元地址的映射关系，找到变量 i 的地址 1000（通常都以变量自己的存储区的起始地址作为变量的地址），从对应的内存单元中取出 i 的值就可以了。间接访问是指将变量的地址存放在另一个内存单元中，当要对变量进行存取时，先读取另一个内存单元的值，得到要存取变量的地址，再对该变量进行访问。例如要读取 i 的值时，如图 7.2 所示，先访问保存着 i 的地址的内存单元 1020，其中存放的数据 1000 是变量 i 的地址，再通过该地址找到变量 i 的内存单元，最后取出存放在其中的数值 3。

图 7.2　间接访问内存单元

指针与地址虽然有着密切的关系，但它们在概念上是有区别的，指针所标明的地址总是为保存特定的数据类型的数据而准备的，因此指针不但标明了数据的存储位置，而且还标明了该数据的类型，可以说指针是存储特定数据类型的地址。

7.1.2　指针变量

指针变量是把内存地址作为其值的变量。C 语言规定可以在程序中定义整型变量、实型变量、字符型变量等，也可以定义一种专门用来存放内存单元地址的特殊变量，即指针变量。与其他变量不同的是，指针变量中存放的是目标变量的地址。例如，i 是一个整型变量，被分配 1000 开始的连续四个字节，pi 是一个存放整型变量地址的指针变量，通过下面的语句可以将 i 的地址赋给 pi。

　　pi = &i;

&是一元运算符，用于取出变量的地址。因此 pi 的值就是 1000，即变量 i 的地址。这样就在 pi 和 i 之间建立起一种联系，即通过 pi 能知道 i 的地址从而访问变量 i 的内存单元，我们形象地称为 pi 指向变量 i。请注意区分"指针"和"指针变量"这两个概念。例如，可以说变量 i 的指针是 1000，而不能说 i 的指针变量是 1000。

变量的指针就是变量的地址。一个指针变量一旦存放了某个变量的地址，该指针变量就指向了这个变量。为了表示指针变量和它所指向的变量之间的联系，用符号"*"表示"指向"，例如，pi 是一个存放整型变量地址的指针变量，i 是一个整型变量，在执行了"pi=&i;"语句后，*pi 代表 pi 所指向的变量，即变量 i。

综上所述，可以将指针变量的特点归纳如下：

（1）指针变量是用来存放某个变量或对象的地址的变量。

（2）指针变量存放了哪个变量或对象的地址，该指针就指向那个变量或对象。

（3）指针变量的类型是它所指向的变量或对象的类型。指针的类型限定指针的用途，例如，一个 double 型指针只能用于指向 double 型数据。不限定类型的指针为通用指针，或者说是 void 指针，可用于指向任何类型的数据。

7.2 指针变量的定义和应用

7.2.1 指针变量的定义

指针变量是存放指针（内存地址）的变量。与一般变量一样，指针变量在使用之前必须进行定义，定义指针变量的一般格式为：

    类型说明符 *指针变量名；

例如：

int *ptr1; // 定义指针变量 ptr1，ptr1 是指向整型变量的指针。

char *ptr2; // 定义指针变量 ptr2，ptr2 是指向字符型变量的指针。

说明：

（1）定义格式中的"*"号是指针的标志，而不是运算符，表明其后的标识符是一个指针变量的名称。

（2）指针变量值表示的是某个数据对象的地址，所以只允许取正整数。但是，不要把它和整型变量混淆，即不能把一个非零的整数直接赋值给指针变量。如果某个指针变量取值为 0（通常定义符号常量 NULL 表示 0），表示该指针变量所指向的对象不存在，值 0 是唯一能够直接赋给指针变量的整数。

（3）指针变量的数据类型是它指向变量的数据类型，一个指针变量只能指向与它数据类型相同的变量。例如：指向整型变量的应该是整型指针，指向字符型变量的应该是字符型指针。

7.2.2 指针运算符

指针也像一般变量一样，可以通过一些指针运算符进行运算。

1. 取地址运算符

"&"是取地址运算符，取变量的地址，它将返回操作对象的内存地址。"&"只能用于一个具体的变量或数组元素而不能是表达式或常量。

例如：

int i, *ptr1;

char ch, *ptr2;

ptr1 = &i; /* 将变量 i 的地址赋给指针变量 ptr1 */

ptr2 = &ch； /* 将变量 ch 的地址赋给指针变量 ptr2 */

则指针 ptr1 指向了整型变量 i， 指针 ptr2 指向了字符变量 ch。

下列运算为非法的：

ptr1 = &68；

ptr1 = &(i + 1)；

因为"&"只能用于变量而不能用于常量或表达式。

2. 指针间接引用运算符

"*"能间接地存取指针所指向的变量的值。

例如：

ptr1 = &i；

ptr1 = 100； / 把 100 存入 ptr1 所指的地址(&i)中 */

等同于 i = 100；

又如：

ptr2 = &ch；

ptr2 += 32； / 把 ptr2 所指向的地址(&ch)中的值加 32 */

相当于 ch+=32；

ch = *ptr1；   相当于 ch = i；

应当注意的是，在变量声明中的"*"号和表达式中"*"的意义是不一样的，变量声明中的"*"是指针的标志，意味着定义一个存放地址的指针变量，而在表达式语句中的"*"是运算符，表示"间接"存取指针所指向的变量的值。

【例 7.1】 指针变量的应用。

程序如下：

#include <stdio.h>

void main()
{
    int a = 50, *p； /* 声明整型指针变量 p */
    p = &a；
    printf("*p=%d\n", *p)； /* 取指针 p 所指地址的值 */
    *p = 100；
    printf("a=%d\n", a)；
}

程序运行结果为：

*p=50

a=100

指针运算符"&"和"*"是一对相反的操作，"&"取得一个东西的地址（也就是指针），"*"得到一个地址里放的东西。这个东西可以是值（对象）、函数、数组等。其实很简单，例如，房间里面居住着一个人，"&"操作只能针对人，取得房间号码；"*"操作只能针对房间，取得房间里的人。"&"和"*"都只能用于变量，而不能用于常量。

7.2.3 指针变量的初始化

指针变量在使用之前必须初始化，使指针变量指向一个确定的内存单元。如果指针变量未经初始化就使用的话，系统会让指针随机地指向一个内存地址，如果该地址正好被系统程序所使用，有可能导致系统的崩溃。

指针变量初始化的一般格式为：

类型说明符 指针变量名=初始地址值；

例如：

int *i = 0;　　或　　int *i = NULL;

char ch;

char *p = &ch;

说明：

（1）任何指针变量在使用之前要进行定义。

（2）在说明语句中初始化，把初始地址值赋给指针变量，但在赋值语句中，变量的地址只能赋给指针变量，不能赋给其他类型的变量。

（3）必须用相同类型数据的地址进行指针变量的初始化。赋给整型指针变量的地址中必须是保存的整型数据，赋给字符型指针变量的地址中必须是保存的字符型数据。

【例 7.2】 指针变量的初始化。

程序如下：

```
#include <stdio.h>

void main()
{
    char c = 'A';    /* 变量 c 的初始值为'A' */
    char *p = &c;    /* 变量 c 的地址作为指针变量 p 的初始值 */
    printf("%c%c\n", c, *p);
    c = 'B';         /* 将变量 c 赋值为'B' */
    printf("%c%c\n", c, *p);
    *p = 'C';        /* 指针变量 p 指向地址的内容改为'C' */
    printf("%c%c\n", c, *p);
}
```

程序运行结果为：

AA

BB

CC

从上例中可以看到，当字符型指针 p 指向字符变量 c 时，*p 与 c 是等价的，p 与 &c 是等价的。初学指针时，对于这种等价关系的理解是十分重要的。

7.2.4 指针变量的赋值

赋值运算是指使指针变量指向某个已经存在的对象。指针变量的赋值运算只能在相同的数据类型之间进行。指针变量的赋值运算有以下几种形式：

（1）指针变量初始化，前面已作介绍。

（2）把一个变量的地址赋予指向相同数据类型对象的指针变量，前面已作介绍。

（3）把一个指针变量的值赋予另一个同类型的指针变量。

例如：

int i, *ip = &i, *jp；

jp = ip； /* 把 i 的地址赋予指针变量 jp */

由于 ip, jp 均为指向整型变量的指针变量，因此可以相互赋值。

【例 7.3】 指针变量赋值。

程序如下：

```
#include <stdio.h>

void main()
{
    int i = 1;
    int *ptr1 = &i, *ptr2;
    ptr2 = ptr1;  /* 将 ptr1 所指向变量的地址赋给 ptr2 */
    printf("*ptr2=%d\n", *ptr2);
}
```

程序运行结果为：

*ptr2=1

7.2.5 把指针作为函数参数传递

在 C 语言的函数调用中，所有的参数传递都是使用"值传递"，如果在被调用函数中改变了形参的值，对调用函数中的实参没有影响。一般变量做函数参数时，主要通过函数中的 return 语句，将一个函数值带回到调用函数，如果想要得到几个返回值，必须通过全局变量。

使用指针变量作为函数参数，通过函数调用把主调函数中变量的地址传递给对应的形参（指针变量），那么在被调函数中就可以改变指针所指向的主调函数中变量的值，也就达到了函数间"引用传递"变量的效果。

【例 7.4】 交换两个变量的值。

程序如下：

```
#include <stdio.h>

void swap(int x, int y)
{
```

```
    int temp;
    temp = x;   x = y;   y = temp;
    printf("x=%d,y=%d\n", x, y);
}

void main()
{
    int a, b;
    a = 4;   b = 6;
    swap(a, b);
    printf("a=%d,b=%d\n", a, b);
}
```

程序运行结果为：
x=6,y=4
a=4，b=6

结果显示，通过调用 swap( )函数没有实现交换 main( )函数中变量 a 和 b 的值。如图 7.3 所示，在本例中，虽然在 swap( )函数中，将 x 和 y 的值互换了，但实参变量和形参变量并不共用内存空间，所以该函数不能影响调用函数中的 a 和 b 的值，也就达不到交换的目的。

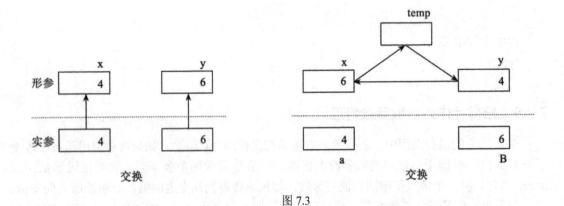

图 7.3

如果改用指针做参数，即用变量的地址作为参数，就可以达到交换的目的。
【例 7.5】 使用指针交换两个变量的值。
程序如下：
```
#include <stdio.h>

void swap(int *x, int *y)
{
    int temp;
```

```
        temp = *x;    *x = *y;    *y = temp;
        printf("*x=%d,*y=%d\n", *x, *y);
}

void main()
{
    int a, b;
    a = 4;    b = 6;
    swap(&a, &b);
    printf("a=%d, b=%d\n", a, b);
}
```

程序运行结果为：
*x=6,*y=4
a=6,b=4

如图 7.4 所示，本例中，通过参数传递，swap（）函数的形参 x 和 y 分别指向 main( )函数中的变量 a 和 b，交换形参*x 和*y 的值，实际上就是交换了 a 和 b 的值，所以达到了交换的目的。

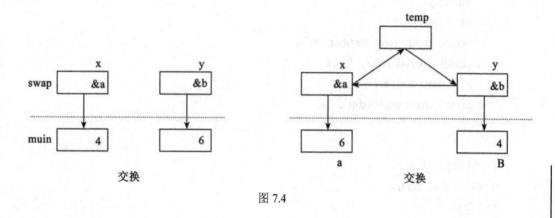

图 7.4

7.3 指针与函数

7.3.1 返回指针的函数

在 C 语言中，允许一个函数的返回值是一个指针(即地址)，这种返回指针值的函数称为指针型函数。返回指针的函数，一般定义格式为：

    类型说明符 *函数名(参数表)

其中函数名之前加了"*"号表明这是一个指针型函数，即返回值是一个指针。类型符表示了返回的指针值所指向的对象的数据类型。

例如：

int *f(x, y);

其中 x，y 是形式参数，f 是函数名，调用后返回一个指向整型数据的地址指针。f(x, y) 是函数，其值是指针。

char *ch();

表示的就是一个返回字符型指针的函数。

【例 7.6】 本程序是通过指针函数，找出两个数中的大数。

程序如下：

```c
#include <stdio.h>

int *max(int *a, int *b)
{
    if (*a > *b) return a;
    else return b;
}

void main()
{
    int max(int*, int*);
    int x, y;
    int *z;
    printf("input two numbers:\n");
    scanf("%d%d", &x, &y);
    z = max(&x, &y);
    printf("maxnum=%d\n", *z);
}
```

程序运行结果为：
input two numbers:
555 789↙
maxnum=789

本例中定义了一个指针型函数 max( )，它的返回值指向一个整型变量，即两个形参变量所指向的两个变量中值较大的变量的指针。

使用此类函数时，要注意返回值（指针）所指向的对象的有效性。

7.3.2 函数指针

一个函数也占用一段连续的内存区，而函数名就是该函数所占内存区的首地址，即该函数的指针。我们可以把函数的这个首地址（或称入口地址）赋予一个指针变量，使该指针变量指向该函数。然后，通过指针变量就可以找到并调用这个函数。我们把这种指向函数的指针变量称为"函数指针变量"。

1. 函数指针变量的定义

指向函数的指针变量的一般定义格式为：

　　函数类型　（*指针变量名）（形参列表）；

由于"( )"的优先级高于"*"，所以指针变量名外的括号必不可少，"函数类型"说明指针变量所指向的函数的类型，后面的"形参列表"表示指针变量指向的函数的参数列表。

例如：

int (*f1)(int x);

double (*f2)(double x, double y);

第一行定义 f1 是指向返回整型值的函数的指针变量，该函数有一个类型为 int 的参数；第二行定义 f2 是指向返回双精度实型值的函数的指针变量，该函数有两个类型为 double 的参数。

在定义指向函数的指针变量时请注意：

（1）指向函数的指针变量和它指向的函数的参数个数和类型都应该是一致的。

（2）指向函数的指针变量的类型和函数的返回值类型也必须是一致的。

2. 函数指针变量的赋值

指向函数的指针变量不仅在使用前必须定义，而且也必须赋值，使它指向某个函数。由于 C 语言对函数名的处理方式与对数组名的处理方式相似，即函数名代表了函数的入口地址，因此，利用函数名对相应的指针变量赋值，就使得该指针变量指向这个函数。

例如，

int func(int x);　　/* 声明一个函数 */

int (*f)(int x);　　/* 声明一个函数指针变量 */

f = func;　　　　　/* 将 func 函数的指针赋给变量 f */

赋值时函数 func 不带括号，也不带参数，由于 func 代表函数的首地址，因此经过赋值以后，指针 f 就指向函数 func( )。

3. 通过函数指针调用函数

与其他指针变量相类似，如果指针变量 p 是指向某整型变量 i 的指针，则*p 等于它所指的变量 i；如果 pf 是指向某浮点型变量 f 的指针，则*pf 就等价于它所指的变量 f。同样地，*f 是指向函数 func( )的指针，则*f 就代表它所指向的函数 func。所以在执行了 f=func；之后，(*f)和 func 代表同一函数。

既然函数指针指向存储区中的某个函数，那么就可以通过函数指针调用相应的函数。现在就通过例子来讨论如何用函数指针调用函数。

【例 7.7】　任意输入 2 个整数，找出其中最大数，并且输出最大数值。

程序如下：

#include <stdio.h>

int max(int a, int b)
{
　　if (a > b) return a;
　　else return b;

}

```
void main( )
{
    int max(int, int);
    int(*pmax)(int, int);
    int  x, y, z;
    pmax = max;
    printf("input two numbers:\n");
    scanf("%d%d", &x, &y);
    z = (*pmax)(x, y);
    printf("maxnum=%d\n", z);
}
```

程序运行结果为：
input two numbers:
555 789↙
maxnum=789

其实，既然 pmax 保存的就是函数名（即函数指针），那么，就可以直接使用 pmax 来调用该函数。因此，本例中的(*pmax)(x, y)可以写成 pmax(x, y)。

从上述程序可以看出，用函数指针变量形式调用函数的步骤如下：

（1）先定义函数指针变量，如后一程序中第 10 行 int (*pmax)(int, int);定义 pmax 为函数指针变量。

（2）把被调函数的指针（函数名）赋予该函数指针变量，如程序中第 12 行 pmax=max。

（3）用函数指针变量形式调用函数，如程序第 15 行 z=(*pmax)(x,y)。

使用函数指针变量还应注意以下两点：

（1）函数指针变量不能进行算术运算，这是与后面将要介绍的数组指针变量不同的。数组指针变量加减一个整数可使指针移动指向后面或前面的数组元素，而函数指针的移动是毫无意义的。

（2）函数调用中"(*指针变量名)"的两边的括号不可少，其中的*不应该理解为求值运算，在此处它只是一种表示符号。

应该特别注意的是，函数指针变量和指针型函数这两者在写法和意义上的区别。如：int(*p)( )和 int *p( )是完全不同的。

int (*p)( )是一个变量说明，说明 p 是一个指向函数入口的指针变量，该函数的返回值是整型量，(*p)的两边的括号不能少。

int *p( )是函数说明，说明 p 是一个指针型函数，其返回值是一个指向整型量的指针，*p 两边没有括号。

习 题 7

一、选择题

1. 若有语句 int *point, a=4；和 point=&a；，下面均代表地址的一组选项是_____。
   A）a, point, *&a
   B）&*a, &a, *point
   C）*&point, *point, &a
   D）&a, &*point, point

2. 若有说明 int *p, m=5, n;，以下正确的程序段是_____。
   A）p=&n；　scanf("%d",&p);
   B）p=&n；　scanf("%d",*p);
   C）scanf("%d",&n);　*p=n;
   D）scanf("%d",&n);　p=&n;

3. 在对以下程序的描述中，正确的是_____。
   #include <stdio.h>
   void main()
   {
   　　int*p,I；　char*q,ch;
   　　p=&I；　q=&ch;
   　　*p=40；　*p=*q;
   }
   A）有编译错误，p 和 q 的类型不一致，因此语句*p=*q；错误
   B）*p 中存放的是地址值，因此语句*p=40；错误
   C）q 虽然指向具体的存储单元，但该单元中没有确定的值，所以语句*p=*q；错误
   D）没有编译错误

4. 若有说明：int i,j=7,*p=&i;，则与 i=j；等价的语句是_____。
   A）i=*p;　　　　B）*p=*&j;　　　C）i=&j;　　　　D）i=**p;

5. 若有定义：char ch,*p1,*p2,*p3,*p4=&ch;，则能正确进行输入的语句是_____。
   A）scanf("%c",p1);
   B）scanf("%c",*p2);
   C）*p3=getchar();
   D）*p4=getchar();

6. 若有定义：int x, y;，若要通过调用 swap( )函数实现交换变量 x 和 y 的值，那么下面能够实现此功能的正确的 swap( )函数定义是_____。
   A）void swap(int x, int y) { int temp；　temp=x；　x=y；　y=temp；}
   B）void swap(int *x, int *y) { int temp；　temp=x；　x=y；　y=temp；}
   C）void swap(int *x, int *y) { int temp；　temp=*x；　*x=*y；　*y=temp；}
   D）void swap(int *x, int *y) { int *temp；　temp=x；　x=y；　y=temp；}

7. 执行以下语句后，a 的值为_____。
   int a,b,c,x=3,y=7,z=6；
   int *p1=&x,*p2=&y,*p3;

a=p1==&x； b=2*(-*p2)/(*p1)+5； c=*(p3=&z)=*p1*(*p2)；

　　A）-1　　　　　B）0　　　　　C）1　　　　　D）21

8．若已知：int x； int y；，则下面表达式合法的是_____。

　　A）&x　　　　　B）&(x+y)　　　C）&5　　　　　D）&(y+1)

二、填空题

1．指针变量是把另一个变量的__[1]__作为其值的变量。

2．能够赋给指针变量的唯一整数是__[2]__。

3．运算符__[3]__返回存储其操作数的内存单元。

4．请指出在 int (*p)[5]； 定义中，p 是__[4]__。

5．在 int *q( )； 定义中，q 是__[5]__。

6．若有定义：double var； 使指针 p 可以指向变量 var 的定义语句是__[6]__；使指针 p 指向变量 var 的赋值语句是__[7]__；通过指针 p 给变量 var 读入数据的 scanf 函数调用语句是__[8]__。

7．读下面的程序，写出输出结果__[9]__。

```
#include <stdio.h>
void fun(int *x)
{
    printf("%d\n",++*x);
}
void main()
{
    int a=25；
    fun(&a)；
}
```

8．读下面的程序，写出输出结果__[10]__。

```
#include <stdio.h>
void main( )
{
    int *p1, *p2, *p, a=7, b=9；
    p1=&a； p2=&b；
    if(a<b) { p=p1； p1=p2； p2=p； }
    printf("%d,%d ",*p1, *p2)；
    printf("%d,%d ", a, b)；
}
```

9．读下面的程序，写出输出结果__[11]__。

```
#include <stdio.h>
void fun1(int *x, int *y)
{
```

```
        *x=10;   *y=20;
}
int fun2(int x, int y)
{
        return x+y;
}
void main( )
{
        int a=5, b=9;
        fun1(&a, &b);
        printf("%d,%d,%d\n", a, b, fun2(a, b));
}
```

三、上机操作题

（一）填空题

1. 下面的程序试图通过函数 f 实现按从小到大的顺序输出输入的两个整数，请补上缺失的代码。

```
#include <stdio.h>
void f(int *x, int *y)
{
    if (*x>*y)
    {
            [1]
                  [2]
    }
}
void main( )
{
    int a, b;
    scanf("%d,%d", &a, &b);
    f(&a, &b);
    printf("%d,%d\n", a, b);
}
```

2. 下面程序是实现一个简单的计算器，能够完成两个整数进行加和减运算。请补上主函数中缺失的代码。

```
#include <stdio.h>
int add(int a, int b)
{
    return a+b;
}
```

```
int subtract(int a, int b)
{
    return a-b;
}
void main( )
{
    int op1, op2, done=1;
    char op;
    int (*func)(int a, int b);
    printf("Input a formula (such as 5+7): ");
    scanf("%d%c%d", &op1, &op, &op2);
    switch(op)
    {
    case '+':   [3]   ; break;
    case '-':   [4]   ; break;
    default: done=0;
    }
    if (done)
        printf("%d%c%d=%d", op1, op, op2, func(op1, op2));
    else
        printf("\"%c\" is invalid operator!", op);
}
```

（二）改错题

1．找出下面程序中的错误，并更正。
```
#include <stdio.h>
void main( )
{
    int *p, a;
    p=&a;
    printf("input a:");
    /********found***********/
    scanf("%d", *p);
}
```

2．以下程序是求两数之和，请找出下面程序中的错误，并更正。
```
#include <stdio.h>
void main( )
{
    int *ap,*bp,a,b,c;
    ap=&a;   bp=&b;
    /*********found***********/
```

```
        scanf("%d%d", &ap, &bp);
        /******found******/
        c=ap+bp;
        printf("%d\n",c);
}
```

（三）编程题

1. 定义一个函数 f，能够交换两个变量的值。然后，在主函数中输入三个整数，使用函数 f，把输入的三个数按从小到大的顺序输出。

2. 定义一个函数 findmax，能够返回三个变量中保存最大值的变量的地址。然后，在主函数中输入三个整数，使用函数 findmax 找到最大数，并输出。

第8章 数　　　组

在程序设计中，采用什么方法存储数据是一个很重要的问题。在用计算机解决实际问题时，经常需要对大量数据进行处理，如统计班级中所有学生的各门课程的总成绩，对所有学生的总成绩做排序处理，查找某个学生的考试成绩，等等。在 C 语言中，通常使用数组存储数据来解决这一类问题。本章介绍数组的定义和使用方法。因为数组与指针之间有着紧密的联系，所以本章也将详细介绍指针的算术运算及其与数组之间的关系。

8.1 数组的概念

数组是同一种类型的数据的有序集合。比如计算 6 位学生某门课程的考试成绩的平均分，因为 6 个成绩都属于整数，则可以将这组数据保存在一个数组中，程序如下：

【例 8.1】 保存输入的 6 个学生某门课程考试成绩，并计算平均分。

程序如下：

```
#include <stdio.h>

void main( )
{
    int s[6];
    int i, sum = 0;
    for (i = 0;   i < 6;   i++)
    {
        scanf("%d", &s[i]);
        sum += s[i];
    }
    printf("这 6 位学生该课程的平均分为：%d\n", sum / 6);
}
```

该程序中，s 是整型数组名，数组中的每一个数（变量）称为数组元素，从变量 i 的取值可看出，每一个数组元素的引用名依次为：s[0]，s[1]，s[2]，s[3]，s[4]和 s[5]。

可以看出：这类批量数据的问题，用数组来存储数据，再结合循环结构，程序变得简洁，思路清晰。总的说来，引入数组的主要好处有两点：一是让一组同类型的对象共用一个变量名，避免了为每个对象都定义一个变量名的繁琐；二是由于数组元素按顺序，连续存放的，它们在数组中的位置由下标来确定，这给表示某个数组元素带来了极大的方便。

在 C 语言中，数组有两个特点：一是数组元素的个数必须是确定的，二是数组元素的类型必须一致。

数组可以分为一维数组、二维数组和多维数组，本章主要介绍一维数组和二维数组。三维及三维以上的数组都称多维数组，相对一维和二维数组而言较少使用，本书不做深入介绍。

8.2　一维数组

8.2.1　一维数组的定义和存储

1. 一维数组的定义

一维数组是指只有一个下标的数组，它的定义格式为：

　　类型说明符　数组名[常量表达式];

说明：

（1）类型说明符为 C 语言的关键字，它说明了数组的类型，如整型、实型和字符型。

（2）数组名是数组的名称，是一种标识符，其命名方式与变量名相同。

（3）[ ]是下标运算符，其个数反映了数组的维数，一维数组只有一个下标运算符，下标运算符的优先级别很高，为 1 级，可以保证其与数组名紧密结合在一起。

（4）常量表达式是由常量和符号常量组成的，其值必须是正整数，它指明了数组中数组元素的个数，即数组的长度。

例如：

int a[10];

float f[100];

定义了两个一维数组：一个名称为 a 的整型数组，共有 10 个数组元素；另一个名称为 f 的实型数组，共有 100 个数组元素。

注意：数组在定义时只允许使用常量表达式定义数组的大小，而不允许使用变量。

例如：

#define X 15

int b1[X], b2[2*X];

是正确的定义语句。

下面程序段中的数组定义是错误的：

int n = 10;

int a[n];　　/* 常量表达式中不允许出现变量，尽管变量 n 已有确定值 */

float b[2*3-10];　　/* 常量表达式 2*3-10 的结果为-4，不是正整数 */

2. 一维数组的存储

数组定义以后，编译系统将在内存中自动地分配一块连续的存储空间用于存放所有数组元素，数组所占存储单元的多少由数组的类型和大小决定。例如，整型数组 a 有 15 个元素，由于在 VC6 中，一个整型量在内存中占有 4 个字节，因此，整型数组 a 在内存中连续占用 60 个字节的存储空间，如图 8.1 所示，图中设首地址为 2000H。

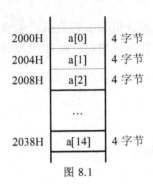

图 8.1

8.2.2 一维数组元素的引用

与变量一样,数组也必须先定义后使用。C 语言规定,不能一次引用整个数组,只能逐个引用数组元素。一个数组元素实质上就是一个同类型的普通变量,凡是可以使用该类型变量的场合,都可以使用数组元素。数组元素的引用方式为:

数组名[下标]

下标可以是整型常量、整型变量或整型表达式。

对数组元素进行引用时应注意下标的取值范围。C 语言规定下标的范围在:下界≤下标≤上界,且下界=0;上界=数组的长度-1。例如,数组定义为:int s[6];,则该数组的下界为 0,上界为 5。在引用数组元素时 s[0],s[1],s[2],…,s[5]均是合法、正确的,而 s[6]是错误的,虽然在编译和链接过程中系统不会报告错误,但这种引用不能保证得到正确的值。s[0]表示引用数组 s 的第一个元素,s[1]表示引用数组 s 的第二个元素,s[2]表示引用数组 s 的第三个元素,…,s[5]表示引用数组 s 的最后一个元素,即第 6 个元素。

注意:C 语言对下标运算的下标值不作合理性检查,如果引用时下标值越界,在语法上不算错误,编译器不会给出错误提示信息,但在运行时,将得不到正确的数据,甚至有可能造成对其他存储单元中数据的破坏,亦或者访问到被系统限制访问的区域,则造成程序异常终止。

在程序中,数组元素的引用常常会出现在赋值语句中。例如:

```
float b[4];
b[0] = 1.0;
b[1] = 7.6;
b[2] = b[0] + b[1];
b[3] = b[0] - b[1];
```

对于数组,连续元素的引用通常是使用循环结构,数组与循环结构的配合使用是处理大量数据的最常用方法。例如,前面对多个学生分数的输入求和的表示为:

```
for (i = 0; i < 6; i++)
{
    scanf("%d", &s[i]);
    sum += s[i];
}
```

在该程序中，利用了 for 循环控制变量 i 来按顺序逐个引用数组元素。随着 i 的值从 0 到 5 的变化，s[i]依次引用数组中的 6 个元素。这是对数组元素逐个进行操作的基本的、惯用的方法。如果题目要求改为：求 1000 位学生的分数和，那么，只需将数组定义中的常量表达式从 6 改为 1000（即，定义为 int s[1000];），同时改变循环结束条件为 i<1000 就可以了。

8.2.3 一维数组的初始化

数组的初始化如同变量的初始化，是指在定义数组时给部分或全部元素赋初值。对于一维数组的初始化，其格式为：

   类型说明符 数组名[常量表达式] = {初值表};

初值表为数组元素的初值数据，当数据不止一个时，相互之间用逗号分隔。对一维数组进行初始化有以下几种方式。

1. 对全部数组元素赋初值

例如：

int x[8] = {1, 2, 3, 4, 5, 6, 7, 8};

数组的长度与花括号中数据的个数相等，这样数组中所有元素均一一对应赋予初值，其值分别为：x[0]=1，x[1]=2，x[2]=3，x[3]=4，x[4]=5，x[5]=6，x[6]=7，x[7]=8。

也可以写成：

int x[ ] = {1, 2, 3, 4, 5, 6, 7, 8};

由于定义数组时省略了数组的长度，则依据花括号中数据的个数自动定义数组的长度为 8，并自动给全部元素赋初值。也就是说，给数组赋初值时，如果没有指定数组的长度，系统将根据初值数据的个数确定数组长度。因此，以上两种写法是等效的。

2. 对部分数组元素赋初值

例如：

int x[8] = { 1, 2, 3, 4, 5 };

数组的长度与花括号中数据的个数不等，又因为数组的赋值必须从前往后进行，不能跳过前面的元素给后面的元素赋值，所以，花括号中的 5 个数据，只能对数组 x 的前 5 个元素赋初值，后 3 个元素的初值，系统将赋予缺省值 0。该数组的各元素的值分别为：x[0]=1，x[1]=2，x[2]=3，x[3]=4，x[4]=5，x[5]=0，x[6]=0，x[7]=0。

注意：如果数组中有一个或一个以上的元素被赋予了初值，该数组中其余未被指定初值的元素将被赋予缺省值 0。

3. 对全部数组元素赋相同初值

例如：

int x[5] = { 1, 1, 1, 1, 1 };

或者

int x[ ] = { 1, 1, 1, 1, 1 };

都是可以的。

显然，将 5 个 1 分别对数组 x 的 5 个元素赋初值。数组的长度为 5。

要注意的是，不能给数组整体赋初值，以上情况，如果写成：

int x[5] = {1};

或者

```
int x[5] = {1*5};
```
都是达不到目的的。

前一种赋值的结果是:1 赋给了数组 x 的第 1 个元素 X[0]，后面的几个元素被系统赋予初值 0。其值分别为：x[0]=1，x[1]=0，x[2]=0，x[3]=0，x[4]=0。

后一种赋值的结果是:算术表达式 1*5 的结果 5 赋给了数组 x 的第 1 个元素 X[0]，后面的几个元素被系统赋予初值 0。其值分别为：x[0]=5，x[1]=0，x[2]=0，x[3]=0，x[4]=0。

8.2.4 一维数组元素的输入输出

一维数组的初始化或赋值语句可以让一维数组元素简单地取得值，这在上一节中已经给出了一些应用示例。然而，一维数组元素的输入输出，通常要使用 C 语言的基本输入输出函数，同时配合循环结构来完成。

【例 8.2】 输入全班 20 位学生的英语分数，显示并求平均分。

程序如下：

```c
#include <stdio.h>
#define N 20
void main()
{
    float score[N], sum = 0.0;
    int i;

    printf("请输入所有学生的英语分数：");
    for (i = 0;  i < N;   i++)
        scanf("%f", &score[i]);    /* 通过键盘输入数值 */

    for (i = 0;  i<N;  i++)
    {
        /* 控制换行，当 i 为 4 的倍数时输出一个换行符 */
        if (i%4 = = 0) printf("\n");

        /* 设置每个数组元素的显示格式 */
        printf("score[%d]=%.1f ", i, score[i]);

        /* 每显示一个数组元素，将其加到变量 sum 中 */
        sum += score[i];
    }
    printf("\n 所有学生英语平均分：%.2f\n",sum/N);
}
```

程序运行结果如下：
请输入所有学生的英语分数：

70 88 67.5 76 69 90 88.5 78 90 65✓
80 82 75 72.5 75 80 84 83.5 92 90✓
score[0]=70.0 score[1]=88.0 score[2]=67.5 score[3]=76.0
score[4]=69.0 score[5]=90.0 score[6]=88.5 score[7]=78.0
score[8]=90.0 score[9]=65.0 score[10]=80.0 score[11]=82.0
score[12]=75.0 score[13]=72.5 score[14]=75.0 score[15]=80.0
score[16]=84.0 score[17]=83.5 score[18]=92.0 score[19]=90.0
所有学生英语平均分：79.80

通过以上程序示例，可以看出，对大量数据的处理，采用一维数组的输入输出可以化繁为简。总的说来，注意以下几点：

（1）scanf 和 printf 不能一次处理整个数组，只能逐个处理数组元素。当循环的控制变量 i 取不同值时，score[i]代表不同的数组元素。因此，常常利用单重循环语句来输入输出一维数组元素。

（2）用循环语句处理数组元素时，应正确控制下标的范围。

8.2.5 一维数组应用举例

排序的功能是将一个无序的数据序列调整为有序序列。目前，已经产生很多比较成熟的排序算法。常见的有：冒泡法、选择法、插入法以及快速排序法等。本节先介绍冒泡排序法。

【例 8.3】 用冒泡法对任意 10 个数按由小到大方式进行排序。

冒泡法（也叫起泡法）排序的思路是：将相邻两个数进行比较，小数放在前头，大数放在后头。如图 8.2 所示。

```
6         6         6         6         6         6
10        10        7         7         7         7
7         7         10        10        10        10
11        11        11        11        4         4
4         4         4         4         11        2
2         2         2         2         2         11
第1次    第2次     第3次     第4次     第5次    结果
```
图 8.2

在图中共有 6 个数，第一次将第一个数 6 与第二个数 10 进行比较，6 比 10 小，不须交换；第二次将 10 与 7 进行比较，10 比 7 大，两数交换位置；第三次 10 与 11 进行比较……如此比较共进行 5 次，第一轮比较结束，得到序列：6，7，10，4，2，11。将最大数 11"沉底"。可以看出，小的数在"上浮"，大的数在"下沉"。

然后对余下的前 5 个数继续进行第二轮比较，得到次大数。如此进行，共经过 5 轮比较，使 6 个数按由小到大的顺序排列。在比较过程中第一轮经过了五次比较，第二轮经过了四次比较……第五轮经过了一次比较。如果需对 n 个数进行排序，则要进行 n-1 轮的比较，每轮分别要经过 n-1，n-2，n-3，…，1 次比较就可使数据排序。

按照这个思路写出的程序代码如下：
#include <stdio.h>

```c
void main()
{
    int a[11], i, j, k;

    printf("请任意输入 10 个整数：\n");
    for (i = 1;   i < 11;   i++)
        scanf("%d", &a[i]);
    printf("\n");

    /* 对数组进行排序 */
    for (i = 1;   i < 10;   i++)
    {
        for (j = 1;   j < 11-i;   j++)
        {
            if (a[j] > a[j+1])
            {
                k = a[j];
                a[j] = a[j+1];
                a[j+1] = k;
            }
        }
    }
    printf("按由小到大的顺序输出 10 个整数是：\n");
    for (i = 1;   i < 11;   i++)
        printf("%d ", a[i]);
    printf("\n");
}
```

程序运行结果如下：
请任意输入 10 个整数：
0 1 -6 8 4 -10 5 9 2 3↙
按由小到大的顺序输出 10 个整数是：
-10 -6 0 1 2 3 4 5 7 8 9

在本例中，首先定义整型一维数组 a[11]，共 11 个元素，但第一个元素 a[0]未使用，目的是与我们的习惯保持一致，将输入的第 i 个数赋给数组元素 a[i]。然后，循环输入 10 个整型数据。准备就绪，开始排序。

根据前面冒泡法的分析，对 10 个数作排序，要进行 9 轮比较，用变量 i 控制轮数，如 for

(i=1;i<10;i++);每轮比较的数据个数不等,比较的次数也不等。第 1 轮有 10 个数作比较,需要比较(10-1)次;第 2 轮,9 个数作比较,需要比较(10-2)次;……;第 i 轮,(11-i)个数作比较,需要比较(11-i-1)次,用变量 j 控制比较次数,如 for (j=1;j<11-i;j++)。然后两两比较,当前面的数比后面的数要大时,作交换,使之"下沉",直至循环结束,得到由小到大的序列,再用循环输出语句显示结果。

提示:如果输入的整数序列本身是一个由小到大的序列,是否也如上面程序作第一轮每一次的比较呢?读者可以考虑进一步改进冒泡排序法:在一轮比较交换的过程中,如果没有交换发生,则意味着整个序列已经达到有序,不需要再继续排序,可以设立一个标志来记录是否有交换发生。

8.3 二维数组

利用一维数组可以解决"一组"相关数据的处理,正如例 8.2 中对一组英语成绩求平均分,但是,如果要求处理这些学生其他课程分数呢?如表 8.1 所示,4 个学生 3 门课程的成绩表,我们要表示学生 2 的成绩 3,就必须指出是第二个学生的第三门课程的成绩,即需要指出所在行和所在列才能唯一地确定该数据,在数学上是用下标的方式 $S_{2,3}$ 表示。像这样需要用两个下标才能标识某个元素的表称为"二维表",在 C 语言中,用二维数组来表示这样的"二维表"中的元素。

表 8.1

	成绩 1	成绩 2	成绩 3
学生 1	70	88	80
学生 2	80	85	100
学生 3	50	65	70
学生 4	90	80	75

8.3.1 二维数组的定义和存储

1. 二维数组的定义

二维数组是指有两个下标的数组,它的定义格式为:

  类型说明符 数组名[常量表达式 1][常量表达式 2];

格式中各组成部分的作用同一维数组。不同的是,常量表达式 1 指定了数组的行数,而常量表达式 2 指定了数组的列数,它们的乘积等于该二维数组的元素的个数,即二维数组的长度。

例如:
#define M 3
#define N M+2

double s[5][5], u[M][N];

第三行表示定义了两个双精度的二维数组，一个名为 s，数组元素的个数为 25（5 行 5 列）；另一个名为 u，数组元素的个数为 15（3 行 5 列）。

下例的定义都是错误的：

float s（4）（3）;　　/* 不能使用小括号 */
float s[4,3];　　/* 不能将两个下标写在一个中括号内 */
int i = 3, a[i][2];　　/* 常量表达式中不允许出现变量 */
double m[3+1-10][2+3];　　/* 常量表达式的值不是正整数 */

2. 二维数组的存储

一维数组可以看作是数学上的一个向量，二维数组可以看作是数学上的一个矩阵。C 语言中，二维数组的元素是按行的顺序依次存放的，图 8.3 表示对 a[3][4]数组存放顺序，即在内存中，先顺序存放二维数组第一行的元素，再顺序存放二维数组第二行的元素，以此类推。

根据二维数组在内存中的存放顺序，我们也可以把二维数组看成一个特殊的一维数组。

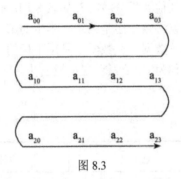

图 8.3

例如，二维数组 a[3][4]看作是一个一维数组，它有 3 个元素：a[0]，a[1]和 a[2]，每一个元素是一个包含 4 个元素的一维数组，把 a[0]，a[1]和 a[2]看作是 3 个一维数组的名字，一维数组 a[0]的 4 个元素是：a[0][0]，a[0][1]，a[0][2]，a[0][3]，其余同理。如图 8.4 所示。

$$a \begin{cases} a[0]\cdots\cdots & a_{00} \quad a_{01} \quad a_{02} \quad a_{03} \\ a[1]\cdots\cdots & a_{10} \quad a_{11} \quad a_{12} \quad a_{13} \\ a[2]\cdots\cdots & a_{20} \quad a_{21} \quad a_{22} \quad a_{23} \end{cases}$$

图 8.4

8.3.2 二维数组元素的引用

二维数组和一维数组一样，必须先定义后使用。但不能整体引用，也不能引用某一行或某一列，只能引用其具体的元素。二维数组元素的引用格式为：

数组名[下标 1][下标 2]

二维数组元素的引用应注意下标的范围，即：0≤下标 1≤常量表达式 1-1，0≤下标 2≤常量表达式 2-1。

数组元素的下标可以是任意合法的算术表达式，其结果必须是整型数。注意区分数组定义时，方括号内必须是常量表达式。

读者要注意区分定义数组时的 s[3][4]和引用数组元素时的 s[3][4]，它们具有不同含义。在定义语句"int s[3][4]；"中，s[3][4]指定了数组的维数及各维的大小（即 3 行 4 列），s 数组的元素分别是 s[0][0]~s[2][3]，不存在元素 s[3][4]；而在引用元素时，s[3][4]中的 3 和 4 是下标值，s[3][4]代表的是矩阵中第 4 行，第 5 列的那个元素。

二维数组元素的引用可以出现在表达式中，也可以被赋值。例如：

s[2][2] = s[2][0] + s[2][1];

与一维数组元素的引用方式类似。

8.3.3 二维数组的初始化

由于二维数组的数据在内存中是按行依次存放的，因此二维数组的初始化也是按行进行赋值的。其格式为：

类型说明符 数组名[常量表达式 1][常量表达式 2]={初值表}；

1. 对二维数组的全部元素赋初值

例如：

int x[2][4] = {{1, 2, 3, 4}，{6, 7, 8, 9}};

在初始化式的一对花括号内，初值表中每行数据用一对花括号括住，此方式一目了然，在二维数组 x 中，各元素的初始化值为：

x[0][0]=1，x[0][1]=2， x[0][2]=3，x[0][3]=4，x[1][0]=6，x[1][1]=7，x[1][2]=8，x[1][3]=9。

也可以写成：

int x[2][4] = {1, 2, 3, 4, 6, 7, 8, 9};
int x[ ][4] = {1, 2, 3, 4, 6, 7, 8, 9};

以上 3 种写法是完全等效的，第 2 种写法的界限不清晰，容易遗漏，且不易检查。第 3 种写法省略了第一维的长度，编译器可以根据初值总数和第二维的长度算出第一维的长度。因此，第二维的长度不能缺省。

2. 对二维数组的部分元素赋初值

例如：

int x[3][5] = {{1}，{6, 7}};
int u[3][5] = {1, 6, 7};

同样为 3 行 5 列有 15 个数组元素的二维数组，不同的是数组 u 的初始化中没有作为行标识的花括号。最后赋初值的结果为：在二维数组 x 中：x[0][0]=1，x[1][0]=6，x[1][1]=7，其余元素均为 0；而在数组 u 中，x[0][0]=1，x[0][1]=6，x[0][2]=7，其余元素均为 0。作为行标识的花括号在此起的作用是明显的。

对数组 x 做初始化也可以写成：

int x[ ][5] = {{1}，{6, 7}，{0}};

这样的写法，同样能通知编译系统：数组共有 3 行。因此，不论是对二维数组的全部元素，还是部分元素赋初值，只要能让编译系统"知道"该数组有几行，就能省略第一维长度的指定。

8.3.4 二维数组的输入输出

二维数组与一维数组一样，其数组元素的取值可以通过初始化方式得到。除此之外，使用赋值语句也可以赋予或改变数组元素的值。但最常用、最灵活的二维数组的输入输出还是使用 C 语言的基本输入输出函数，同时配合循环结构来完成。通过下面的程序，大家可以比较一下与一维数组的输入输出有什么区别。

【例 8.4】　输入 4 个学生的 3 门课程成绩，成绩如表 8.1 所示，要求在屏幕上显示分数且计算出各门课程的平均分。

程序如下：

```c
#include <stdio.h>

void main()
{
    float score[4][3];      /* score 数组表示成绩 */
    float sum[3] = {0.0};   /* sum 数组表示各门课程的总分 */
    int i, j;

    printf("请输入学生成绩：\n");
    for (i = 0； i < 4； i++)
    {
        for (j = 0； j < 3； j++)
        {
            scanf("%f", &score[i][j]);
            /* 第 1 列的数据是所有学生第 1 门课程的成绩 */
            if(j= =0) sum[0]+=score[i][j];

            /* 第 2 列的数据是所有学生第 2 门课程的成绩 */
            if (j = = 1) sum[1] += score[i][j];

            /* 第 3 列的数据是所有学生第 3 门课程的成绩 */
            if (j = = 2) sum[2] += score[i][j];
        }
    }
    printf("输出学生成绩：\n");
    for (i = 0； i < 4； i++)
    {
        /* 依次在同一行输出某个学生的各门课程分数 */
        for (j = 0； j < 3； j++)
            printf("%6.1f", score[i][j]);

        printf("\n");
    }
    printf("输出每门课程的平均分：\n");
```

```
        printf("%6.1f%6.1f%6.1f", sum[0]/4, sum[1]/4, sum[2]/4);
}
```

程序运行结果为：
请输入学生成绩：
    70 88 80 80 85 100
    50 65 70 90 80 75
输出学生成绩：
    88.0   80.0
    85.0   100.0
    65.0   70.0
    80.0   75.0
输出每门课程的平均分：
    72.5   79.5   81.3

可以将例 8.1 与本例作比较，前者要求多个学生的某门课程的平均分，用的是一维数组表示课程分数；后者要求多个学生多门课程的平均分，用的是二维数组表示课程分数。

二维数组的输入输出都是用双重循环处理的，外层循环控制行数，i 从 0 到 3，表示要处理 4 行数据；内层循环控制列数，j 从 0 到 2，表示要处理 3 列数据。

输出数组时，最后按照矩阵的形式显示在屏幕上，所以要注意在内层循环里，输出一行数据后再换行，即在每次从内层循环退出前要作换行。所以，在这样的双重循环中要注意花括号的位置。

8.3.5 二维数组应用举例

【例 8.5】 有一个 3×4 的矩阵，试求该矩阵中所有元素的最大值，并指出该元素所在的行号和列号。

本例中，查找的数据对象是一个矩阵，一个二维数组。题目要求找最大数及其在矩阵中的位置。首先找最大的元素，和求一列数中最大的数方法一样。设矩阵的第一个元素为最大值，分别与矩阵中的其他数进行比较，从而找出最大数，并记下此时的行号和列号。
程序如下：

```
#include <stdio.h>

void main()
{
    int a[3][4], i, j, row, col, max;
    row = col = 0;
    printf("给数组赋值：\n");
    for (i = 0;    i < 3；   i++)
        for (j = 0;    j < 4；   j++)
            scanf("%d", &a[i][j]);
```

```
        max = a[0][0];                    // 将 a[0][0]设定为最大数
        for (i = 0;   i < 3;   i++)       // 寻找最大数
          for (j = 0;   j < 4;   j++)
            if (a[i][j] > max)
            {
              max = a[i][j];
              row = i;
              col = j;
            }
        printf("max = %d, row = %d, col = %d\n", max, row, col);
    }
```

程序运行结果如下：

　　给数组赋值：
　　1 2 3 9 7 12 6 11 4 10 5 8 ✓
　　max = 12，row = 1，col = 1

程序分析：

首先用双重循环输入二维数组的每一个元素 a[i][j]，然后设最大数为 a[0][0]，再用一次双重循环让其余的元素依次与最大数比较，如果谁比"最大数"还要大，那么"最大数"这顶"帽子"就给谁戴上，并随时记录这个当前"最大数"所在的行和列。最后输出结果。

上面根据输入的数组元素，得到最大数 12，其位置是：1 行 1 列，即 a[1][1]。注意这里的变量 row 和 col 的下界都是 0，这点与数组的下标表示一致，所以最大数所在的"1 行 1 列"实际上是"第 2 行第 2 列"。

8.4 数组与指针

在 C 语言中，指针与数组的关系十分密切，许多指针运算都和数组有联系，或者说这些指针运算只有针对数组时才有意义。其实，数组名就是数组的地址或指针，而且是一个常量指针。指针可用来完成涉及数组下标的操作，因为数组下标在编译的时候要被转换成指针表示方法，所以用指针编写数组下标表达式可节省编译时间。数组中的元素在内存中是连续排列存放的，所以任何用数组下标完成的操作都可以通过指针的移动来实现。使用数组指针的主要原因是操作方便，编译后产生的代码占用空间少，执行速度快，效率高。本节主要讨论如何使用指针对数组进行操作，以及数组与指针的关系。

一个变量有一个地址，一个数组包含若干元素，每个数组元素都在内存中占用存储单元，它们都有相应的地址。所谓数组的指针是指数组的起始地址，数组元素的指针是数组元素的地址。

由于指针变量也是变量，它具有变量的特性，可以对指针变量进行某些运算，但需要牢记一点：指针变量的值始终与某类型变量的地址有关。

与数组有关联的几种指针运算：让指针变量指向数组、指针变量加（减）一个整数、两个指针变量比较和两个指针变量相减。上述运算在数组中的应用非常普遍,下面,结合数组介绍指针变量的运算。

8.4.1 与数组相关的指针运算

1. 让指针变量指向数组

前面已介绍过指针的赋值运算,这里要介绍的是把数组或数组元素的指针赋给指针变量,即让指针变量指向数组或数组的元素。

例如:

  int a[5],*pa;

  pa = a; /* 数组名表示数组的首地址,故可赋予指向数组的指针变量 pa */

也可写为:

  pa = &a[0]; /* 数组第一个元素的地址也是整个数组的首地址,也可赋予 pa */

当然也可采取初始化赋值的方法:

  int a[5],*pa = a;

2. 指针变量加(减)一个整数

指针变量加(减)一个整数的意义是当指针变量指向某存储单元时,使指针变量相对该存储单元移动位置,从而指向另一个存储单元。对于不同类型的指针变量移动的字节数是不一样的,指针变量移动以它指向的数据类型所占的字节数为移动单位,例如,字符型指针变量每次移动一个字节,整型指针变量每次移动两个字节。经常利用指针变量的加减运算移动指针变量来取得相邻存储单元的值,特别在使用数组时,经常使用该运算来存取不同的数组元素。

例如,下面的语句进行了指针移动。

  int m[12], *p1=&m[6], *p2=&m[8], *p3;

  p1 -= 3;

  p3 = p2+2; // 如图 8.5 所示

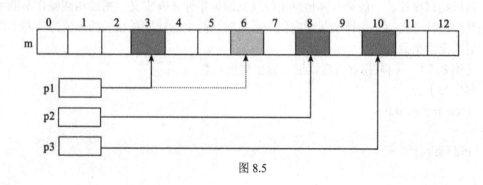

图 8.5

【例 8.6】 移动指针变量访问数组元素。

程序如下:

#include <stdio.h>

void main( )

```c
{
    int array[10] = {0, 1, 2, 3, 4, 5, 6, 7, 8, 9}, i;
    int *p = &array[0];      // 初始化指针变量 p
    for (i = 0;   i < 10;   i++)
    {
        printf("%d\n", *p);  // 输出指针变量 p 所指向的数组元素的值
        p++;                 // 移动指针变量 p
    }
}
```

程序运行结果为：
0
1
2
3
4
5
6
7
8
9

指针变量 p 首先初始化指向数组的首元素，在循环中，通过对指针变量 p 自增，让其指向下一元素，这样就达到输出数组所有元素的目的。

3. 两个指针变量相减

指针相减操作，一般只有高地址指针减低地址指针才有意义，指针相减操作不能用于指向函数的指针。当两个指针变量指向同一数组时，两个指针变量相减的差值即为两个指针变量相隔的元素个数。

【例 8.7】 相减指针变量，逆序输出数组元素。

程序如下：

```c
#include <stdio.h>

void main()
{
    int   a[10] = {1, 3, 5, 7, 9, 11, 13, 15, 17, 19};
    int   *p1 = &a[0], *p2 = &a[9], t;
    while (p2 - p1 > 0)      // 两个指针变量相减
    {
        t = *p1;   *p1 = *p2;   *p2 = t;
        p1++;   p2--;
```

```
    }
    for (t = 0;   t < 10;    t++)
        printf("a[%d]=%d\n", t, a[t]);
}
```

程序运行结果为：
a[0]=19
a[1]=17
a[2]=15
a[3]=13
a[4]=11
a[5]=9
a[6]=7
a[7]=5
a[8]=3
a[9]=1

4. 指针的关系运算

两个指向相同类型变量的指针变量可以使用关系运算符进行比较运算，对两个指针变量中存放的地址进行比较。

pi<pj;   /* 当 pi 所指向变量的地址在 pj 所指向变量的地址之前时为真 */
pi>pj;   /* 当 pi 所指向变量的地址在 pj 所指向变量的地址之后时为真 */
pi= =pj; /* 当 pi 所指向变量的地址与 pj 所指向变量的地址相同时为真 */
pi!=pj;   /* 当 pi 所指向变量的地址与 pj 所指向变量的地址不同时为真 */

指针变量的比较运算经常用于数组，判定两个指针变量所指向的数组元素的位置先后，而将指向两个简单变量的指针变量进行比较或在不同类型指针变量之间的比较是没有意义的，指针变量与整型常量或变量的比较也没有意义，只有常量 0 例外，一个指针变量为 0（NULL）时表示该指针变量为空，没有指向任何存储单元。

【例 8.8】 比较指针变量，逆序输出数组元素。
程序如下：
```
#include <stdio.h>

void main( )
{
    int a[10] = {1, 3, 5, 7, 9, 11, 13, 15, 17, 19};
    int   *p1 = &a[0], *p2 = &a[9], t;
    while (p1 < p2) // 两个指针变量比较
    {
        t = *p1;   *p1 = *p2;   *p2 = t;
        p1++;   p2--;
```

```
        }
        for (t = 0;   t < 10;    t++)
            printf("a[%d]=%d\n", t, a[t]);
}
```

程序运行结果为：
a[0]=19
a[1]=17
a[2]=15
a[3]=13
a[4]=11
a[5]=9
a[6]=7
a[7]=5
a[8]=3
a[9]=1

8.4.2 一维数组的指针和指向一维数组元素的指针变量

指针与数组有着密不可分的关系，知道变量的地址就能间接访问变量。同理，如果知道一维数组首元素的地址，通过改变这个地址值就能间接访问数组中的任何一个数组元素。

1. 一维数组的指针

一维数组在内存中是一片连续的存储空间，C 语言规定一维数组名代表一维数组的首地址，也就是一维数组中第一个元素的地址。因此，下面的两种表示等价：

a，&a[0]

由于在内存中数组中的所有元素都是连续排列的，即数组元素的地址是连续递增的，所以通过数组的首地址加上偏移量就可得到其他元素的地址。

在 C 语言中，无论是整型还是其他类型的数组，C 语言的编译程序都会根据不同的数据类型，确定出不同的偏移量，因此，用户编写程序时不必关心其元素之间地址的偏移量具体是多少，只要把前一个元素的地址加 1 就可得到下一个元素的地址。例如，在 C 语言中，对于字符类型，偏移量为 1 个字节；对于整型，偏移量为 2 个字节；对于长整型和单精度实型，偏移量为 4 个字节；对于双精度实型偏移量为 8 个字节。

【例 8.9】 用指针法表示一维数组元素。

程序如下：
```
#include <stdio.h>

void main( )
{
    int a[4] = {1, 2, 3, 4}, i;
    for (i = 0;   i < 4;   i++)
        printf("a[%d]=%d   ", i, *(a+i));
```

```
    printf("\n");
}
```

程序运行结果为：

a[0]=1　　a[1]=2　　a[2]=3　　a[3]=4

如图 8.6 所示，数组名 a 表示该数组的首地址，通过数组名 a 可以得到其他元素的地址。C 编译程序把对一个数组的引用转换为一个指向这个数组首元素的指针，因此，一个数组的名字实际上是一个指针表达式，所以数组名 a 就是一个指向数组中第 1 个元素的指针，当计算中出现 a[i]时，c 编译立刻将其转换成*(a+i)，这两种形式在使用上是等价的，因此，例中的*(a+i)实际上就是 a[i]。

	内存中的值	
a→a[0]	1	← *a
a+1→a[1]	2	← *(a+1)
a+2→a[2]	3	← *(a+2)
a+3→a[3]	4	← *(a+3)

图 8.6

2. 指向一维数组元素的指针变量

一维数组由若干个数组元素组成，每一个数组元素是一个变量，指向变量的指针变量可以指向一维数组的数组元素，所以通过改变指向数组元素的指针变量值可以达到指向不同数组元素的目的。

根据以上叙述，访问一个数组元素，主要有两种形式：

（1）下标法。即以 a[i]的形式存取数组元素。

（2）指针法。如*(a+i)或*(p+i)。其中 a 是数组名，p 是指向数组元素的指针变量，其初值 p=a。

【例 8.10】　设一数组有 10 个元素，要求输出所有数组元素的值。

方法 1：通过下标法存取数组元素。

程序如下：

```
#include <stdio.h>

void main( )
{
    int a[10] = {1, 2, 3, 4, 5, 6, 7, 8, 9, 10};
    int i;
    for (i = 0; i < 10; i++)
        printf("%d ", a[i]);
```

```
    printf("\n");
}
```

程序运行结果为:
1 2 3 4 5 6 7 8 9 10
这种方法通过数组下标表示数组的不同元素。
方法 2:通过数组名计算数组元素的地址存取数组元素。
程序如下:
#include <stdio.h>

```
void main( )
{
    int a[10] = {1, 2, 3, 4, 5, 6, 7, 8, 9, 10};
    int i;
    for (i = 0;   i < 10;   i++)
        printf("%d ", *(a+i));
    printf("\n");
}
```

运行结果与上同。这种方法通过计算相对于数组首地址的偏移量得到各个数组元素的内存地址,再从对应的内存单元中存取数据。
方法 3:通过指针变量存取数组元素。
程序如下:
#include <stdio.h>

```
void main( )
{
    int a[10] = {1, 2, 3, 4, 5, 6, 7, 8, 9, 10};
    int i, *p;
    for (p = a;   p < (a+10);   p++)
        printf("%d ", *p);
    printf("\n");
}
```

运行结果与上同。这种方法通过先将指针变量指向数组的首元素,再通过移动指针变量,使指针变量指向不同的数组元素,最后从对应的内存单元中存取数据。
在这三种方法中,第 1 种和第 2 种只是形式上不同,程序经编译后的代码是一样的,特点是编写的程序比较直观,易读性好,容易调试,不易出错;第 3 种使用指针变量直接指向数组元素，不需每次计算地址，执行效率要高于前两种，但初学者不易掌握，容易出错。具体在编写程序时使用哪种方法，可以根据实际问题来决定，对于计算量不是特别大的程序，三种方法的运行效率差别不大，在上述的例子中，三种方法的运行效率几乎没有区别，初学者可以在熟练掌握第一种方法后，使用第三种方法编写程序。

下面给出用指针来表示数组元素的地址和内容的几种形式。

（1）p+i 和 a+i 均表示 a[i]的地址，或者说它们均指向数组第 i 个元素，即指向 a[i]。

（2）*(p+i)和*(a+i)都表示 p+i 和 a+i 所指对象的内容，即为 a[i]。

（3）指向数组元素的指针变量，也可以表示成数组的形式，也就是说，它允许指针变量带下标，如*(p+i)可以表示成 p[i]，但在使用这种方式时和使用数组名时是不一样的，如果 p 不指向 a[0]，则 p[i]和 a[i]是不一样的。这种方式容易引起程序出错，一般不提倡使用。

例如，假若：p=a+5；

则 p[2]就相当于*(p+2)，由于 p 指向 a[5]，所以 p[2]就相当于 a[7]。而 p[-3]就相当于*(p-3)，它表示 a[2]。

用指针法访问数组元素时，还要注意以下事项：

（1）指针变量可以实现本身的值的改变。如 p++是合法的；而 a++是错误的。因为 a 是数组名，它是数组的首地址，是常量。注意：数组名是一个常量，不允许重新赋值。

（2）要注意指针变量的当前值。请看下面的程序。

【例 8.11】 输出数组元素，找出错误。

程序如下：

```
#include <stdio.h>

void main( )
{
   int *p, i, a[10];
   p = a;
   for (i = 0;   i < 10;   i++)
      *p++ = i;
   for (i = 0;   i < 10;   i++)
      printf("a[%d]=%d\n", i, *p++);
}
```

程序运行结果为：
a[0]=0
a[1]=347
a[2]=0
a[3]=0
a[4]=0
a[5]=2125

a[6]=0
a[7]=48
a[8]=0
a[9]=17235

出现的结果很奇怪,这是因为实质上指针指向了a[9]以后的10个元素,而这些元素的值是不可预料的未知数。

【例8.12】 改正后的正确程序。

程序如下:
#include <stdio.h>

```
void main( )
{
   int *p, i, a[10];
   p = a;
   for (i = 0;   i < 10;   i++)
      *p++ = i;
   p = a;        // 使p指针重新指向了数组的首地址
   for (i = 0;   i < 10;   i++)
      printf("a[%d]=%d\n", i, *p++);
}
```

程序运行结果为:
a[0]=0
a[1]=1
a[2]=2
a[3]=3
a[4]=4
a[5]=5
a[6]=6
a[7]=7
a[8]=8
a[9]=9

从上例可以看出,虽然定义数组时指定它包含10个元素,但指针变量可以指到数组以后的内存单元,系统并不认为非法,但却给出错误的结果。

(3) *p++,由于++和*同优先级,结合方向自右而左,等价于*(p++),其作用是先得到*p,再使p=p+1,指针指向下一个元素。

（4）*(p++)与*(++p)作用不同。若 p 的初值为 a，则*(p++)等价于 a[0]，*(++p)等价于 a[1]。
（5）(*p)++：表示将 p 所指向元素的值加 1。
例如：
int　a[5] = {0, 2, 4, 6, 8}, *p;
p = a + 2;
(*p)++;
printf("%d\n", *p);
运行结果为：
5

（6）如果 p 当前指向 a 数组中的第 i 个元素，则：
*(p--) 相当于 a[i--]；
*(++p) 相当于 a[++i]；
*(--p) 相当于 a[--i]。

8.4.3　二维数组的指针和指向二维数组的指针变量

二维数组与一维数组的数据逻辑结构是不同的，但两者的存储结构同是一片连续的存储空间。对二维数组来说，每个数组元素既可以视为二维数组的成员，又可视为由二维数组的行首尾相接组成的一维数组的成员，也可将二维数组的行视为一个独立的一维数组，二维数组元素是所在行的一维数组的成员。因此，用指针变量可以指向一维数组，也可以指向二维数组。但由于在构造上二维数组比一维数组更复杂，相应的二维数组的指针及其指针变量在概念及其应用等方面也更为复杂一些。

1. 二维数组的指针

二维数组的存储结构是按行顺序存放的。二维数组的地址有两种，一是行地址，即每行都有一个确定的地址，二是列地址（数组元素的地址），即每个数组元素都有一个确定的地址。二维数组的行地址在数值上与行中首元素的地址相等，但意义是不同的。对行地址进行指针运算得到的是同一行的首元素地址，对列地址进行指针运算得到的是数组元素。
定义如下二维数组来说明问题：
int a[3][4]={{0, 1, 2, 3},　{4, 5, 6, 7},　{8, 9, 10, 11}};
a 为二维数组名，此数组有 3 行 4 列，共 12 个元素。对于数组 a 也可这样来理解，数组 a 由 a[0]、a[1]和 a[2]三个元素组成，而它们中每个元素又是一个一维数组，且都含有 4 个元素（相当于 4 列）。例如，a[0]所代表的一维数组所包含的 4 个元素为 a[0][0], a[0][1], a[0][2]和 a[0][3]，如图 8.7 所示。

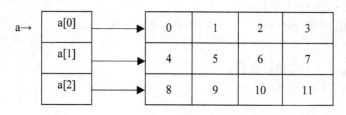

图 8.7

但从二维数组的角度来看，a 代表二维数组的首地址，当然也可看成是二维数组第 0 行的地址。a+1 就代表第 1 行的地址，a+2 就代表第 2 行的地址。如果此二维数组的首地址为 1000，由于第 0 行有 4 个整型元素，所以 a+1 为 1008，a+2 也就为 1016，如图 8.8 所示。

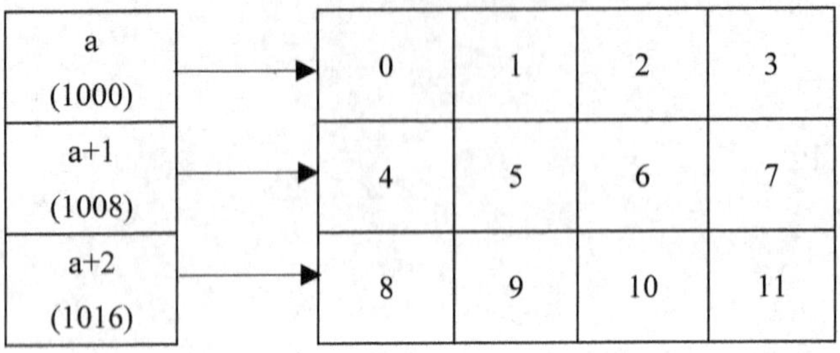

a (1000)	0	1	2	3
a+1 (1008)	4	5	6	7
a+2 (1016)	8	9	10	11

图 8.8

既然把 a[0]、a[1] 和 a[2] 看成是一维数组名，可以认为它们分别代表它们所对应的一维数组的首地址，也就是说，a[0] 代表第 0 行中第 0 列元素的地址，即 &a[0][0]，a[1] 是第 1 行中第 0 列元素的地址，即 &a[1][0]。根据地址运算规则，a[0]+1 即代表第 0 行第 1 列元素的地址，即 &a[0][1]，一般而言，a[i]+j 即代表第 i 行第 j 列元素的地址，即 &a[i][j]。

在二维数组中，还可用指针的形式来表示各元素的地址。如前所述，a[0] 与 *(a+0) 等价，a[1] 与 *(a+1) 等价，因此 a[i]+j 就与 *(a+i)+j 等价，它表示数组元素 a[i][j] 的地址。因此，二维数组元素 a[i][j] 可表示成 *(a[i]+j) 或 *(*(a+i)+j)，它们都与 a[i][j] 等价，另外也可写成 (*(a+i))[j]。

另外需要特别注意的是，a+i 和 *(a+i) 在数值上是相同的，但意义不同。a+i 代表二维数组第 i 行的地址，是行地址；而 *(a+i) 代表二维数组第 i 行第 0 列元素的地址，是列地址。行地址以行为单位进行控制，列地址以数组元素为单位进行控制。

【例 8.13】 用指针法输入输出二维数组各元素。

程序如下：

```
#include <stdio.h>

void main( )
{
   int a[3][4], *ptr;
   int i, j;
   ptr = a[0];
   for (i = 0； i < 3； i++)
   {
      for (j = 0； j < 4； j++)
         scanf("%d", ptr++);      // 指针的表示方法
   }
   ptr = a[0];      // 指针复位
   for (i = 0； i < 3； i++)
   {
```

```
     for (j = 0； j < 4； j++)
       printf("%4d", *ptr++);
     printf("\n");
   }
}
```

程序运行结果为
1 2 3 4 5 6 7 8 9 10 11 12↙
  1 2 3 4
  5 6 7 8
  9 10 11 12

  注意，上例程序中的指针复位是非常必要的，如果去掉该指针复位语句，经过 scanf 语句给数组循环赋初值后，指针指向数组最后一个元素的后面，输出结果是不可预料的错误数据。所以，在使用指针的过程中一定要清楚指针的指向，避免出错。
  2．指向二维数组的指针变量
  二维数组的地址有两种，相应地，指向二维数组的指针变量也有两种。
  （1）指向二维数组元素的指针变量。
  定义方法与指向一维数组元素的指针变量相同。需要注意的是，指向二维数组元素的指针变量不能指向二维数组的行，只能指向数组元素。
  （2）指向具有 m 个元素的一维数组的指针变量。
  C 语言中提供了一种专门指向具有 m 个元素的一维数组的指针变量，该指针变量能够直接指向二维数组的行，但不能直接指向数组元素。定义的格式为：
    类型说明符（*指针变量名）[常量表达式]
  其中：常量表达式为指针变量指向的一维数组中的数组元素个数。这个一维数组实际上是二维数组的行。例如：
  int (*p)[3];
  指针 p 为指向一个由 3 个元素组成的整型数组的指针变量。在定义中，圆括号是不能少的，否则它是指针数组，这里不做介绍。这种数组指针变量不同于前面介绍的整型指针变量，当整型指针变量指向一个整型数组元素时，进行指针（地址）加 1 运算，表示指向数组的下一个元素，此时地址值增加了 4（因为一个整型数据占 4 个字节），而如上所定义的指向一个由 3 个元素组成的数组指针变量，进行地址加 1 运算时，其地址值增加了 12，即 3*4=12，这种数组指针变量在 C 语言中用得较少，但在处理二维数组时，还是很方便的。例如：
  int a[3][4], (*p)[4];
  p = a;
  开始时 p 指向二维数组第 0 行，当进行 p+1 运算时，根据地址运算规则，指针移动 16 个字节，所以此时 p 正好指向二维数组的第 1 行。和二维数组元素地址计算的规则一样，*p+1 指向 a[0][1]，*(p+i)+j 则指向数组元素 a[i][j]。
  【例 8.14】 指向具有 m 个元素的一维数组的指针变量。
  程序如下：

```
#include <stdio.h>
void main()
{
    int a[3][4] = {{1, 3, 5, 7}, {9, 11, 13, 15}, {17, 19, 21, 23}}, sum;
    int i, (*b)[4];
    float average;
    for (b = a;  b < a + 3;  b++)
    {
        sum = 0;
        for (i = 0;  i < 4;  i++)
            sum += *(*b+i);         // 求每行的总和
        average=sum/4;              // 求每行的平均值
        printf("average=%.2f\n", average);
    }
}
```

程序运行结果如下：
average=4.00
average=12.00
average=20.00

8.5 数组与函数

由于实参可以是变量、常量及表达式，因此，数组元素自然也可以作为函数的实参，在主调函数与被调函数间来传送数据。C 语言规定数组名也可以作为实参，在主调函数与被调函数间进行整个数组的传送，实际上传递的是数组的地址。

8.5.1 数组元素作为函数实参

前面提到过，一个数组元素实质上就是一个同类型的普通变量，凡是可以使用该类型变量的场合，都可以使用数组元素。因此，与用变量作实参一样，将数组元素的"值"传送给形参变量。

【例8.15】 输入 6 个学生的成绩，如果成绩低于 60 分，输出-1，否则，以原分值输出。

程序如下：
```
#include <stdio.h>

void main()
{
    int s[6];
    int i;
```

```
    void pass(int x);
    for (i = 0;   i < 6;   i++)
    {
       scanf("%d", &s[i]);
       pass(s[i]);              // 数组元素 s[i] 作为实参
       printf("主函数显示：%d\n", s[i]);
    }
}

void pass(int x)
{
    if (x < 60)   x = -1;
    printf("被调函数显示：%d   ", x);
}
```

程序运行结果为：
　　50 75 90 45 30 66
　　被调函数显示：-1   主函数显示：50
　　被调函数显示：75   主函数显示：75
　　被调函数显示：90   主函数显示：90
　　被调函数显示：-1   主函数显示：45
　　被调函数显示：-1   主函数显示：30
　　被调函数显示：66   主函数显示：66

将数组元素 s[i] 作为函数 pass 的实参，传给形参 x，在被调用函数 pass 中，x 将获取的值与 60 进行比较，如果 x<60，就给 x 赋值为-1，接着输出处理后的变量 x 的值（原值或-1）。返回主函数的出口处，接着执行下一条语句，输出数组元素 s[i]的值。如此循环，每一个输入的数组元素作为实参传递给形参后，在被调函数中作判断后显示结果，回到主函数再次显示曾经的数组元素值，目的是为了说明：以数组元素作为实参，传递给形参的是数组元素的"值"。形参值的改变，不会影响到实参。

从结果可以看出，当输入 s[0]为 50 时，在被调函数中显示为-1，回到主函数中后显示的仍是原来的数组元素 s[0]的值"50"。

8.5.2　一维数组名作为函数实参

数组元素作函数的参数，同一般的变量一样遵循"值传递"的函数调用方式。而数组名实际上是代表数组的首地址，所以函数的实参可以是数组名，对应的形参可以是数组，也可以是指针变量，这时将实参的数组名传递给形参数组，于是形参与实参指向同一个数组，即在被调用函数中改变了形参数组的元素值，主调函数中的数组元素值也被改变。要注意的是，当形参是数组时，该数组名并不表示数组的首地址，而是一个指针变量。

数组名可以作函数的实参和形参。如：

```c
void main()
{
    int array[10];
    ……
    f(array, 10);
    ……
}

f(int arr[], int n);
{
    ……
}
```

array 为实参数组名，arr 为形参数组。在学习指针变量之后就更容易理解这个问题了。数组名就是数组的首地址，实参向形参传送数组名实际上就是传送数组的地址，形参得到该地址后也指向同一数组。这就好像同一件物品有两个彼此不同的名称一样。同样，指针变量的值也是地址，数组指针变量的值即为数组的首地址，当然也可作为函数的参数使用。

【例 8.16】 用选择法对 10 个整数进行排序。

程序如下：

```c
#include <stdio.h>

void sort(int [],int);

void main()
{
    int *p, i, a[10];
    for (i = 0;   i < 10;   i++)
        scanf("%d", a+i);
    sort(a, 10);          // 作为实参的数组名 a 代表数组的首地址
    for (p = a;   p < a+10;   p++)
        printf("%5d", *p);
    printf("\n");
}

void sort(int x[], int n) // 作为形参的数组名 x 实质上是一个指针变量
{
    int *x_end, *y, *p, temp;
    x_end = x + n;
    for (;   x < x_end-1;   x++)
    {
        p = x;
```

```
        for (y = x+1; y < x_end; y++)
            if (*y > *p) p = y;
        if (p != x)
        {
            temp = *x;   *x = *p;   *p = temp;
        }
    }
}
```

程序运行结果如下：
5 2 3 4 1 6 9 0 8 7↙
  9 8 7 6 5 4 3 2 1 0

一维数组名作为函数参数具有以下特点：
（1）作为实参的数组名表示数组的首地址，是一个地址常量。
（2）作为形参的数组名并不表示数组的首地址，它不是一个地址常量而是一个指针变量。
（3）在函数调用时，实参向形参传递数组的首地址。
（4）可以用指向数组元素的指针变量作为函数参数。

8.5.3 二维数组名作为函数实参

二维数组名代表了二维数组的首地址，也就是二维数组第 0 行的地址，因此用二维数组名作为函数实参时，可以用二维数组或者指向一维数组的指针变量作为函数形参。

【例 8.17】 给出年、月、日，计算该日是该年的第几天。
程序如下：

```
#include <stdio.h>

int sum_day(int (*)[ ],int,int,int);

void main()
{
    int year, month, day, days;
    int day_tab[2][13] = {
        {0, 31, 28, 31, 30, 31,30,31, 31, 30, 31, 30, 31},
        {0, 31, 29, 31, 30, 31,30,31, 31, 30, 31, 30, 31} };
    printf("Please input: year=? month=? day=?\n");
    scanf("%d%d%d", &year, &month, &day);
    days = sum_day(day_tab, year, month, day);
    printf("It is %d days.\n", days);
}
```

```
int sum_day(int (*p)[13],      // 指针变量 p 指向二维数组的一行
         int y, int m, int d)
{
   int i, leap = 0;
   leap = y%4 = = 0 && y%100 != 0 || y%400 = = 0;
   for (i = 1;   i < m;   i++)
      d += *(*(p+leap)+i);
   return d;
}
```

程序运行结果如下：

Please input: year=? month=? day=?

2006 8 18↙

It is 230 days.

本例中的 sum_day()函数的头部也可以按下面的方式定义：

int sum_day(int day[ ][13], int, int, int);

这里的 day 其实就是指向一维数组的指针变量。

8.6　动态的一维数组

在 C 语言中，普通数组的长度在定义时就必须确定，但是某些时候需要在程序运行时创建数组，这样的数组称为动态数组。本节将介绍如何在 C 语言中创建动态的一维数组及其应用。

8.6.1　动态内存管理

动态内存的管理是指在程序运行时，申请一组内存单元（数组），用指针指向这组内存单元的首地址，那么就可以通过指针来访问这一组内存单元，不用时再将这组内存单元释放。C 语言的标准函数库中提供了用于运行时内存分配和释放的函数：malloc( )和 free( )。使用这两个函数时需要在源文件中增加下面的编译预处理指令：

#include <stdlib.h>

1. 内存分配函数 malloc( )

函数 malloc( )的调用方式如下：

 　　 (指针所指向的对象的数据类型　*)malloc(sizeof(指针所指向的对象的数据类型)*对象个数)

函数 malloc( )的功能是从内存中申请一块指定大小（单位为字节）的连续的存储空间，返回该空间的首字节的地址。如果申请空间失败，说明没有足够的内存空间供分配，则返回 NULL。

例如：

int *pi;

pi = (int *)malloc(sizeof(int));

上面的代码申请了一个整型数据的存储空间。

如果要申请 10 个整型数据的存储空间，即一个动态的整型数组，代码如下：

int *pi;

pi = (int *)malloc(sizeof(int)*10);

需要指出的是，为了使指针的使用安全无误，在申请空间时，应该要检测 malloc( )函数是否成功。方法是检测其返回值。例如：

int *pi;

pi = (int *)malloc(sizeof(int)*10);

if (pi = = NULL)

    printf("内存分配失败");

2. 内存释放函数 free( )

函数 free( )的调用方式如下：

    free(指针)

函数 free( )的功能是释放指针所指位置开始的存储区。

函数 free( )与 malloc( )必须配合使用，即使用 malloc( )申请的空间必须用 free( )释放。例如：

int *pi;

pi = (int *)malloc(sizeof(int)*10);

free(pi);

8.6.2　动态数组的使用

使用动态数组的原因是动态申请的存储空间的长度是可变的，下面通过一个例子说明动态数组的使用。

【例 8.18】 创建动态的一位数组保存输入的若干个学生某门课程考试的成绩，计算平均分，然后输出结果。

程序如下：

```
#include <stdio.h>
#include <stdlib.h>

/* 创建一个指定大小的动态数组 */
int* create(int len)
{
    int *p;
    p = (int*)malloc(sizeof(int) * len);
    if (p = = NULL)
    {
        printf("memory allocation error!\n");
        exit(1);
```

```
    }
    return p;
}

/* 计算平均分 */
double average(int* s, int n)
{
    int i, sum = 0;
    for (i = 0;  i < n;  i++)
    {
        sum += s[i];
    }
    return (double)sum/n;
}

void main()
{
    int n, i;
    int *score;
    double av;
    printf("Input an interger as the number of scores: ");
    scanf("%d", &n);
    score = create(n);
    for (i = 0;  i < n;  i++)
        scanf("%d", &score[i]);
    av = average(score, n);
    printf("the average is %.1f\n", av);
    free(score);
}
```

习题 8

一、选择题

1. 下列关于数组的描述中，错误的是_____。
   A）数组是一种构造类型
   B）数组元素的类型可以不完全相同
   C）数组元素是按顺序存放在内存中
   D）数组的元素个数是确定的

2. 以下定义语句中，错误的是_____。

A）int a[]={1,2,3}; 　　　　　　B）int n=3,a[n];
   C）int a[5]={1,2,3}; 　　　　　　D）int n,a[3];
3. 定义数组并初始化 int a[10]={1,2,3,4}，以下语句不成立的是_____。
   A）a[8]的值为 0 　　　　　　　　B）a[1]的值为 1
   C）a[3]的值为 4 　　　　　　　　D）a[9]的值为 0
4. 一维数组初始化时，若对部分数组元素赋初值，则下面正确的说法是_____。
   A）可以只对数组的前几个元素赋初值
   B）可以只对数组的中间几个元素赋初值
   C）可以只对数组的后几个元素赋初值
   D）以上说法全部正确
5. 合法的数组初始化为_____。
   A）int x[][]={{1,2,3},{4,5,6}};
   B）int x[][3]={1,2,3,4,5};
   C）int x[3][3]={1,2,3; 4,5,6; 7,8,9};
   D）int x[3][3]={1,2,3};
6. 若有说明：int m[3][4];则对数组 m 元素的正确引用是_____。
   A）m[1][4] 　　B）m[1,3] 　　C）m[1+1][2] 　　D）m(2)(3)
7. 若有说明：int m[3][4]={0};则下面正确的叙述是_____。
   A）只有第一个元素可得到初值 0
   B）此说明语句不正确
   C）数组 m 中各元素都可得到初值，但其值不一定为 0
   D）数组 m 中每个元素均可得到初值 0
8. 若有说明：int m[][3]={1, 2, 3, 4, 5, 6};则下面错误的叙述是_____。
   A）数组 m 中所有元素都可得到初值
   B）二维数组 m 的第一维大小为 2
   C）因为初值个数除以第二维大小的值等于 2，所以数组 m 的行数为 2
   D）根据以上说明不能确定数组 m 的第一维大小
9. 用一维数组名作为函数实参，则以下说法正确的是_____。
   A）必须在主调函数中说明此数组的大小
   B）实参数组类型与形参数组类型可以不匹配
   C）在被调函数中，形参数组的长度必须与实参数组的长度相等
   D）实参数组名与形参数组名必须一致
10. 若有定义：int a[10],*p=a;，则 p+5 表示_____。
    A）元素 a[5]的地址 　　　　　　B）元素 a[5]的值
    C）元素 a[6]的地址 　　　　　　D）元素 a[6]的值
11. 若有语句：int a[10], *p1, *p2; p1=a; p2=&a[5];，则 p2-p1 的值为_____。
    A）5 　　B）6 　　C）10 　　D）表达式无意义
12. 若有语句：int a, s[3][3];，则不能将 s[2][1]的值赋给变量 a 的语句是_____。
    A）a=s[2][1]; 　　　　　　　　　B）a=*(*(s+2)+1);
    C）a=*(s[2]+1); 　　　　　　　　D）a=*(*(s+2));

二、填空题

1. 若有定义：int a[3][4]={{1,2},{3},{4,5,6,7}}；则初始化后，a[1][2]得到的初值是 __[1]__ ，a[2][1]得到的初值是 __[2]__ 。

2. 以数组 __[3]__ 作为实参，传递给形参的是数组元素的"值"。形参值的改变，不会影响到实参。以数组 __[4]__ 作为函数参数时，传递给形参的是数组的"地址"。当被调函数中形参数组元素值发生改变时，主函数中实参数组的相应元素值也随之改变。

3. 若有以下定义和语句：int a[5]={1,3,5,7,9},*p；p=&a[2]；，则表达式++(*p)的值是 __[5]__ 。

4. 执行下面的程序，输出结果是 __[6]__ 。

```
#include <stdio.h>
void main()
{
    int a[3][3]={1,2,3,4,5,6,7,8,9};
    int sum1=0,sum2=0,i,j;
    for(i=0；i<3；i++)
        for(j=0；j<3；j++)
        {
            if(i= =j) sum1+=a[i][j];
            if((i+j)= =2) sum2+=a[i][j];
        }
    printf("%d,%d\n",sum1,sum2);
}
```

5．执行下面的程序，输出结果是 __[7]__ 。

```
#include <stdio.h>
double d[][2]={{2.5},{3.6}};
void main()
{
    d[0][1]=3*d[0][0];
    d[1][1]=d[0][0]+d[1][0];
    printf("%.2lf,%.2lf \n",d[1][1] ,d[0][1]+d[1][1]);
}
```

6．执行下面的程序，输出结果是 __[8]__ 。

```
#include <stdio.h>
void main()
{
    int a[]={1,2,3,4,5,6},*p;
    p=a;
    *(p+3)+=2;
    printf("%d,%d\n",*p,*(p+3));
}
```

三、上机操作题

（一）填空题

1. 下面的程序是求 Fibonacci 数列的前 20 个数，试补上缺失的代码。

```
#include <stdio.h>
void main()
{
    int i;
    int f[20]=___[1]___;
    for(i=2; i<20; i++)
        ___[2]___
    for(i=0; i<20; i++)
    {
        if(i%5= =0)   printf("\n");
        printf("%12d",f[i]);
    }
    printf("\n");
}
```

2. 用一个 4 行 3 列的二维数组 score[4][3]来表示 4 个学生的 3 门成绩，第 1 个学生的成绩在数组的第 0 行，第 2 个学生的成绩在数组的第 1 行，第 3 个学生的成绩在数组的第 2 行，第 4 个学生的成绩在数组的第 3 行；定义一个一维数组 ave[4]用来存放 4 个学生的平均分数。运用指针运算来访问二维数组的各个元素。请补全缺失的代码。

```
#include <stdio.h>
void main()
{
    int score[4][3]={
        {90,85,82},
        {87,93,90},
        {75,80,81},
        {70,80,90}};
    int i,j;
    double ave[4];
    for(i=0; i<4; i++)
        *(ave+i)=0;
    for(i=0; i<4; i++)
    {
        for(j=0; j<3; j++)
            ___[3]___
        *(ave+i)/=3;
    }
```

```
    for(i=0; i<4; i++)
        printf("%8.2lf",*(ave+i));
    printf("\n");
}
```

（二）改错题

1．找出下面程序中的错误，并更正。
```
#include <stdio.h>
void main()
{
    int   n=4,i;
    /******found******/
    int array[n];
    for(i=0; i<4; i++)
    scanf("%d",&array[i]);
}
```
2．找出下面程序中的错误，并更正。
```
#include <stdio.h>
void main()
{
    int a[3]={1};
    int i;
    /******found******/
    scanf("%d",&a);
    for(i=1; i<3; i++)   a[0]=a[0]+a[i];
    printf("a[0]=%d\n",a[0]);
}
```

（三）编程题

1．输入 20 个整型数据到一维数组中，统计其中正数的个数，并计算它们的和。

2．用选择排序法对从键盘上任意输入的 10 个整数按从大到小进行排序，并在屏幕上显示出来。

3．有 n 个人围成一圈，顺序编号。从第一个人开始报数（从 1 到 m），凡报到 m 的人退出圈子，问最后一个圈中的人的编号。

4．将一个已知的二维数组的行和列元素互换，存到另一个二维数组中。

第9章 字符串

前面介绍过字符常量、字符变量和字符串常量，一个字符常量可以赋给一个字符变量，字符变量在内存中占一个字节的空间。但是，C语言的数据类型中没有字符串类型。如何存储和处理字符串数据呢？本章就是围绕这个问题介绍字符串的定义，用字符数组存储和处理字符串，指向字符串的指针和字符串处理函数。

9.1 用字符数组存储和处理字符串

在C语言中，字符串是用字符数组存储的。所谓字符数组，顾名思义就是存放字符数据的数组，字符数组中的每一个元素都是用来存放一个字符。如同整数和浮点数类型数组的数组元素在内存中的存储方式一样，字符串在内存中的存放形式是：按字符串中字符的排列次序顺序存放，每个字符占用一个字节，并在末尾添加空字符'\0'作为字符串的结束标志。

9.1.1 字符数组的定义

字符数组与数值数组的定义格式相同，其类型说明符为char。例如：
char a[15], b[50];
定义了两个一维字符数组a和b，其中字符数组a包含有15个元素（字符），字符数组b包含有50个元素。

9.1.2 字符数组的初始化

普通数组初始化的方法和规则同样适用于字符数组。但是，由于字符串的特殊性，字符数组的初始化又有其不同之处。对字符数组的初始化有两种方法：

1. 用字符常量为字符数组元素逐个赋初值

C语言中规定，字符常量用单引号括起来，或者用其对应的ASCII码值。用字符常量为字符数组元素逐个赋初值，使字符数组成为存放字符串的特殊数组，下面分两种情况介绍其初始化。

（1）初值个数等于数组长度。

如果提供的初值个数与预定的数组长度相等，在定义时可以省略数组长度，系统会自动根据初值个数确定数组长度。例如：
char   a[7] = {'h', 'e', 'l', 'l', 'o', '!', '\0'};
char   a[ ] = {'h', 'e', 'l', 'l', 'o', '!', '\0'};
char   a[ ] = {104, 101, 108, 108, 111, 33, 0};
这三种写法完全等效，前面二种初始化表中排列的是字符常量，第三种初始化表中列举的是其对应的ASCII码值。初值个数都为7，分别把这7个字符赋给a[0]到a[6]这7个元素。

字符数组 a 的长度为 7，它在内存中占用连续的 7 个内存单元，如图 9.1 所示。它所表示的字符串的长度为：'\0'前的所有字符个数 6。

a[0]	a[1]	a[2]	a[3]	a[4]	a[5]	a[6]
h	e	l	l	o	!	\0

图 9.1　字符数组的初始化（情况 1）

如果初始化为：

　　char　a_comp[ ] = {'h', 'e', 'l', 'l', 'o', '!'};

这与数组 a 的初始化是不等价的。字符数组 a 的长度为 7，字符数组 a_comp 的长度为 6。用字符常量为数组 a_comp 初始化时，系统不会自动添加字符串结束标志'\0'，因此，要让该字符数组存储字符串，必须像数组 a 的初始化一样，在初值表的最后显式添加'\0'，这是要强调的一点。

（2）初值个数小于数组长度。

如果提供的初值个数小于数组长度，会将这些字符初值赋给数组中前面的元素，后面未赋初值的自动被置为空字符（'\0'）。例如：

　　char b[10] = {'h', 'e', 'l', 'l', 'o', '!'};

将 6 个字符初值分别赋给 b[0]到 b[5]，其余元素（b[6]到 b[9]）自动为空字符（'\0'）。字符数组 b 的长度为 10，它在内存中占用连续的 10 个内存单元，如图 9.2 所示。

b[0]	b[1]	b[2]	b[3]	b[4]	b[5]	b[6]	b[7]	b[8]	b[9]
h	e	l	l	o	!	\0	\0	\0	\0

图 9.2　字符数组的初始化（情况 2）

这种给后面未赋初值的数组元素赋为 0 的做法，与在第八章中给数值型数组初始化时讲到的，"如果数组中有一个或一个以上的元素被赋予了初值，该数组中其余未被赋值的元素将被赋予为 0"，两者从本质上来讲是一回事。

如果初始化为：

　　char b_comp[6] = {'h', 'e', 'l', 'l', 'o', '!'};

这样的初始化等效于上面的数组 a_comp 的初始化，虽然它们不是字符串，但它们是完全合法的。它们的数组长度均为 6，最后一个字符为'!'，字符数组并不要求它的最后一个字符必须为'\0'。从这里我们可以清楚地看到：字符数组并不一定是字符串，但字符串一定是字符数组。很多初学者把这二者混淆为同一个概念，我们可以理解为，字符数组是一个可以用来存储字符串的特殊数组，言外之意，字符数组中存储的字符并不构成一个字符串。是否要在字符常量初值表最后加'\0'，使之成为字符串，应该根据需要决定。

2. 用字符串常量为字符数组赋初值

字符串常量用的是双引号作为定界符。当用字符串常量为字符数组赋初值时，括住字符串的花括号可以省略。例如：

```
char  c1[8] = { "student" };
char  c2[ ] = { "student" };
char  c3[10] ="student";
```
此时，系统会在字符串常量末尾自动添加字符串结束标志'\0'，以上三个字符串长度均为 7，也就是字符串结束标志'\0'前的所有字符个数。但三者的数组长度不等，分别为：8，8，10。字符数组 c1 和 c2 完全等效，数组 c3 与之不同的是，多出两个数组元素 c3[8]和 c3[9]，其值也为'\0'。

如果给定的数组长度不足以存储字符串，例如：

```
char  c_comp[7]= { "student" };
```

字符串在内存中要占用"串长+1"个字节的存储空间，也就是 8 个字节，而数组定义的长度为 7，编译器不会把这种情况作为错误给出提示，但是字符串将不能被正确地存储，会留下隐患。

在用一维字符数组存放一个字符串时，通常不指定字符数组大小，其大小由字符串常量的实际长度决定。这样，就不会出现前面的问题。

9.1.3 字符串的输入输出

虽然字符数组可以逐个输入输出其数组元素，即字符常量的输入输出。但在大多数情况下，字符数组存储字符串时，对字符串进行整体的输入输出，显得更加方便和直观。

1. printf 函数和 scanf 函数

用这两个函数完成字符串的输入输出，又有两种方式。

（1）利用格式符"%c"，结合循环控制结构逐个输入、输出字符。

【例 9.1】 依次输出 26 个英文字母大写形式。

程序如下：

```
#include <stdio.h>

void  main()
{
    char  i, alpha[26];
    alpha[0] ='A';
    for (i = 1;   i <= 25;   i++)
        alpha[i] = alpha[i-1] + 1;
    for (i=0;   i<=25;   i++)
        printf("alpha[%d]=%c", i, alpha[i]);
}
```

程序分析：

程序中定义了字符数组 alpha，由于该例中实现的是对 26 个字母的逐个处理，不存在字符串结束符'\0'，数组长度定义为 26 是合理的。第一个 for 循环对数组 alpha 元素（alpha[1]~alpha[25]）依次赋值，第二个 for 循环输出数组 alpha 的 26 个元素的值。

（2）利用格式符"%s"，实现字符串的整体性输入和输出。

【例 9.2】 一维字符数组中字符串的表示。分析下列程序的输出结果。

程序如下：
```c
#include <stdio.h>

void main()
{
    char c[] = "student";
    printf("%s,%s,%s\n", c, c+1, c+3);
}
```

程序运行结果为：
student，tudent，dent

程序分析：该程序中，定义了一维字符数组 c，用字符串"student"对其进行初始化。使用 printf()函数输出 3 个字符串，这 3 个字符串的起始地址分别用 c，c+1 和 c+3 表示，其中 c+1 表示数组 c 的首地址的下一个存储单元，其存储的数组元素是 't'（第一个 't'），照此类推，地址为 c+3 的存储单元的存储元素为 'd'。因此，以 c，c+1 和 c+3 为起始地址，以遇到 '\0' 为终止的字符串分别是 student，tudent，dent。

注意：
① 由于字符数组名表示的是该数组的首地址，因此使用格式符%s 可以实现字符串整体的输入和输出，此时，函数参数要求的是地址，故直接用字符数组名进行操作，而不是字符数组元素。下面的写法都是错误的：
scanf("%s", c[0]);
scanf("%s", &c);
printf("%s\n", c[0]);
② 用格式符%s 输入字符串时，空格、Tab 和回车键将作为数据的分隔符，不会作为字符串内容被读入。因此，当输入单个字符串时其中不能有空格。

例如：
char g1[5], g2[5], g3[5];
scanf("%s%s%s", g1, g2, g3);
执行上面语句时，输入
do　your　best↙
后，g1，g2 和 g3 数组状态如图 9.3 所示。数组中未被赋值的元素自动置为'\0'。

g1:	d	o	\0	
g2:	y	o	u	R	\0
g3:	b	e	s	t	\0

图 9.3　g1、g2、g3 数组状态

若改为：

char g4[13];
scanf("%s", g4);
同样输入
do　your　best↙

后,由于系统把空格字符作为输入的字符串之间的分隔符,因此,只将空格前的字符"do"送到数组 g4 中。由于把"do"作为一个字符串处理,故在其后加'\0'。g4 数组状态如图 9.4 所示。

图 9.4　g4 数组状态

若一个字符数组中含有一个或多个串结束符'\0',输出时,遇到第一个'\0'字符时表示串结束。输出第一个'\0'前的所有字符,但不输出字符'\0'。

2. puts 函数和 gets 函数

puts 和 gets 是 C 语言的函数库中的两个函数。函数 puts 实现字符串的输出,函数 gets 实现字符串的输入。当需要使用这些函数时,要在程序头部加入预处理命令"#include <string.h>"。

（1）puts 函数。
调用格式:

　　puts(字符数组名);

作用:

将存放在字符数组中的字符串输出到终端,当遇到第一个串结束符 '\0' 时结束输出。输出字符串后自动换行。

与使用格式符 "%s" 的函数 printf( )比较,有以下值得注意的地方:

① 函数 puts 一次只能输出一个字符串。而函数 printf 根据格式说明中格式符 "%s" 的个数,一次可以输出多个字符串。

② 两个函数都是以遇到第一个串结束符 '\0' 时结束输出。函数 puts 输出完毕会自动换行,而函数 printf 则不会。

③ 两个函数的输出字符串中都可以包含转义字符,输出时产生一个控制操作。
例如:
char h1[] = "computer";
char h2[] = "computer\nworld";
puts(h1);
puts(h2);
结果是在控制台窗口输出下面的字符:
computer
computer
world

后自动换行，光标停留在第四行。

如果把上面的两个 puts 函数合二为一："puts(h1,h2)"；则为错误。

由于 puts 函数一次只能输出一个字符串，而 printf 函数可以同时输出多个字符串，并且能灵活控制是否换行，所以 printf 函数比 puts 函数更为有用，使用更加普遍。

（2）gets 函数。

调用格式：

　　　gets(字符数组名);

作用：

　　　将一个字符串输入到指定的字符数组中，输入回车键时结束，系统会自动在字符串后加上一个字符串结束标志 '\0'，函数的返回值是字符数组的首地址。

与使用格式符"%s"的函数 scanf 比较，有以下值得注意的地方：

① 函数 gets 一次只能输入一个字符串，而函数 scanf 根据格式说明中格式符"%s"的个数，一次可以输入多个字符串。例如：

　　char i1[20], i2[20], i3[20];
　　gets(i1);
　　scanf("%s,%s", i2, i3);

② 使用格式符"%s"的函数 scanf，是以空格、Tab 键或回车键作为一个字符串的分隔符或结束符的，所以空格、Tab 键不能出现在字符串中，而函数 gets 输入的字符串没有此限制，输入回车键时才为结束。例如：

　　char i1[20], i2[20];
　　gets(i1);
　　scanf("%s", i2);
　　printf("i1:%s\n", i1);
　　printf("i2:%s\n", i2); \

如果输入为：

computer world
computer world

则输出为：

　　i1: computer world
　　i2: computer

9.2 指向字符串的指针变量

上一节中，我们讲述的是用字符数组存储字符串，字符数组名或字符数组首元素的地址其实就是该字符串的指针，这一节中将介绍指向字符串指针变量。指向字符串的指针变量等同于指向字符型数组元素的指针变量，可以指向字符串中的任意一个字符。通常把指向字符串的指针变量称为字符串指针变量或字符指针变量。

9.2.1 字符串指针变量的定义和初始化

在程序中定义字符串指针变量，可以直接将字符串赋初值给该指针变量，即赋给字符串指针变量的是字符串的首地址，然后通过该指针变量来访问字符串；或者先定义一个字符数组，将字符数组名赋给一个字符串指针变量，让字符串指针变量指向字符串的首字符，这样对字符串的表示就可以用指针变量来实现。下面分别介绍这两种定义方法。

1. 直接将字符串赋初值给一个字符串指针变量

由于字符串常量本身代表的是该字符串在内存中所占连续存储单元的首地址，这是一个地址值，因此可以将字符串常量直接赋给一个字符串指针变量，从而使指针变量指向该字符串。

【例 9.3】 字符串指针变量定义和初始化。
程序如下：

```
#include <stdio.h>

void main( )
{
    char *jp ="How are you?";
    printf("%s\n", jp);
}
```

程序中定义了一个字符指针变量 jp，用字符串常量"How are you?"对它作初始化。该初始化实际上是把字符串第一个元素的地址（即存放字符串的字符数组的首元素地址）赋给 jp。其中语句 char *jp= "How are you?"；等价于

char *jp;

jp ="How are you?";

即，先定义了一个字符型指针变量 jp，再通过赋值运算将字符串的首地址赋给 jp。对初学者而言，千万不能理解成是将整个字符串"How are you?"赋给了 jp。jp 作为指针变量，只能存放地址，只能指向一个字符，不可能同时指向多个字符，更不可能将整个字符串存放到 jp 或*jp 中。只是把字符串"How are you?"的第一个字符的地址赋给指针变量 jp，如图 9.5 所示。上述定义不能写成如下形式：

char *jp;

*jp ="How are you?";

程序输出语句 printf("%s\n",jp)；中的输出项是字符指针变量 jp，系统先输出它所指向的一个字符数据，然后自动将 jp 加 1，使之指向下一个字符，然后再输出一个字符……直至遇到字符串结束标志'\0'为止。用%s 完成对该字符串进行整体的输出。

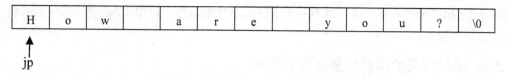

图 9.5 指向字符串的字符指针变量

注意：通过字符数组名或字符指针变量可以输出一个字符串。而对一个数值型数组，是不可能用数组名输出它的全部元素的。

例如：
int k[10];
 ⋮
printf("%d\n", k);
是不可以的，只能逐个元素输出。

2. 将字符数组名赋给字符指针变量，使指针指向一个字符串

【例9.4】 将从键盘输入的一行文本输出。

程序如下：
```c
#include <stdio.h>

void main()
{
    char l[10], *lp;
    lp = l;
    gets(lp);
    printf("output:%s\n", lp);
}
```

程序运行情况：
my program✓
output:my program

程序分析：

程序中首先定义了一个字符数组 l 和一个字符指针 lp，语句 lp=l; 将数组 l 的首地址赋给了指针变量 lp，即，lp 指向数组的首地址。这就使得我们可以通过指针变量 lp 来引用数组 l。

然后 lp 作为 gets 函数的参数实现字符串的输入，前面讲述 gets 函数时用字符数组名作为函数参数，字符数组名是地址，指向该字符数组首元素的指针也是个地址，因此用该指针作为 gets 函数的参数是合理的。此处用 gets 函数是考虑到输入的字符串中可能包含空格。

大家不妨思考一下：能否将程序中 lp=l; 和 gets(lp); 的先后顺序颠倒呢？

答案是不能！虽然定义了字符指针 lp，但在执行 lp=l; 前，lp 并未指向任何确定的存储单元。对没有确定指向的指针变量进行操作，这在 C 语言中是绝对禁止的。若在此时就试图通过 gets(lp); 来输入字符串，虽然在某些情况下也能运行，但由于 lp 是随机值，必将导致程序的错误输出。

9.2.2 通过字符串指针变量存取字符串

我们知道，访问一个数组元素，可以用两种形式：

（1）下标方法。即以 a[i] 的形式存取数组元素。

（2）指针方法。如*(a+i)或*(p+i)。其中 a 是数组名，p 是指向数组元素的指针变量，其初值 p=a。

对于字符串的存取，下面分别用下标方法、指针方法和指针变量来实现对字符串的存取。
1. **用下标方法和指针方法对字符串进行存取**
【例9.5】 将字符串 m 复制到字符串 n。
程序如下：

```c
#include <stdio.h>

void main()
{
    char m[]="Honesty is the best policy", n[30];
    int i;
    for (i = 0;   *(m+i) != '\0';   i++)
        *(n+i) = *(m+i);
    *(n+i) = '\0';
    printf("string m is:%s\n", m);
    printf("string n is:");
    for (i = 0;   n[i] != '\0';   i++)
        printf("%c", n[i]);
    printf("\n");
}
```

程序运行结果为：
 string m is: Honesty is the best policy
 string n is: Honesty is the best policy

程序分析：
程序中，m 和 n 都定义为字符数组，在第一个 for 循环中用指针方法访问字符串，循环控制条件表示为"*(m+i)!='\0'"，*(m+i)是 m[i]的等效形式，如果不等于 '\0'，表示字符串尚未处理完，就将 m[i]的值赋给 n[i]，即复制一个字符。通过第一个 for 循环将串 m 全部复制给了串 n，最后还应将 '\0' 复制过去，所以在第一个 for 循环结束时，有"*(n+i)='\0';"，此时的 i 值是字符串有效字符的个数加 1。
第二个 for 循环中用下标方法表示一个数组元素(即一个字符)，实现目的串 n 的输出。
2. **用指针变量值的改变来指向字符串中不同的字符**
【例9.6】 用指针变量来处理例9.5问题。
程序如下：

```c
#include <stdio.h>

void main()
{
```

```
char m[]="Honesty is the best policy", n[30], *mp, *np;
int i;
mp = m;
np = n;
for (;    *mp != '\0';   mp++, np++)
    *np = *mp;
*np = '\0';
printf("string m is:%s\n", m);
printf("string n is:");
for (i = 0;   n[i] != '\0';   i++)
    printf("%c, n[i]);
printf("\n");
}
```

运行结果同例 9.5 的运行结果。

程序分析：

mp 和 np 是指向字符型数据的指针变量。先使 mp 和 np 的值分别为字符串 m 和 n 的第一个字符的地址。*mp 的最初值为 'H'，赋值语句 "*np=*mp;" 的作用是将字符 'H' 赋给 np 所指向的元素，即 n[0]。然后，mp 和 np 分别加 1，指向其下一个元素，直到*mp 的值为 '\0' 止。程序中 mp 和 np 的值是不断改变且同步移动的。

注意：C 语言中，不能通过赋值运算将一个字符串整体赋给另一字符串，如 n=m; 的形式。可以调用字符串处理函数 strcpy 来实现。关于 strcpy 等字符串处理函数的使用方法将在 9.3 节中介绍。

9.2.3 字符数组与字符串指针变量的区别

用字符数组和字符串指针变量都能实现对字符串的存储和运算，而且在很多时候使用方法一样，但二者之间是有区别的，主要有以下几点：

（1）字符数组是由若干个元素组成，每个元素存放一个字符，而字符串指针变量中存放的是一个地址（初始化时是字符串的首地址），而不是将整个字符串放到字符指针变量中。

（2）赋值方式不同。对字符数组的赋值只能对各个元素分别赋值，以下对字符数组的赋值是错误的：

char p[80];
p[] = "Welcome to study C program language！";

但是，字符数组的初始化可以表示为：

char p[80] = "Welcome to study C program language！";

也就是说，数组可以在初始化时整体赋初值，但不能在赋值语句中整体赋值。

对字符串指针变量赋初值为：

char *q = "Welcome to study C program language！";

其等价于

char *q;

q = "Welcome to study C program language！";

要注意的是，赋给 q 的不是字符串，而是字符串第一个元素的地址。表示使 q 指向该字符串常量。

（3）指针变量的值在程序运行中可以被改变，如例 9.6 中的"mp++,np++"。但字符数组的地址是常量，不能被改变。指针变量所指向的地址在程序中可以根据需要灵活地变化，而数组名永远代表该数组的首地址，而且是在程序一开始运行就被分配好的，在程序运行后不会变化。

（4）字符串指针变量占用的内存要少于字符数组。字符串指针变量只是在程序运行中被临时赋予一字符串的首地址，而字符数组在程序被编译时就要为每个数组元素分配内存地址，而且必须用字符数组可能存放字符的最大数目作为数组的大小，尽管有可能在大多数时候该数组只用到其占用的内存中的一部分。

9.2.4 程序设计举例

在程序设计中字符串的处理是非常普遍的。比如，一篇文章以文件的形式存在计算机中，要求统计这篇文章有多少个单词，或者查找有没有出现某个关键词，等等。下面结合前面介绍的，字符串处理基于字符数组和字符串指针变量两种方法，给出两个案例。

【例 9.7】 输入一行字符，统计其中有多少个单词，单词间用空格分隔。

统计单词的数目可以通过空格出现的次数来确定，连续空格不妨按一个空格处理，一行开头的空格不统计。设置一个变量 word 作为判断是否为单词的标志，0 表示未出现单词，1 表示出现单词。

如果检测出空格，显然没有新的单词出现，word=0；如果检测出非空格，则需要考虑其前一个字符，如果前一个字符也是非空格（word=1），则此非空格与前一个非空格乃同一个单词；否则，也就是当前状态为：检测出非空格，且前一个字符为空格（word=0）时，则为新单词出现，所以单词数加 1，且标志 word 也置为 1。字符与新单词的关系，如表 9.1 所示。

表 9.1 字符与新单词的关系

前一个字符	当前字符	新单词的判断
不用考虑	空格	没有新单词
非空格	非空格	没有新单词，旧词的延续
空格	非空格	新单词出现

该案例的思路用流程图表示如图 9.6 所示。

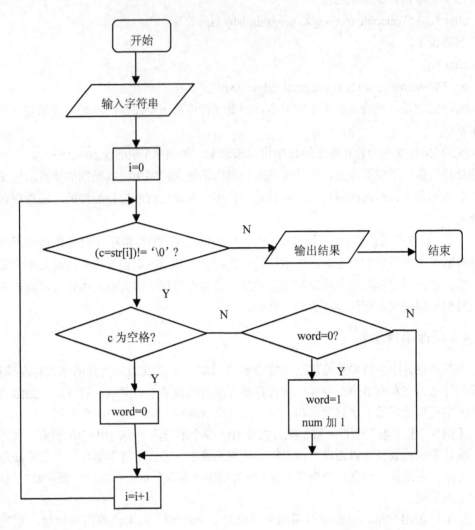

图 9.6

程序如下：
```c
#include <stdio.h>

void main()
{
    char str[100], c;
    int i, num, word;
    num = word = 0;
    gets(str);
    for (i = 0;   (c = str[i]) != '\0';   i++)
    {
        if (c == ' ')   word = 0;
```

```
        else if (word = = 0)
        {
            word = 1;
            num++;
        }
    }
    printf("单词总数为：%d.\n", num);
}
```

程序运行如下：
Time and tide wait for no man.✓
单词总数为：7。

程序分析：

程序中变量 i 作为循环变量，num 用来统计单词个数，word 作为判断是否为新单词的标志。num 和 word 的初值置为 0，用 gets()函数实现即使包含空格的字符串的输入，用 for 循环逐个对字符处判断和处理。for 语句中的循环条件为：

(c = str[i]) != '\0'

其作用是先将字符数组的某个元素（一个字符）赋给字符变量 c。该赋值表达式的值就是该字符，然后再判断它是否为结束符。如果不是，则执行 for 循环的语句序列。如果字符为空格，表明没有新单词出现，置 word 为 0；否则（即字符为非空格），判断此时的 word 的值，即检测前一个字符，如果 word=0，表明该非空格前是一个空格，则该非空格为新单词，单词数加 1，且置 word 为 1，依次循环，判断每一个字符，直至遇到字符串结束符 '\0' 为止。

【例 9.8】 输入一个字符串，内有数字和非数字字符，将其中连续的数字作为一个整数，依次存放在另一数组 a 中，统计共有多少个整数，并输出这些数。

如：输入 ads67df-u823； sa(hg)673 6ssd23

则其中整数个数为 5，分别为：67，823，673，6，23

算法分析：

（1）对字符串从头到尾对每个字符进行扫描，即利用循环，每次读取一个字符，直到遇到字符串结束标志'\0'为止。

（2）利用一个变量 j 记录连续数字的个数，每遇到数字将 j 加 1，遇到其他字符，则将 j 置 0，以后可以利用 j 计算连续数字的值。

（3）扫描时，每当遇到非数字字符，而 j>0 时，表示一个数字结束，如 j= =0 则表示前面也不是数字字符。

（4）利用一个变量 digit_num，统计数的个数，当数字结束时 digit_num 加 1。

（5）对于连续的几个数字字符，由于扫描到的是一个一个数字字符，没有实际的值，因此在一个数字结束，要通过一个函数 digitvalue()来计算连续数字字符的值。

（6）用一个数组 a 保存得到字符数字的值，一个数组元素保存一个数。

（7）如果字符串是以数字结束的，由于遇到字符串结束标志'\0'就退出了循环，最后一个数字还没有处理到，因此，退出循环后还要再进行一次判断（判断最后是否为数字）和计算。

(8) 最后将数组 a 中的每个元素输出。

算法对应的流程图如图 9.7 所示。

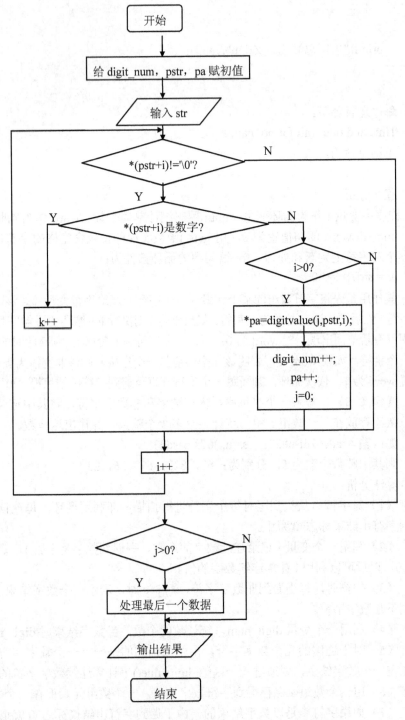

图 9.7 统计整数流程图

程序如下：
```c
#include <stdio.h>

void main()
{
    char str[100];
    char *pstr = str;
    int i = 0;
    int j = 0;                    // 保存连续数值的位数
    int digit_num = 0;            // 用于统计整数的个数
    int a[10], *pa = a;           // 用于保存整数，每个数组元素保存一个
    printf("Please input a string:");
    gets(str);
    printf("\n");
    while (*(pstr+i) != '\0')
    {
        if (*(pstr+i) >= '0' && *(pstr+i) <= '9')
            j++;
        else
        {
            if (j > 0)            //j>0 表示有数存在
            {
                *pa = digitvalue(j, pstr, i);
                digit_num++;
                pa++;
                j=0;
            }
        }
        i++;
    }
    /* 处理以数字结尾字符串的最后一个数据 */
    if (j > 0)
    {
        *pa = digitvalue(j, pstr, i);
        digit_num++;
        pa++;
        j=0;
    }
    printf("There are %d numbers in the string.\n", digit_num);
```

```
        pa = a;
        printf("The number is :");
        for (i = 0;   i < digit_num;     i++)
            printf("%d " , *(pa+i));
        printf("\n");
}
/* 功能 ：计算连续数字字符的值。 */
/* 参数 ：j：数字字符的位数； */
/* *pstr ：字符串， */
/*i ：连续的数字字符在字符串中的位置 */
/* 返回值 ：连续的数字字符串的数值 */
int digitvalue(int j, char *pstr, int i)
{
    int digit;                    //保存从字符串中读取的整数
    int k = 1;
    int e10;
    int m;
    digit = *(pstr+i-1) - '0';    // 将数保存在 digit 中
    k = 1;                         // 已经处理了的数字的位数
    while (k < j)                  // 连续的数字还没处理完
    {
        e10 = 1;                   // 代表该位数应乘的因子
        for (m = 1;   m <= k;   m++)
            e10 = e10 * 10;
        digit = digit + (*(pstr+i-1-k) - '0') * e10;
        k++;
    }
    return digit;
}
```

程序运行结果为：
Please input a string: ads67df-u823;   sa(hg)673 6ssd23↙
There are 5 numbers in the string.
The number is : 67 823 673 6 23

9.3 字符串数组

一般，用一个一维字符数组存储一个字符串，用一个二维字符数组存储多个字符串，即可以把二维字符数组看作是一维字符串数组。本节简要介绍字符串数组的定义和初始化。

9.3.1 字符串数组的定义

定义字符串数组实际上就是定义二维字符数组。下例定义了一个大小为 500 的二维字符数组：

char c[10][50];

字符数组 c 是一个可以存储 500 个字符的二维字符数组，可以看作是一个长度为 10 的字符串数组，该数组的每一个元素就是一个长度为 50 的字符数组，即每个元素可以保存一个字符串。

9.3.2 字符串数组的初始化

对字符串数组进行初始化就是对二维字符数组作初始化。例如：

char aa[3][2] = {{'a', 'b'}, {'c', 'd'}, {'e', 'f'}};
char bb[3][4] = {"abc", "def ", "ghi"};

二维字符数组 aa 中有 6 个元素，每个元素存放一个字符，即存放的是若干字符，而非字符串。二维字符数组 bb 中存放了 3 个字符串"abc"、"def"和"ghi"。存放字符串的个数由第一维大小确定，每个字符串的长度由第二维大小确定。在数组 bb 的定义中，可存放 3 个字符串，每个字符串长度不能超过 3，因为第二维大小是 4，除存放 3 个字符外，还应存放字符串结束符'\0'。

二维字符数组初始化时也可以省略第一维的大小，但第二维的大小不能省略，系统会根据初始列表，自动确定第一维的大小。例如：

char cc[][2] = {"a", "b", "c", "d"};
char dd[][3] = {'a', 'b', 'c', 'd', 'e', 'f'};

系统会自动确定字符数组 cc 的第一维大小为 4，字符数组 dd 的第一维大小为 2。

9.3.3 字符指针数组

可以定义一个字符指针数组，其元素分别指向不同的字符串，就可以方便地操作若干个字符串了。例如：

char *name[] = {
    "Illegal day",
    "Monday", "Tuesday", "Wednesday",
    "Thursday", "Friday", "Saturday", "Sunday"};

在这条语句中，定义字符指针数组 name，它的元素分别指向不同的字符串常量。

【例 9.9】 本程序是通过指针函数，输入一个 1~7 之间的整数，输出对应的星期名。程序如下：

```
#include <stdio.h>

void main()
{
    int i;
    char *get_weekday_name(int n);
```

```
    printf("input Day No: ");
    scanf("%d", &i);
    if (i < 0) return;
    printf("Day No:%2d- ->%s\n", i, get_weekday_name(i));
}

char *get_weekday_name(int n)
{
    static char *name[] = {
        "Illegal day",
        "Monday", "Tuesday", "Wednesday",
        "Thursday", "Friday", "Saturday", "Sunday"};
    return ((n < 1 || n > 7) ? name[0] : name[n]);
}
```

程序运行结果为：
input Day No: 3✓
Day No: 3-->Wednesday

本例中定义了一个指针型函数 get_weekday_name( )，它的返回值指向一个字符串。该函数中定义了一个静态指针数组 name。name 数组初始化赋值为八个字符串常量的指针，分别表示出错提示及各个星期名。形参 n 表示与星期名所对应的整数。在主函数中，把输入的整数 i 作为实参，在 printf 语句中调用 get_weekday_name( )函数并把 i 值传送给形参 n。get_weekday_name( )函数中的 return 语句包含一个条件表达式，n 值若大于 7 或小于 1 则把 name[0]指针返回主函数输出出错提示字符串"Illegal day"；否则，返回主函数输出对应的星期名。

9.4 字符串处理函数

在 C 语言的函数库中，专门提供了一些处理字符串的函数，使用起来非常方便，只要在程序头部加入预处理命令"#include <string.h>"就可以调用。puts( )和 gets( )就是该函数库中的两个用于实现输出和输入的函数。除此之外，还有函数 strcat( )实现字符串的连接；函数 strcpy( )实现字符串的复制；函数 strcmp( )实现字符串的比较；函数 strlen( )测试字符串的长度；函数 strlwr( )实现字符串内大写字母转换为小写字母；函数 strupr( )将字符串内小写字母转换为大写字母等。下面介绍几种常用函数的使用方法。

1. 字符串长度函数 strlen( )

该函数的一般形式为：

    strlen(字符串)

作用是测试字符串的实际长度，不包括结束符。字符串可以是字符串指针变量、字符数组及字符串常量（下同），函数值就是字符串的长度。例如：

```
char  r[12] = "computer", *rp = r;
printf("%d", strlen(rp));
printf("%d", strlen(r));
printf("%d", strlen("computer"));
```

不管用字符串指针、字符数组还是字符串常量作为函数参数，三个输出结果都是 8，串长不包括'\0'字符。

2. 字符串连接函数 strcat( )

该函数的一般形式为：

  strcat(字符数组 1，字符串 2)

作用是把字符串 2 连接在字符数组 1 中的字符串的后面，结果存放在字符数组 1 中。函数调用的返回值为字符数组 1 的首地址。

注意：

（1）字符数组 1 可以是指向某个字符数组的指针变量，但不能是字符串常量，并且其数组长度必须足够大，以便其字符串后面的剩余空间能容纳下字符串 2 的所有内容；否则，系统不报错，但可能出问题。

（2）从字符数组 1 中的第一个'\0'字符起往后，将被字符串 2 覆盖，连接后生成的结果字符串的最后面会保留一个字符串结束字符'\0'。例如：

```
char  s1[12] = {"Be"};
char  s2[ ] = {"nice!"};
printf("%s", strcat(s1, s2));
```

输出结果为：

Be nice!

3. 字符串复制函数 strcpy( )

该函数的一般形式为：

  strcpy(字符数组 1，字符串 2)

作用是将字符串 2 的内容复制到字符数组 1 中去。

注意：

（1）字符数组 1 可以是指向某个字符数组的指针变量，但不能是字符串常量。另外，其数组长度应该比字符串 2 长，以便容纳下字符串 2 的所有内容；否则，系统不报错，但可能出问题。

（2）字符串 2 是从其第一个'\0'字符前面的内容（含'\0'），其后面的内容不复制，复制是从字符数组 1 的首地址开始执行的。例如：

```
char  s1[12] = {"Be "};
char  s2[ ] = {"nice!"};
printf("%s\n", strcpy(s1, s2));
printf("%s,%s", s1, s2);
```

输出结果为：

nice!

nice!,nice!

4. 字符串比较函数 strcmp( )

该函数的一般形式为：

    strcmp(字符串 1，字符串 2)

作用是对字符串 1 和字符串 2 这两个字符串从左至右逐个字符按照它们的 ASCII 码值大小进行比较，直到字符不同或者遇见符号'\0'为止。如果全部字符相同，则认为相等，返回值为 0；如果出现不相同的字符，则以第一个不相同的字符的 ASCII 码值的差作为函数的返回值。例如：

```
char t1[] = {"Ant crawl"};
char t2[] = {"Bird fly"};
if (strcmp(t1, t2) > 0)
    printf("t1>t2");
else if (strcmp(t1, t2) < 0)
    printf("t1<t2");
else
    printf("same");
```

运行结果为：

t1<t2

注意：对两个字符串进行比较，不能直接用两个字符数组名作比较，如：

if (t1 = = t2) printf("t1= =t2");

是错误的，应该用：

if (strcmp(t1, t2) = = 0) printf("t1= =t2");

5. 字符串小写函数 strlwr( )

该函数的一般形式为：

    strlwr(字符串)

作用是对字符串中大写字母转换成小写字母。

6. 字符串大写函数 strupr( )

该函数的一般形式为：

    strlupr (字符串)

作用是对字符串中小写字母转换成大写字母。

以上介绍了常用字符串处理函数，这些库函数并非 C 语言本身的组成部分，而是 C 语言编译系统为方便用户使用而提供的公共函数。不同的编译系统提供的函数及其功能不完全相同，使用时有必要参照库函数手册。当然，有一些基本的函数（包括函数名和函数功能），在不同的系统中是相同的，这为程序的通用性提供了基础。

习 题 9

一、选择题

1. 下列关于字符数组的描述中，错误的是_____。

    A）可以使用字符串给字符数组名赋值

B）字符数组中的元素都是字符型

C）字符数组中可以存放若干个字符，也可以存放字符串

D）字符数组可以用字符串给它初始化

2. 以下选项中，不能正确赋值的是_____。

　　A）char a[10]；a="ctest"; 　　　　　　B）char b[ ]={'c', 't', 'e', 's', 't'};

　　C）char c[10]= "ctest"; 　　　　　　　D）char *d="ctest\n";

3. 以下不能正确保存字符串的是_____。

　　A）char m[10]= "abcdefg"; 　　　　　 B）char t[]="abcdefg",*m=t;

　　C）char m[10]; m="abcdefg"; 　　　　 D）char m[10]; strcpy(m, "abcdefg");

4. 设有：char a[ ]={ "I am a student. "};　则数组 a 在内存中占用的字节数和字符串的长度分别是_____。

　　A）15，15　　　B）16，16　　　C）16，15　　　D）15，16

5. 若定义数组并初始化 char a[10]={"hello"}; int b[10]={'h', 'e', 'l', 'l', 'o'}；以下语句不成立的是_____。

　　A）数组 a 和数组 b 中各有 10 个元素

　　B）数组 a 的初始化是错误的

　　C）数组 a 和数组 b 中每个对应元素相等

　　D）数组 a 和数组 b 都是字符数组

6. 若已有定义 char c[10];，则下面语句合法的是_____。

　　A）scanf("%c",&c[0]); 　　　　　　　B）scanf("%s",&c);

　　C）scanf("%s",c[0]); 　　　　　　　　D）scanf("%c",c[0]);

7. 下列对 C 语言字符数组的描述中错误的是_____。

　　A）字符数组可以存放字符串

　　B）字符数组中的字符串可以整体输入和输出

　　C）可以在赋值语句中通过运算符"="对字符数组整体赋值

　　D）不可以用关系运算符对字符数组中的字符串进行比较

8. 有定义：char a[5]={'0', '1', '2,', '3', '4'},*p=a;以下对数组元素的正确引用是_____。

　　A）*(p+5)　　　B）p+2　　　C）*(a+2)　　　D）*&a[5]

9. 下面程序段的运行结果是_____。

char　*s="abcde";

s+=2;

printf("%d",s);

　　A）cde 　　　　　　　　　　　　　　　B）字符'c'

　　C）字符'c'的地址 　　　　　　　　　　 D）无确定的输出结果

10. 以下正确的程序段是_____。

　　A）char str[20];　　scanf("%s", &str);

　　B）char *p;　　scanf("%s", p);

　　C）char str[20];　　scanf("%s", &str[2]);

　　D）char str[20], *p=str;　　scanf("%s", p[2]);

二、填空题

1. 在 C 语言中没有字符串变量，要想将字符串常量保存在变量中，必须使用__[1]__。
2. 已知定义：char s[10]= "language",*p=s;，则 p+4 为代表字符__[2]__的表达式。
3. 设有 char str[]="Beijing"；则执行 printf("%d\n",strlen(strcpy(str, "China")));后输出结果为__[3]__。
4. 执行下面的程序，如果输入 ABC，则输出结果是__[4]__。

```
#include<stdio>
void main()
{
    char ss[10]= "1,2,3,4,5";
    gets(ss);
    strcat(ss, "6789");
    printf("%s\n",ss);
}
```

5. 以下程序段的输出结果为__[5]__。

```
char s[]="\\141\141abc\t";
printf("%d\n",strlen(s));
```

6. 以下程序的输出结果为__[6]__。

```
#include<stdio.h>
void main()
{
    char s[]="Yes\n/No",*ps=s;
    printf("%s",ps+4);
    *(ps+4)=0;
    printf("%s",s);
}
```

三、上机操作题

（一）填空题

1. 下面的程序试图计算输入字符串的长度，请补上缺失的代码。

```
#include <stdio.h>
int mystrlen(char *ps)
{
    int l=0;
    for (; __[1]__ ; ps++, l++);
    return l;
}
void main()
{
```

```
    char s[81];
    scanf("%s", s);
    puts(s);
    printf("%d\n", mystrlen(s));
}
```

2. 下面的程序试图实现倒序输出字符串"abcdefg"，请补上缺失的代码。

```
#include <stdio.h>
void main()
{
    char s[]="abcdefg";
    char *p=___[2]___;
    for(; p>=s; p--)
        printf("%c", ___[3]___);
    printf("\n");
}
```

（二）改错题

1. 下面的程序试图实现对输入字符串的拷贝，找出存在的错误，并更正。

```
#include <stdio.h>
void main()
{
    /********found********/
    char s[81], d[81];
    scanf("%s", s);
    for (; *s; s++, d++)
        /******found*******/
        d = s;
    printf("%s\n", d);
}
```

2. 对于给定的字符串，如"china"，用下面的程序实现截去其尾部空格并输出。找出存在的错误，并更正。

```
#include <string.h>
#include <stdio.h>
char *trim(char *s)
{
    char *p=s+strlen(s)-1;
    while(p-s>=0&&*p= =' ')
        p- -;
    /********found********/
    *p='\0';
    return s;
```

```
}
void main()
{
    char str[]="china       ";
    char *cp=str;
    /*********found**********/
    printf("%s\n",trim(*cp));
}
```

(三) 编程题

1．输入一个字符串，对其中连续出现的字符只保留一个，然后输出新字符串。例如，输入"abbcdefffgggggh"，处理后得到新字符串"abcdefgh"，然后输出。

2．输入一个首尾包括若干个空格的字符串，删除首尾的空格字符，得到一个新的字符串，然后输出。例如，输入"   ab cdef   ghijk   "，处理后得到新字符串"ab cdef   ghijk"，然后输出。

3．判断输入的一串字符是否为"回文"。回文是顺读和倒读都一样的字符串。例如："LEVEL"、"ABCCBA"。

4．输入两个字符串 a 和 b，把串 b 的前 5 个字符连接到串 a 中，如果 b 的长度小于 5，则把 b 的所有元素都连接到 a 中，然后输出串 a。

第10章 结构体、共用体和枚举

本章介绍 C 语言的三种数据类型——结构体、共用体和枚举。结构体是由不同类型的数据所构成的集合，用来描述简单类型无法描述的复杂对象。共用体是一种"可变身份"的数据类型，可以在不同时刻在同一存储单元内存放不同类型的数据。枚举类型就是将该类型变量的所有取值一一列出，变量的值只能是列举范围中的某一个。另外，C 语言允许用 typedef 声明一种新的类型名。

10.1 结构体

在实际问题中，一组数据往往具有不同的数据类型。例如，在学生登记表中，姓名应为字符串；学号可以为整型或字符串；年龄应为整型；性别应为字符串；成绩可以为整型或实型；电话号码应为字符串；E-mail 应为字符串。显然，不能用一个数组来存放这组数据，因为数组中各元素的类型和长度都必须一致。如果把它们分别定义为独立的变量，又反映不出来彼此之间的关系。为了解决这类问题，C 语言提供了一种构造类型，即结构体类型，它可以表示一组不同类型数据的集合。

结构体中所含成员（数据项）的数量是确定的，即结构体的大小不能改变，这一点与数组相似；但组成一个结构体的各成员类型可以不同，这是结构体与数组的本质区别。

10.1.1 结构体类型的定义

结构体类型定义的一般形式为：

  struct 结构体名
  {
   类型名 1 成员名 1;
   类型名 2 成员名 2;
   ⋮
   类型名 n 成员名 n;
  };

其中：struct 是关键字，是定义结构体类型的标志。

结构体名是一个标识符，其命名规则同变量名。

"struct 结构体名"是结构体类型名，它和系统已定义的标准类型（如 int、float 和 char 等）一样可以用来作为定义变量的类型。

类型名 1~n 说明了结构体成员的数据类型。

成员名 1~n 为用户定义的一个或多个结构体成员的名称，其命名规则同变量名。多个相同类型的成员彼此用逗号分隔。

注意：结构体类型的定义以分号（;）结尾。
例如：
struct student
{
　　char name[16];
　　long number;
　　int age;
　　char sex[3];
　　float score[5];
　　char telephone[12], email[30];
};

表示定义了一个名为 struct student 的结构体类型，成员有：字符串 name、长整型的 number、整型的 age、字符串 sex、实型数组 score、字符串 telephone 和字符串 email。
又如：
struct book
{
　　long code;
　　char name[40], author[16];
　　float price;
};

表示定义了一个名为 struct book 的结构体类型，成员有：长整型的 code，字符串 name、字符串 author 和实型的 price。
注意：同一结构体的成员不能重名；不同结构体的成员可以重名；结构体成员和程序中的其他变量可以重名。

10.1.2 结构体变量的定义和初始化

1. 结构体变量的定义

结构体类型的定义只是指出了该结构体的组成情况，表明存在此种类型的结构模型。该结构体类型中不能存放具体的数据，系统也不会为它分配实际的存储单元。如果要在程序中使用结构体类型的数据，必须在定义结构体类型之后，再定义结构体变量。一旦定义了结构体变量，就可以对其中的成员进行各种运算。结构体变量的定义方式有以下三种：

（1）先定义结构体类型，再定义结构体变量。
一般形式为：
　　　　结构体类型名　结构体变量名表;
例如：
struct student s1, s2;
（2）在定义结构体类型的同时定义结构体变量。
一般形式为：

```
    struct  结构体名
    {
        类型名 1  成员名 1;
        类型名 2  成员名 2;
                ⋮
        类型名 n  成员名 n;
    } 结构体变量名表;
```
例如:
```
struct student
{
    char name[16];
    long number;
    int age;
    char sex[3];
    float score[5];
    char telephone[12], email[30];
} s1, s2;
```

(3) 直接定义结构体变量。

一般形式为:
```
    struct
    {
        类型名 1  成员名 1;
        类型名 2  成员名 2;
                ⋮
        类型名 n  成员名 n;
    } 结构体变量名表;
```
即在关键字 struct 后省略了结构体名。

例如:
```
struct
{
    char name[16];
    long number;
    int age;
    char sex[3];
    float score[5];
    char telephone[12], email[30];
} s1, s2;
```

关于结构体的说明:

① 结构体类型与结构体变量是不同的概念,注意区分。系统可以对变量赋值、存取、

运算，对类型则不能。编译时，系统只对变量分配存储空间，对类型则不分配。

② 结构体中的成员也可以是一个结构体变量，即结构体的嵌套。

例如：

```
struct date
{
    int year, month, day;
};

struct teacher
{
    long id;
    char name[16], sex[3];
    struct date birthday;      // birthday 是 struct date 类型的结构体变量
    char course[20];
};

struct teacher t1;
```

结构体变量 t1 存储结构如图 10.1 所示。

id	name	sex	birthday			course
			year	month	day	

图 10.1 结构体变量 t1 的存储结构

2. 结构体变量的初始化

结构体变量初始化的一般形式为：

　　　　结构体类型名 结构体变量名 = {初始化数据表};

注意：结构体变量初始化时，各个初值必须与相应成员保持类型一致或兼容。

例如：

struct teacher t1 = {1791, "张利军", "男", 1968, 2, 23, "大学物理"};

初始化后，变量 t1 的内容如图 10.2 所示。

id	name	sex	birthday			course
			year	month	day	
1791	张利军	男	1968	2	23	大学物理

图 10.2 变量 t1 初始化后的内容

在对结构体变量进行初始化时，系统是按每个成员在结构体中的顺序一一对应赋初值的。若只对部分成员进行初始化，则只能给前面的若干成员赋值，而不允许跳过前面的成员给后面的成员赋值。对于未进行初始化的成员，若为数值型数据，系统自动赋初值为 0；若为字符型数据，系统自动赋初值'\0'。

例如：

struct teacher t2 = {1793, "刘娟"};

初始化后，变量 t2 的内容如图 10.3 所示。

id	name	sex	birthday			course
			year	month	day	
1793	刘娟	\0	0	0	0	\0

图 10.3　变量 t2 部分成员初始化后的内容

10.1.3　结构体变量的引用

结构体变量引用的一般形式为：

   结构体变量名.成员名

其中："."为结构体成员运算符。

例如：

struct teacher t1;

struct student s1;

t1.id 表示对 t1 变量中的 id 成员的引用，t1.name 表示对 t1 变量中的 name 成员的引用，s1.score[0]表示对 s1 变量中的 score 数组成员的引用。

引用结构体变量时应注意以下规则：

（1）不能将结构体变量作为一个整体进行输入和输出。例如，不能用下述语句对结构体变量进行输入输出。

scanf("%ld%s%s%d%d%d%s", &t1);

printf("%ld, %s, %s, %d, %d, %d, %s\n", t1);

可以对结构体变量的成员进行全部或部分输入和输出。例如：

scanf("%ld%s%s", &t1.id, t1.name, t1.course);

printf("%ld, %s, %s\n", t1.id, t1.name, t1.course);

（2）内嵌结构体成员的引用，必须逐层使用成员名定位，直到最底层的成员。例如：结构体变量 t1 中对成员 year 的引用方式为：t1.brithday.year。

（3）对于结构体变量中的每个成员，可以像普通变量一样进行该类型变量所允许的任何操作。

（4）结构体变量的整体赋值。虽然结构体变量不能整体输入和输出，但相同类型的结构体变量之间可以直接整体赋值。实质上是两个结构体变量相应的存储空间中的所有数据直接拷贝。

例如：
struct teacher t1, t2 = {1791, "张利军", "男", 1968, 2, 23, "大学物理"};
t1 = t2;   // 整体赋值

10.1.4 结构体数组

单个结构体变量在解决实际问题时作用不大，一般是以结构体数组的形式出现。在结构体数组中，每一个数组元素都是一个结构体类型的变量。

例如：
struct teacher t[4];

以上定义了一个类型为 struct teacher 的结构体数组 t，该数组共有 4 个元素，且结构体数组元素在内存中连续存放。其数组元素各成员的引用形式为：

t[i].id、t[i].name、t[i].sex、t[i].brithday.year、t[i].brithday.month、t[i].brithday.day、t[i].course

其中：i 的值为 0、1、2、3。

结构体数组的初始化方式与一般数组的初始化一样。

例如：
struct teacher t[4] = {
     {1791, "张利军", "男", 1968, 2, 23, "大学物理"},
     {1793, "刘娟", "女", 1962, 11, 9, "大学英语"},
     {1721, "王义", "男", 1959, 7, 14, "自然辩证法"},
     {2261, "李铁", "男", 1972, 5, 30, "概率论"} };

初始化后，结构体数组 t 的内容如图 10.4 所示。

id	name	sex	birthday			course
			year	month	day	
1791	张利军	男	1968	2	23	大学物理
1793	刘娟	女	1962	11	9	大学英语
1721	王义	男	1959	7	14	自然辩证法
2261	李铁	男	1972	5	30	概率论

图 10.4 结构体数组 t 初始化后的内容

【例 10.1】 设某班有 N 名学生，每个学生的信息包括姓名、学号、年龄、性别、五门功课的成绩、电话号码和 email，要求输入任意一个学号，输出该学生的所有信息。

分析：检索就是从一组数据中找出所需要的具有某种特征的数据项。最简单的检索方法是顺序检索。它是从所存储的数据第一项开始，依次与所要检索的数据进行比较，直到找到该数据或将全部数据找完还没有找到该数据为止。

程序如下：
#include <stdio.h>
#define N 10

```c
struct student    // 定义结构体类型
{
    char name[16];
    long number;
    int age;
    char sex[3];
    float score[5];
    char telephone[12], email[30];
};

void main()
{
    int k, t = -1;
    long xuehao;
    struct student s[N];      // 定义结构体数组
    printf("请按如下顺序输入 %d 名学生的信息:\n", N);
    printf("姓名    学号    年龄    性别    成绩1    成绩2    成绩3    成绩4    成绩3    电话号码    email\n");
    for (k = 0;    k < N;    k++)        // 从键盘输入结构体数组元素的值
    {
        printf("请输入第 %d 名学生的信息:\n", k+1);
        scanf("%s%ld%d%s%f%f%f%f%f%s%s", s[k].name, &s[k].number, &s[k].age, s[k].sex, &s[k].score[0], &s[k].score[1], &s[k].score[2], &s[k].score[3], &s[k].score[4], s[k].telephone, s[k].email);
    }
    printf("请输入要查找的学生学号:\n");
    scanf("%ld", &xuehao);
    for (k = 0;    k < N;    k++)        // 检索所需数据
        if (xuehao == s[k].number)
        {
            t = k;
            break;
        }
    if (t != -1) // 输出检索结果
        printf("%s %ld %d %s %.2f %.2f %.2f %.2f %.2f %s %s\n", s[t].name, s[t].number, s[t].age, s[t].sex, s[t].score[0], s[t].score[1], s[t].score[2], s[t].score[3], s[t].score[4], s[t].telephone, s[t].email);
    else
        printf("查无此人！\n");
```

}

程序运行过程和输出结果如下：
请按如下顺序输入 10 名学生的信息：
姓名　学号　年龄　性别　成绩1　成绩2　成绩3　成绩4　成绩3　电话号码　email
请输入第 1 名学生的信息：
张成 200901 20 男 89 87 90 96 88 13907123765 zhangcheng@qq.com↙
请输入第 2 名学生的信息：
李子涵 200913 19 女 79 83 92 95 68 13807124545 zhli@163.com↙
……
请输入第 10 名学生的信息：
王琦 200976 19 男 69 88 89 90 77 无 wangqi@163.com↙
请输入要查找的学生学号：
200913↙
李子涵 200913 19 女 79.00 83.00 92.00 95.00 68.00 13807124545 zhli@163.com↙

10.1.5　结构体指针

结构体变量被定义后，系统会为其在内存中分配一片连续的存储单元。该片存储单元的起始地址就称为该结构体变量的指针。如果定义一个指针变量来存放这个地址，即让一个指针变量指向结构体变量，就可以通过该指针变量来引用结构体变量。

结构体指针变量定义的一般形式为：

　　　　结构体类型名 *结构体指针变量名表;

例如：
struct teacher t, *p;
p = &t;

使用结构体指针变量引用结构体变量成员有以下两种形式：

（1）(*结构体指针变量名).成员名。

"*结构体指针变量名"表示指针变量所指的结构体变量。

（2）结构体指针变量名->成员名。

"->"为指向结构体成员运算符，具有最高的优先级，自左向右结合。

上面的例子中，t.name、(*p).name 与 p->name 等效。

10.1.6　结构体变量在函数间的数据传递

把结构体传递给函数有三种方法:用结构体变量的成员作为函数参数、用整个结构体变量作为函数参数以及用指向结构体变量（或结构体数组）的指针作为函数参数。

（1）结构体变量的成员作函数参数。

结构体变量的成员作函数参数与普通变量作函数参数一样，是一种值传递。

（2）结构体变量作函数参数。

结构体变量作函数参数是一种多值传递，需要对整个结构体做一份拷贝，效率较低。

【例10.2】　编写输出函数实现例 10.1，用结构体变量作参数函数。

程序如下：
```c
#include <stdio.h>
#define N 10

struct student    // 定义结构体类型
{
   char name[16];
   long number;
   int age;
   char sex[3];
   float score[5];
   char telephone[12], email[30];
};

void print(struct student stu);

void main()
{
   int k, t = -1;
   long xuehao;
   struct student s[N];      // 定义结构体数组
   printf("请按如下顺序输入 %d 名学生的信息:\n", N);
   printf("姓名   学号   年龄   性别   成绩1   成绩2   成绩3   成绩4   成绩3   电话号码   email\n");
   for (k = 0;   k < N;   k++)      // 从键盘输入结构体数组元素的值
   {
      printf("请输入第 %d 名学生的信息:\n", k+1);
      scanf("%s%ld%d%s%f%f%f%f%f%s%s", s[k].name, &s[k].number, &s[k].age, s[k].sex, &s[k].score[0], &s[k].score[1], &s[k].score[2], &s[k].score[3], &s[k].score[4], s[k].telephone, s[k].email);
   }
   printf("请输入要查找的学生学号:\n");
   scanf("%ld", &xuehao);
   for (k = 0;   k < N;   k++)   // 检索所需数据
      if (xuehao == s[k].number)
      {
         t = k;
         break;
      }
      if (t != -1)          // 输出检索结果
```

```
            print(s[t]);
        else
            printf("查无此人！\n");
}

void print(struct student stu)    // 输出函数
{
        printf("%s %ld %d %s %.2f %.2f %.2f %.2f %.2f %s %s\n", stu.name, stu.number, stu.age, stu.sex, stu.score[0], stu.score[1], stu.score[2], stu.score[3], stu.score[4], stu.telephone, stu.email);
}
```

（3）结构体指针作函数参数。

结构体指针变量作函数参数是一种地址传递，效率较高。

【例 10.3】 编写检索函数实现例 10.1，用结构体指针作参数函数。

程序如下：

```
#include <stdio.h>
#define N 10

struct student    // 定义结构体类型
{
    char name[16];
    long number;
    int age;
    char sex[3];
    float score[5];
char telephone[12], email[30];
};

void search(struct student *p, int n, long xuehao);

void main()
{
    int k;
    long xuehao;
    struct student s[N];    // 定义结构体数组
    printf("请按如下顺序输入 %d 名学生的信息:\n", N);
    printf("姓名   学号   年龄   性别   成绩1   成绩2   成绩3   成绩4   成绩3   电话号码   email\n");
    for (k = 0;  k < N;  k++)        // 从键盘输入结构体数组元素的值
    {
```

```
        printf("请输入第 %d 名学生的信息:\n", k+1);
        scanf("%s%ld%d%s%f%f%f%f%f%s%s", s[k].name, &s[k].number, &s[k].age,
s[k].sex, &s[k].score[0], &s[k].score[1], &s[k].score[2], &s[k].score[3], &s[k].score[4],
s[k].telephone, s[k].email);
    }
    printf("请输入要查找的学生学号:\n");
    scanf("%ld", &xuehao);
    search(s, N, xuehao);       // 调用检索函数
}

void search(struct student *p, int n, long xuehao)    // 检索函数
{
    int k, t = -1;
    for (k = 0;  k < n;   k++)    // 检索所需数据
        if (xuehao = = (*(p+k)).number)
        {
            t = k;
            break;
        }
    if (t != -1)      // 输出检索结果
        printf("%s %ld %d %s %.2f %.2f %.2f %.2f %.2f %s %s\n", (p+k)->name,
(p+k)->number, (p+k)->age, (p+k)->sex, (p+k)->score[0], (p+k)->score[1],
(p+k)->score[2], (p+k)->score[3], (p+k)->score[4], (p+k)->telephone, (p+k)->email);
    else
        printf("查无此人！\n");
}
```

10.2 链表

10.2.1 链表的概念

链表是一种重要的数据结构，是动态分配内存的一种结构。图 10.5 表示了最简单的一种链表（单向链表）的结构。

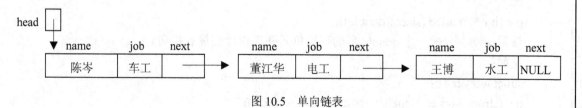

图 10.5 单向链表

链表是由若干个类型相同的元素依次链接而成。链表中的元素称为"节点",每个节点都由两部分组成:一部分是程序中用到的数据,另一部分是用来链接下一个节点的指针。而链尾节点中链接指针的值是 NULL,表示该链表到此为止。一般在每个链表中都有一个"头指针"变量,图中以 head 表示,它指向链表中的头一个节点。链表中的每个节点都通过链接指针与下一个节点相连。这样,从 head 开始,就可以将整个链表中的所有节点都访问一遍。

链表有多种形式,如单向链表、双向链表和循环链表等。

10.2.2 用指针和结构体实现链表

由图 10.5 可知,链表必须利用指针变量才能实现。即一个节点中应包含一个指针变量,用它来存放下一节点的地址。显然,节点的数据类型是结构体类型,因此节点中包含的指针变量就应是指向结构体类型变量的指针变量。

例如:
```
struct worker
{
    char name[16];
    char job[20];
    struct student *next;
};
```

图 10.5 所示的单向链表中每个节点都属于 struct worker 类型,其中成员 name 和 job 用来存放节点中的用户数据,成员 next 用来存放下一节点的地址。

链表与结构体数组有相似之处:都由若干相同类型的结构体变量组成,结构体变量之间有一定的顺序关系。但二者之间存在很大差别:

其一,结构体数组中各元素是连续存放的。而链表中的节点可以不连续存放;

其二,结构体数组在定义时就确定其元素个数,不能动态增长;而链表的长度往往是不确定的,根据问题求解过程中的实际需要,动态地创建节点并为其分配存储空间。

为了动态地创建一个节点,也就是在需要时才分配一个结点的存储单元,C 语言提供了两个常用的动态分配内存和动态释放内存的函数(它们的函数原型定义在头文件 malloc.h 中)。

(1) 动态分配内存函数 malloc。

格式:(数据类型 *) malloc (sizeof(数据类型))

功能:根据字节运算符 sizeof 计算分配给指定数据类型的存储单元字节数,并返回该存储单元的首地址。

例如:
```
int *p;
p = (int *) malloc (sizeof(double));
```
该语句动态分配一个 double 型的存储单元并使指针变量 p 指向它。

又如:
```
struct worker *q;
q = (struct worker *) malloc (sizeof(struct worker));
```
该语句动态分配一个"struct worker"结构体类型的存储单元并使指针变量 q 指向它。

（2）动态释放内存函数 free。

格式：free (p)

功能：释放由指针变量 p 所指向的存储单元。

例如：

struct worker *q；

q = (struct worker *) malloc (sizeof(struct worker))；

strcpy(q->name, "陈岑")；

free (q)；   // 释放指针变量 p 指向的存储单元

10.2.3　对单向链表的操作

对单向链表的常用操作有建立、显示、插入和删除等。

（1）建立链表。

建立链表是指从无到有地建立起一个链表，即一个一个地输入各节点数据，并建立起前后相链接的关系。

【例 10.4】　编写一个 create()函数，创建一个节点个数不限的单向链表。

分析：可设置三个指针变量：head、newp 和 tail。head（头指针变量）指向链表的首节点，newp 指向新创建的节点，tail 指向链表的尾节点。通过"tail -> next = newp；"将新创建的节点链接到链表尾，使之成为新的尾节点。

函数如下：

```c
#include<stdio.h>
#include<string.h>
#include<malloc.h>
#define LEN sizeof(struct worker)

struct worker
{
   char name[16];
   char job[20];
   struct worker *next;
};

int count = 0;

struct worker *create()     // 函数返回一个指向链表首节点的指针
{
   struct worker *head = NULL,*newp,*tail;
   newp = tail = (struct worker *)malloc(LEN);    // 创建一个新的节点
   printf("请输入数据（姓名和工作，输入## 表示结束）:\n");
   scanf("%s%s", newp->name, newp->job);
   while (strcmp(newp->name, "#") != 0)
```

```c
    {
        count++;          // 节点个数加一
        if (count == 1)
            head = newp;         // head 指向链表的首节点
        else
            tail->next = newp;       // 新创建的节点链接到链表尾
        tail = newp;          // tail 指向新的尾节点
        newp = (struct worker *)malloc(LEN);
        scanf("%s%s", newp->name, newp->job);
    }
    tail->next = NULL;
    return(head);
}
```

（2）显示链表。

显示链表是指从链表的首节点开始，依次将节点的数据显示在指定的设备上，直至链表结束。

【例 10.5】 编写一个 display()函数，显示单向链表中所有节点的数据。

分析：首先确定链表的首节点。然后判断链表是否为空，如果为空，显示结束；否则，显示当前节点的数据，并移至下一个节点重复执行。

函数如下：

```c
void display(struct worker *head)
{
    struct worker *p = head;
    printf("姓名\t 工作\n");
    while (p != NULL)      // 判断链表是否为空
    {
        printf("%s\t%s \n", p->name, p->job);
        p = p->next;       // 移至下一个节点
    }
}
```

（3）将新节点插入链表。

假设已有链表节点的顺序是按照节点某个成员数据的大小排序的，新节点仍然按照原来的顺序插入。

【例 10.6】 编写一个 insert()函数，将新节点插入单向链表。设已有链表中各节点是按成员项 number（学号）由小到大顺序排列的。

分析：设置四个指针变量：head、newp、p 和 q。head（头指针变量）指向链表的首节点，newp 指向待插入的新节点，p 指向插入位置右相邻的节点，q 指向插入位置左相邻的节点。首先根据新节点的数据找到要插入的位置，然后将新节点与右相邻的节点链接起来，最后将新节点与左相邻的节点链接起来。在查找插入位置时，需要考虑单向链表是否为空两种可能。如果单向链表不为空，则需考虑以下三种不同插入情况：

① 插入位置在首节点之前。
② 插入位置在尾节点之后。
③ 插入位置既不在首节点之前，又不在尾节点之后。

函数如下：

```
struct worker *insert(struct worker *head, struct worker *newp)
{
  struct worker *p,*q;
  p = q = head;
  if(head = = NULL)      // 单向链表为空的情况
  {
    head = newp;         // head 指向新节点, 新节点成为链表的首节点
    newp->next = NULL;
  }
  else     // 单向链表不为空的情况
  {
    while ((strcmp(newp->name, p->name) > 1) && (p->next != NULL)) // 查找插入位置
    {
      q = p;        // q 指向插入位置左相邻的节点
      p = p->next;  // p 指向插入位置右相邻的节点
    }
    if (strcmp(newp->name, p->name) < 1)
    {
      newp->next = p;      // 新节点与右相邻的节点链接
      if (head = = p)      // 插入位置在首节点之前
        head = newp;       // head 指向新的首节点
      else     // 插入位置既不在首节点之前，又不在尾节点之后
        q->next = newp;    // 新节点与左相邻的节点链接
    }
    else    // 插入位置在尾节点之后
    {
      p->next = newp;  // 新节点链接到尾节点之后，成为新的尾节点
      newp->next = NULL;
    }
  }
  count++;    // 节点个数加一
  return (head);
}
```

(4) 将已知节点从链表中删除。

从一个链表中删除一个节点,并不是真正从内存中把它清除,而是把它从链表中分离出去,即只需改变链接关系。当然,为了给程序腾出更多可用的内存空间,应该释放被删除节点所占用的内存。

【例 10.7】 编写一个 deletep()函数,将已知节点从单向链表中删除。

分析:设置三个指针变量:head、p 和 q。head(头指针变量)指向链表的首节点,p 指向待删除的节点,q 指向待删除的节点左相邻的节点。首先从链表的首节点开始,通过逐个节点的比较寻找待删除的节点。一旦找到,将 q 指向的节点与 p 指向节点的右相邻节点链接,即将 p 指向的节点从链表中删除。

函数如下:

```
struct worker *deletep(struct worker *head, char name[16])
{
    struct worker *p, *q;
    p = q = head;
    while ((strcmp(p->name, name) != 0 )&& p->next != NULL)//寻找待删除的节点
    {
        q = p;
        p = p->next;
    }
    if (strcmp(p->name, name) == 0 )     // 找到了待删除的节点
    {
        if (p == head)
           head = p->next;         //若待删除的节点是链表的首节点,使 head 指向第二个节点
        else
           q->next = p->next;     // 若待删除的节点不是链表的首节点,将待删除节点的左相邻节点与右相邻节点链接
        free(p);           // 释放被删除节点所占用的内存空间
        count—;           // 节点个数减一
    }
    else
        printf("%s 节点没有找到!\n", name);    // 找不到待删除的节点
    return (head);
}
```

10.3 共用体

在实际应用中,有时同一组具有不同类型的数据并不是同时使用的,如果它们独占存储单元,势必造成内存的浪费。为此 C 语言提供了另一种构造类型——共用体,它将不同的数

据项组织成一个整体，这些数据项在内存中占用同一段存储单元。

10.3.1 共用体类型的定义

共用体类型定义的一般形式为：
    union 共用体名
    {
      类型名1 成员名1；
      类型名2 成员名2；
      ⋮
      类型名n 成员名n；
    };

其中：union 是关键字，是定义共用体类型的标志。
共用体名是一个标识符，其命名规则同变量名。
"union 共用体名"是共用体类型名。
类型名1～n 说明了共用体成员的数据类型。
成员名1～n 为用户定义的一个或多个共用体成员的名称，其命名规则同变量名。多个同类型的成员彼此用逗号分隔。
注意：共用体类型的定义是以分号（;）结尾的。
例如：
union u_data
{
  int i;
  double d;
  char c;
};
表示定义了一个名为 u_data 的共用体类型，成员名为 i、d 和 c。

10.3.2 共用体变量的定义

与结构体变量的定义形式相似，共用体变量的定义方式也有三种：
（1）先定义共用体类型，再定义共用体的变量。
一般形式为：
    共用体类型名 共用体变量名表；
例如：
union u_data a1, a2;
（2）在定义共用体类型的同时定义共用体的变量。
一般形式为：
    union 共用体名
    {
      类型名1 成员名1；
      类型名2 成员名2；

　　　　⋮
　　　类型名 n　成员名 n；
　　} 共用体变量名表；
例如：
union u_data
{
　int i；
　double d；
　char c；
} a1, a2；

（3）直接定义共用体类型的变量。
一般形式为：
　　union
　　　{
　　　　类型名 1　成员名 1；
　　　　类型名 2　成员名 2；
　　　　　　⋮
　　　　类型名 n　成员名 n；
　　　} 共用体变量名表；
即在关键字 union 后省略了共用体名。
例如：
union
{
　int i；
　double d；
　char c；
} a1, a2；

"共用体"与"结构体"的定义形式相似，但它们的含义是不同的。
　　结构体变量所占用的存储空间是各成员所占存储空间之和。每个成员分别占有自己的内存单元，相互之间不发生重叠。
　　共用体变量的存储空间由系统按照它各成员中所占存储空间最大者分配。上例中定义的共用体变量 a1、a2 各占 8 个字节（因为在三个成员中 double 型变量 d 所占存储空间最长），而不是各占 4+8+1=13 个字节。三个成员共同使用这 8 个字节的内存区，成员之间相互重叠。某一时刻只有一个成员起作用，其他成员不起作用。

10.3.3　共用体变量的引用

共用体变量的引用方式有以下三种。
方式 1：

共用体变量名.成员名

例如：

union u_data a;

a.i = 123;

方式 2：

  (*指针变量名).成员名

"*指针变量名"表示指针变量指向的共用体变量。

例如：

union u_data *p, a;

p = &a;

(*p).d = 73.9;

由于共用体变量中各成员的起始地址都是相同的，所以&a、&a.i、&a.d、&a.c 都有相同的结果。

方式 3：

  指针变量名->成员名

例如：

union u_data *p, a;

p = &a;

p->c = 'E';

引用共用体时要注意：

① 如果对一个共用体变量的不同成员分别赋予不同的值，则只有最后一个被赋值的成员起作用，它的值及其属性就完全代表了当前该共用体变量的值及属性。

例如：

union u_data a;

a.i = 123;

a.d = 73.9;

a.c = 'E';

printf("%d %5.2lf %c\n", a.i, a.d, a.c);

输出结果中只有成员 c 具有确定的值'E'，而成员 i 和 d 都被覆盖掉了，它们的值是不可预料的。

② 共用体变量初始化时，只是对其第一个成员进行初始化，不能对其所有成员都赋初值。

例如：

union u_data
{
  int i;
  double d;
  char c;
} a = {123};

那么就把 a 的第一个成员 i 初始化为 123。

下面的初始化形式是错误的：

union u_data a = {123, 73.9, 'E'};

③ 两个类型相同的共用体变量可以直接赋值。

例如：

union u_data a1, a2;

a1.i = 123;

a2 = a1;

printf("%d\n", a2.i);

输出结果为 123。

【例 10.8】 某学校的人员信息表中学生的信息包括编号、姓名、性别、年龄、标志和班级等，教师的信息包括编号、姓名、性别、年龄、标志和职称等。现利用共用体的特点，编写一个程序，输入并输出该表中的信息。

程序如下：

```c
#include <stdio.h>
#include <string.h>
#define N 30

union category
{
    long stu_class;              // 班级
    char tea_pro_post [20];      // 职称
};

struct person
{
    long id;
    char name[16];
    char sex[3];
    int age;
    char flag[5];                // 标志
    union category cp;
};

void main()
{
    struct person st[N];
    int i;
    printf("请按如下顺序输入 %d 名人员的信息: \n", N);
    printf("编号  姓名  性别  年龄  标志 \n");
    for (i = 0;  i < N;  i++)
```

```
    {
        printf("请输入第 %d 名人员的信息: \n", i+1);
        scanf("%ld%s%s%d%s", &st[i].id, st[i].name, st[i].sex, &st[i].age, st[i].flag);
        if (strcmp(st[i].flag, "学生") == 0)
        {
            printf("请输入该名学生的班级: ");
            scanf("%ld", &st[i].cp.stu_class);
        }
        else if (strcmp(st[i].flag, "教师") == 0)
        {
            printf("请输入该名教师的职称: ");
            scanf("%s", st[i].cp.tea_pro_post);
        }
        else
            printf("输入错误!\n");
    }
    printf("\n 编号      姓名            性别   年龄   标志    班级/职称\n");
    for (i = 0;  i < N;  i++)
        if (strcmp(st[i].flag, "学生") == 0 )
            printf("%-10ld%-17s%-6s%-6d%-6s%-22ld\n", st[i].id, st[i].name, st[i].sex, st[i].age, st[i].flag, st[i].cp.stu_class);
        else
            printf("%-10ld%-17s%-6s%-6d%-6s%-22s\n", st[i].id, st[i].name, st[i].sex, st[i].age, st[i].flag, st[i].cp. tea_pro_post);
}
```

程序运行过程和输出结果如下：
请按如下顺序输入 30 名人员的信息：
编号 姓名 性别 年龄 标志
请输入第 1 名人员的信息：
5101 王芳 女 20 学生
请输入该名学生的班级: 200951
请输入第 2 名人员的信息：
5102 李锋 男 39 教师
请输入该名教师的职称: 副教授
……
请输入第 30 名人员的信息：
6242 张华军 男 22 学生
请输入该名学生的班级: 200723

编号	姓名	性别	年龄	标志	班级/职称
5101	王芳	女	20	学生	200951
5102	李锋	男	39	教师	副教授
……					
6242	张华军	男	22	学生	200723

10.4 枚举

所谓"枚举"是指将变量的值一一列举出来，变量的值只限于列举出来的值的范围。与结构体和共用体一样，枚举也要先定义枚举类型，再定义该枚举类型的变量。

1. 枚举类型的定义

枚举类型定义的一般形式为：

  enum 枚举名{元素名 1，元素名 2,…，元素名 n}；

其中：enum 是保留字，是定义枚举类型的标志。

枚举名是一个标识符，其命名规则同变量名。

"enum 枚举名"是枚举类型名。

元素名 1~n 一一列出了该枚举类型数据所有可能的取值。

例如：

enum weekdays {Sun, Mon, Tue, Wed, Thu, Fri, Sat}；

表示定义了一个名为 enum weekdays 的枚举类型，同时列出了 7 个它可能的取值。

又如：

enum e_data{xx, yy, zz}；

表示定义了一个名为 enum e_data 的枚举类型，同时列出了 3 个它可能的取值。

2. 枚举变量的定义

枚举变量定义的一般形式为：

  枚举类型名 枚举变量名表；

例如：

enum weekdays workday, holiday；

表示定义 workday 与 holiday 为 enum weekdays 类型的枚举变量，workday 与 holiday 的值是枚举元素 Sun、Mon、Tue、Wed、Thu、Fri 和 Sat 中的一个，不可能是其他的值。

又如：

enum e_data a1, a2, a3；

表示定义 a1、a2 和 a3 为 enum e_data 类型的枚举变量，a1、a2 和 a3 的值是枚举元素 xx、yy 和 zz 中的一个，不可能是其他的值。

3. 枚举变量的引用

系统把枚举元素作为符号常量处理，常称为枚举常量。枚举常量的起始值一般从 0 开始，依次增 1。例如 Sun、Mon、Tue、Wed、Thu、Fri 和 Sat 这 7 个枚举元素的值分别是 0、1、2、3、4、5、6。由于不是变量，所以不能对枚举元素赋值。

枚举变量可以参与赋值和与关系两种运算。

（1）赋值运算。

枚举常量可直接赋给枚举变量，同类型的枚举变量之间可以相互赋值。
例如：
enum weekdays {Sun, Mon, Tue, Wed, Thu, Fri, Sat}；
enum weekdays w1, w2；
w1 = Tue；   // 将枚举常量 Tue 赋给枚举变量 w1
w2 = w1；   // 枚举变量 w1 赋给 w2
（2）关系运算。
枚举变量可以和枚举常量进行关系比较，同类型的枚举变量之间也可以进行关系比较，枚举变量之间的关系比较是对其序号值进行的。
例如：
enum weekdays {Sun, Mon, Tue, Wed, Thu, Fri, Sat}；
enum weekdays w1, w2；
w1 = Tue；   //w1 中枚举常量 Tue 的序号值为 2
w2 = Wed；   //w2 中枚举常量 Wed 的序号值为 3
if (w1 > Sun) w1 = Sat；   // 条件（w1 > Sun）的值为真
if (w2 > w1) w2 = w1；   // 条件（w1 > w2）的值为假
【例 10.9】 用穷举法列出三种颜色（red、green、blue）的全排列。
程序如下：

```
#include <stdio.h>

enum colors {red, green, blue }；
void show(enum colors c)；

void main()
{
  enum colors c1, c2, c3；
  for (c1 = red； c1 <= blue； c1 = enum colors(int (c1) + 1))
    for (c2 = red； c2 <= blue； c2 = enum colors(int (c2) + 1))
      for (c3 = red； c3 <= blue； c3 = enum colors(int (c3) + 1))
        {
          show(c1)；
          show(c2)；
          show(c3)；
          printf("\n")；
        }
}

void show (enum colors c)
{
  switch (c)
  {
```

```
        case red : printf("red");        break;
        case green : printf("green");    break;
        case blue : printf("blue");      break;
    }
    printf("\t");
}
```

10.5 typedef 声明

typedef 声明，简称 typedef，是指为现有类型创建一个新的名字，以使程序更美观和增加可读性。所谓美观，是指 typedef 能隐藏笨拙的语法构造以及平台相关的数据类型，从而增强程序的可移植性和以及未来的可维护性。

例如：

typedef int COUNT；

表示用 COUNT 代表 int 类型，用户可以在任何需要 int 的上下文中使用 COUNT，如：

COUNT i, j；

表示定义 i, j 为整型。

用 typedef 声明一个新类型名的方法如下：

① 先按定义变量的方法写出定义体。如：int i。
② 将变量名换成新类型名。如：将 i 换成 COUNT。
③ 在最前面加 typedef。如：typedef int COUNT。
④ 然后可以用新类型名去定义变量。如：COUNT i, j。

再如：

typedef struct
{
    int year；
    int mouth；
    int day；
}DATE；

DATE birthday；

表示用 DATE 代表上述结构体类型，并定义变量 birthday 为该结构体类型。

又如：

typedef char LINE[80]；

LINE line1, line2；

表示用 LINE 代表长度为 80 的字符串类型，并定义变量 line1，line2 为该类型。

说明：

① 习惯上把用 typedef 声明的类型名用大写字母表示，以便于系统提供的标准类型标识符相区别。
② 用 typedef 可以声明各种类型名，但不能用来定义变量。

③ 用 typedef 只是对已经存在的类型创建一个新的名字,而没有创造新的类型。

④ typedef 与#define 有相似之处。例如:

typedef int COUNT;

和

#define COUNT int

的作用都是用 COUNT 代表 int。但事实上,它们二者是不同的。#define 是在预编译时处理的,它只是简单的字符串替换,而 typedef 是在编译时处理的,它并不是简单的字符串替换。

习 题 10

一、选择题

1. 结构体变量在程序执行期间_____。
   A) 所有成员一直驻留在内存中　　　　B) 只有一个成员驻留在内存中
   C) 部分成员驻留在内存中　　　　　　D) 没有成员驻留在内存中

2. 结构体变量所占内存是_____。
   A) 各成员所需内存的总和　　　　　　B) 结构体中第一个成员所需内存量
   C) 结构体中占内存量最大者所需内存量　D) 结构体中最后一个成员所需内存量

3. 以下关于 typedef 的叙述错误的是_____。
   A) 用 typedef 为类型说明一个新名,通常可以增加程序的可读性
   B) typedef 只是将已存在的类型用一个新的名字来代表
   C) 用 typedef 可以为各种类型说明一个新名,但不能用来为变量说明一个新名
   D) 用 typedef 可以增加新类型

4. 设有以下定义,则不正确的引用是_____。
   ```
   struct student
   {
       char name[16];
       int age;
   }stu, *p;
   p = &stu;
   ```
   A) stu.age　　　　B) p->age　　　　C) (*p).age　　　　D) *p.age

5. 有以下结构体说明、变量定义和赋值语句:
   ```
   struct STD
   {
       char name[10];
       int age;
       char sex;
   }s[5], *ps;
   ps = &s[0];
   ```
   则以下 scanf 函数调用语句中错误引用结构体变量成员的是_____。

A) scanf("%s", s[0].name);
B) scanf("%d", &s[0].age);
C) scanf("%c", &(ps->sex));
D) scanf("%d", ps->age);

6. 选择一种格式填入，使下面程序段中指针 p 指向一个整型变量。
   int *p;
   p = _____ maclloc(sizeof(int));
   A) int   B) int *   C) (int *)   D) (* int)

7. 以下关于共用体的正确叙述是_____。
   A) 一旦定义了一个共用体变量，即可引用该变量或该变量中的任意成员
   B) 一个共用体变量中不能同时存放其所有成员
   C) 一个共用体变量中可以同时存放其所有成员
   D) 共用体类型数据可以出现在结构体类型定义中，但结构体类型数据不能出现在共用体类型定义中

8. 设有以下说明：
   union
   {
       int i;
       char c;
       double d;
   }test;

   则 sizeof(test)的值是_____。
   A) 1   B) 4   C) 8   D) 13

9. 设有以下定义和语句：
   union data
   {
       int i;
       char c;
       double d;
   }u;
   int num;

   则下面语句正确的是_____。
   A) u = 12;   B) u.d = 89.7;
   C) printf("%d", u);   D) num = u;

10. 下面对枚举类型名的正确定义是_____。
    A) enum a = {one, two, three};
    B) enum a {one = 9, two = -1, three};
    C) enum a = {"one", "two", "three"};
    D) enum a {"one", "two", "three"};

二、填空题

1. 设有以下定义：

    ```
    struct student
    {
        int i;
        double f;
    }stu;
    ```

    则结构体类型的保留字是__[1]__，用户定义的结构体类型名是__[2]__，用户定义的结构体变量是__[3]__。

2. 以下程序段定义一个结构体，使有两个域 data 和 next，其中 data 存放整型数据，next 为指向下一个节点的指针。

    ```
    struct node
    {
        int data;
        __[4]__ ;
    };
    ```

3. 系统把枚举元素作为__[5]__来处理。

4. 设已经定义了以下结构体：

    ```
    typedef struct
    {
        int i;
        float f;
    }S_DATA;
    S_DATA n = {5, 5.3}, *p = &n;
    ```

    则表达式++p->i 的值是__[6]__；表达式(*p).i + p->f 的值是__[7]__。

5. 设有以下定义：

    enum list {red = 5, blue = 3, white = 1} c1;

    则枚举类型的保留字是__[8]__，用户定义的枚举类型名是__[9]__，用户定义的枚举变量是__[10]__。

三、上机操作题

（一）填空题

1. 给定程序中，函数 fun 的功能是：找出形参结构体数组中 s 成员值最小的元素。请在程序的下画线处填入正确的内容并把下画线删除，使程序得出正确的结果（注意：不得增行或删行，也不得更改程序的结构）。

```
#include <stdio.h>
#define N 10
struct ss
{    char num[10];
```

```
    int s;
};
void fun(struct ss a[], struct ss *s)
{     [1]    h;
    int i ;

    h = a[0];
    for ( i = 1;   i < N;   i++ )
        if ( a[i].s < h.s )  [2]   = a[i];

    *s =  [3]   ;
}
void main()
{
    struct ss m, a[N] = {{"A01",81}, {"A02",89}, {"A03",66}, {"A04",87}, {"A05",77},
    {"A06",90}, {"A07",79}, {"A08",61}, {"A09",80}, {"A10",71} };
    int i;
    printf("***** The original data *****\n");
    for ( i = 0;   i< N;   i++ )
        printf("No = %s   Mark = %d\n", a[i].num, a[i].s);
    fun ( a, &m );
    printf ("***** THE   RESULT *****\n");
    printf ("The lowest  :   %s , %d\n", m.num, m.s);
}
```

2. 给定程序中，函数 fun 的功能是：将形参指针所指结构体数组中的三个元素按 num 成员进行升序排列。请在程序的下画线处填入正确的内容并把下画线删除，使程序得出正确的结果（注意：不得增行或删行，也不得更改程序的结构）。

```
#include <stdio.h>
struct persion
{
    int num;
    char name[10];
};
void fun(struct persion    [4]   )
{
      [5]   temp;
    if(std[0].num > std[1].num)
    {    temp = std[0];    std[0] = std[1];    std[1] = temp;    }
    if(std[0].num > std[2].num)
    {    temp = std[0];    std[0] = std[2];    std[2] = temp;    }
```

```
        if(std[1].num > std[2].num)
        {    temp = std[1];    std[1] = std[2];    std[2] = temp;    }
}
void main()
{    struct persion std[ ] = { 5, "Zhanghu", 2, "WangLi", 6, "LinMin" };
     int i;
     fun(____[6]____);
     printf("\nThe result is :\n");
     for(i = 0;    i < 3;    i++)
         printf("%d,%s\n", std[i].num, std[i].name);
}
```

（二）改错题

1. 给定程序中，函数 creatlink 的功能是：创建一个有 n 个节点的单向链表，节点的 data 成员值小于 m-1。请更正程序中的错误，使它能得出正确的结果。注意：不要改动 main 函数，不得增行或删行，也不得更改程序的结构。

```
#include <stdio.h>
#include <stdlib.h>
struct aa
{
    int data;
    struct aa *next;
};
struct aa *creatlink(int n, int m)
{
    struct aa *h = NULL, *p, *s;
    int i;
    s = (struct aa *)malloc(sizeof(struct aa));
    h = s;
    /********found**********/
    p->next = NULL;
    for(i = 1;   i < n;   i++)
    {
        s = (struct aa *)malloc(sizeof(struct aa));
        /********found**********/
        s->data = rand() % m;
        s->next = p->next;
        p->next = s;
        p = p->next;
    }
```

```c
        s->next = NULL;
        /********found**********/
        return p;
    }
    void outlink(struct aa *h)
    {
        struct aa *p;
        p = h->next;
        printf("\n\nTHE LIST :\n\n HEAD");
        while(p)
        {
            printf("->%d ", p->data);
            p = p->next;
        }
        printf("\n");
    }
    void main()
    {
        struct aa *head;
        head = creatlink(8,22);
        outlink(head);
    }
```

2. 给定程序中，函数 fun 的功能是：统计形参指针所指的单向链表中偶数的 data 成员值之和。请更正程序中的错误，使它能得出正确的结果。注意：不要改动 main 函数，不得增行或删行，也不得更改程序的结构。

```c
    #include<stdio.h>
    #include<stdlib.h>
    struct aa
    {
        int data;
        struct aa *next;
    };
    int fun(struct aa *h)
    {
        int sum = 0;
        struct aa *p;
        p = h->next;
        /********found**********/
        while(p->next)
        {
```

```
            if(p->data % 2 = = 0)
                sum += p->data;
            /********found*********/
            p = h->next;
        }
        return sum;
}
struct aa *creatlink(int n)
{
    struct aa *h, *p, *s;
    int i;
    h = p = (struct aa *)malloc(sizeof(struct aa));
    for(i = 0;   i < n;   i++)
    {
        s = (struct aa *)malloc(sizeof(struct aa));
        s->data = rand() % 16;
        s->next = p->next;
        p->next = s;
        p = p->next;
    }
    p->next = NULL;
    return h;
}
void outlink(struct aa *h)
{
    struct aa *p;
    p = h->next;
    printf("\n\nTHE LIST :\n\n HEAD");
    while(p)
    {
        printf("->%d ",p->data);
        p = p->next;
    }
    printf("\n");
}
void main()
{
    struct aa *head;
    int sum;
    head = creatlink(10);
```

```
        outlink(head);
        sum = fun(head);
        printf("\nSUM=%d",sum);
}
```

（三）编程题

1．定义一个包含年、月、日的结构体变量，任意输入一天，计算该日是本年的第几天。

2．输入若干名学生的学号、姓名和四门功课的成绩，要求：

计算出每个学生的平均成绩以及各分数段的人数（以平均成绩为准，分数段分为：90～100，80～89，70～79，60～69和<60），并输出。

计算出各门功课的平均成绩及总平均成绩，并输出。

统计平均成绩高于总的平均成绩的学生人数，输出他们的学号、姓名、各科成绩及人数。

根据学生平均成绩排序。

第11章 编译预处理

本章介绍 C 语言的编译预处理命令。所谓"编译预处理"就是在编译程序对 C 源程序进行编译之前，由编译预处理程序对编译预处理命令进行处理的过程。编译预处理功能优化了程序设计的环境，提高了编程效率。

C 语言的编译预处理命令有三种：宏定义、文件包含和条件编译。

预处理命令必须独占一行，并以符号"#"开始，末尾不必加分号，以表示与一般 C 语句的区别。

11.1 宏定义

宏定义是指用一个指定的标识符来代表一个字符串。宏定义预处理命令为#define。宏定义分为不带参数的宏定义和带参数的宏定义两种。

11.1.1 不带参数的宏定义

不带参数的宏定义一般形式为：

　　#define 宏名 字符串

例如：

#define PI 3.1415926

它的作用是在源程序中用宏名 PI 来代替"3.1415926"这个字符串。

在编译预处理时，进行"宏展开"，即将程序中在该命令以后出现的所有的宏名 PI 用"3.1415926"替换。

注意：宏定义是由源程序中的宏定义命令完成的，而宏展开是由预处理程序自动完成的。

【例 11.1】
#include <stdio.h>
#define PI 3.1415926

void main()
{
　　double r = 3.0;
　　double area;
　　area = PI*r*r;
　　printf("area = %.2lf \n", area);
}

程序运行结果为：
area = 28.27

说明：
（1）宏名的命名规则同变量名，但一般习惯用大写字母，以便引起注意。
（2）宏定义一般写在程序的开头。
（3）宏定义必须写在函数之外，宏名的有效范围是从宏定义开始到本源程序文件结束，或遇到预处理命令#undef 时止。

【例 11.2】
#define PI 3.1415926

```
void main()
{
    ……
}
#undef PI
int fun()
{
    ……
}
```

PI 的有效范围

（4）宏定义不但可以定义常量，还可以定义 C 语句和表达式等。

【例 11.3】
```
#include <stdio.h>
#define M (y*y+3*y)

void main()
{
    int s, y = 3;
    s = 3*M+4*M+5*M;
    printf("s = %d\n", s);
}
```

程序运行结果为：
s = 216

宏名 M 代表表达式(y*y+3*y)。在编写源程序时，所有需要写(y*y+3*y)的地方都可直接写 M。在源程序编译时，将先由预处理程序进行宏展开，即用字符串(y*y+3*y)去替换所有的宏名 M，得到：
s = 3*(y*y+3*y)+4*(y*y+3*y)+5*(y*y+3*y);
然后再进行编译。

注意：宏定义中表达式(y*y+3*y)两边的括号不能少，否则会发生错误。例如作以下定义后，有

#difine M y*y+3*y

在宏展开时将得到下述语句：

s = 3*y*y+3*y+4*y*y+3*y+5*y*y+3*y;

显然与原题意要求不符。

（5）宏定义允许嵌套。在宏展开时由预处理程序层层替换。

【例 11.4】
#include <stdio.h>
#define PI 3.1415926
#define R 3.0
#define L 2*PI*R
#define S PI*R*R
#define PRN printf("\n");

void main()
{
    printf("%.2lf", L);   // 宏展开后为：printf("%lf ", 2*3.1415926*30);
    PRN   // 宏展开后为：printf("\n");
    printf("%.2lf", S);   // 宏展开后为：printf("%lf ",3.1415926*30*30);
    PRN   // 宏展开后为：printf("\n");
}

程序运行结果为：
18.85
28.27

（6）宏展开只是用指定字符串替换宏名，不做任何语法检查。

例如：

#define PI 3.l4l5926;

即把数字1写成小写字母l，句末加了分号。宏展开时也照样替换，不管是否符合原意。只有在编译已被宏展开后的源程序时才会发现语法错误并报错。

（7）程序中用双引号括起来的字符串，即使有与宏名完全相同的成分，也不进行替换。

【例 11.5】
#include <stdio.h>
#define OK 100

void main()
{
    printf("OK");

```
        printf("\n");
}
```
程序运行结果：
OK

11.1.2 带参数的宏定义

带参的宏定义一般形式为：
    #define 宏名(形参表) 字符串
例如：
#define M(a,b) a*b
……
s = M(3,5);
……
说明：

（1）对于带参数的宏定义，宏展开时不仅要进行字符串替换，还要进行参数处理。宏名后面的参数表是形参表，替换字符串中会出现形参。宏展开时，字符串中的形参将会被程序中相应的实参部分逐一替代。字符串中非形参字符将原样保留。

对于宏定义：
#define M(a,b) a*b
语句：
s = M(3,5);
宏展开后为：
s = 3*5;

（2）带参数的宏定义中，宏名和形参表之间不能有空格出现。

例如：
#define M (a,b) a*b
将被认为是不带参数的宏定义，宏名 M 代表字符串(a,b) a*b。

（3）带参数的宏定义要求实参个数与形参个数相同，但没有类型要求，这点是与函数调用截然不同的，函数调用要求参数的类型必须一致。

（4）对于宏定义：
#define M(a,b) a*b
语句：
s = M(3+2,5+1);
宏展开后为：
s = 3+2*5+1;

这是由于宏展开仅仅是字符串的替换，并不进行算术计算，因此与原意不符。应将宏定义义改为：
#define M(a,b) (a)*(b)
此时宏展开后为：
s = (3+2)*(5+1);

(5) 对于宏定义：

#define M(a,b) (a)*(b)

语句：

s = 3/M(3+2,5+1);

宏展开后为：

S = 3/(3+2)*(5+1);

也与原意不符。应将宏定义改为：

#define M(a,b) ((a)*(b))

此时宏展开后为：

s = 3/((3+2)*(5+1));

(6) 对于宏定义中由双引号括起来的字符串常量，如果含有形参，则在做宏展开时实参是不会替换此双引号中的形参的。

例如：

#define ADD(m) printf("m=%d\n",m)

语句：

ADD(x+y);

宏展开后为：

printf("m=%d\n",x+y);

这是由于第一个 m 是在双引号括起来的字符串中，是字符串常量的一部分，而不是形参的缘故。

若要解决此问题，则可在形参前加一"#"，变为如下形式：

#define ADD(m) printf(#m"=%d\n",m)

此时宏展开后为：

printf("x+y=%d\n", x+y);

(7) 如果宏定义中包含"##"，则宏展开时将去掉"##"，并将其前后字符串合在一起。

例如：

#define s(a,b) a##b

语句：

s(number,5);

宏展开后为：

number5。

11.2 文件包含

文件包含是指在一个源文件中将另外一个源文件的全部内容包含进来，成为本文件的一部分。文件包含预处理命令为#include，其一般形式为：

  #include "文件名"

或

  #include <文件名>

在预编译时，编译预处理程序将用指定文件中的内容来替换此命令行。如果文件名用双引号" "括起来,那么系统首先在源程序文件所在的目录下查找该文件;如果找不到,再按照系统指定的标准方式到有关目录下去查找。如果文件名用尖括号<>括起来,系统将直接按照系统指定的标准方式到有关目录下查找该文件。

双引号中的文件名还可以使用文件路径。

例如:

#include "c:\tc\include\stdio.h"

习惯上,将被包含的文件称为"头文件"或"标题文件",常以".h"为扩展名,如"stdio.h","ourfile.h"等。

使用文件包含预处理命令的好处是:当许多程序中需要用到一些共同的常量、数据等资料时,可以把这些共同的东西写在头文件中,若哪个程序需要用时就可用文件包含命令把它们包含进来,省去了重复定义的麻烦。

例如,有以下文件"ourfile.h":

```
#include  "stdio.h"
#define  PI  3.1415926
#define  AREA(r)  (PI*(r)*(r))
#define  PR  printf
#define  D  "%.2f\n"
```

下面程序要用到以上内容,就可用文件包含命令把它们包含进来,形成一个新的源程序。

```
#include  "c:\tc\ourfile.h "

void  main()
{
    float  r = 3.5, s;
    s = AREA(3.5);
    PR(D,s);
}
```

程序运行结果为:
38.48

一条包含命令只能包含一个文件,若要包含 n 个文件,就需要 n 条包含命令。

11.3 条件编译

条件编译是指在满足某条件时对一组语句进行编译,而当条件不满足时则编译另一组语句,从而可以产生不同的目标代码文件。这对于程序的移植和调试是很有用的。

条件编译命令有以下几种形式:

(1) #ifdef 标识符
　　　程序段 1
　　[#else

程序段 2]
#endif

它的作用是：若标识符已被 #define 命令定义过，则编译程序段 1；否则编译程序段 2。方括号[ ]中的部分也可以没有。

（2）#ifndef 标识符
程序段 1
[#else
程序段 2]
#endif

它的作用是：若标识符没有被定义过，则编译程序段 1；否则编译程序段 2。

（3）#if 表达式
程序段 1
[#else
程序段 2]
#endif

它的作用是：若表达式（必须是常量表达式）的值为真(非 0)，则编译程序段 1；否则编译程序段 2。

（4）#if 表达式 1
程序段 1
#elif 表达式 2
程序段 2
……
#elif 表达式 n
程序段 n
#endif

它的作用是：如果表达式 1 的值为真，则编译程序段 1，否则计算表达式 2；如果结果为真，则编译程序段 2……如果结果为真，则编译程序段 n。

【例 11.6】 输入一行字符，根据需要设置条件编译，使之能将字母字符全转换为大写，或全部转换为小写。

程序如下：
```
#include <stdio.h>
#define FLAG 1

void main()
{
    char c, s[80] = "STUDENT teacher";
    int i = 0;
    while ((c = s[i]) != 0)
    {
        i++;
```

```
    #if FLAG
        if (c >= 'a' && c <= 'z')
            c = c - 32;
    #else
        if (c >= 'A' && c <= 'Z')
            c = c + 32;
    #endif
        printf("%c", c);
    }
    printf("\n");
}
```

程序运行结果为：
STUDENT TEACHER

由于程序中定义了 FLAG 为 1，因此在对条件编译命令进行预处理时，将对第一个 if 语句进行编译，即将小写字母转换为大写字母。如果将第二行改为：
#define FLAG 0
则在预处理时，对第二个 if 语句进行编译，即将大写字母转换为小写。此时的运行结果为：
student teacher

说明：条件编译与 if 语句的用法相似，它们的本质区别在于：使用 if 语句，编译程序要对整个源程序进行编译，生成的目标代码程序长；而条件编译是根据条件只编译其中的部分源程序，生成的目标程序较短。对于复杂的程序来说，使用条件编译的优越性更加明显。

习 题 11

一、选择题

1. 以下叙述中正确的是_____。
    A）预处理命令行必须位于 C 源程序的起始位置
    B）在 C 语言中，预处理命令行都以"#"开头
    C）每个 C 程序必须在开头包含预处理命令行：#include<stdio.h>
    D）C 语言的预处理不能实现宏定义和条件编译的功能
2. 若程序中有宏定义行：
    #define N 100
    则以下叙述中正确的是_____。
    A）宏定义行中定义了标识符 N 的值为整数 100
    B）在编译程序对 C 源程序进行预处理时用 100 替换标识符 N
    C）对 C 源程序进行编译时用 100 替换标识符 N
    D）在运行时用 100 替换标识符 N

3. 有一个名为 init.txt 的文件，内容如下：
   #include <stdio.h>
   #define HDY(A,B) A/B
   #define PRINT(Y) printf("y=%d\n. ",Y)
   有以下程序：
   #include "init.txt"
   void main()
   {
       int a = 1, b = 2, c = 3, d = 4, k;
       k = HDY(a+c,b+d);
       PRINT(k);
   }
   下面针对该程序的叙述正确的是_____。
   A）编译有错   B）运行出错
   C）运行结果为：y=0   D）运行结果为：y=6
4. 有以下程序：
   #include <stdio.h>
   #define N 5
   #define M N+1
   #define f(x) (x*M)
   void main()
   {
       int i1, i2;
       i1 = f(2);
       i2 = f(1+1);
       printf("%d %d\n", i1, i2);
   }
   程序的运行结果是_____。
   A）12 12   B）11 11   C）11 7   D）12 7
5. 有以下程序：
   #include <stdio.h>
   #define f(x) (x*x)
   void main()
   {
       int i1, i2;
       i1 = f(8)/f(4) ;
       i2 = f(4+4)/f(2+2);

```
        printf("%d, %d\n", i1, i2);
    }
```
程序运行后的输出结果是_____。

A）4, 3　　　　　B）4, 4　　　　　C）64, 28　　　　　D）64, 64

二、填空题

1. 现有两个 C 程序文件 T18.c 和 myfun.c 同在 TC 系统目录（文件夹）下，其中 T18.c 文件如下：

```
#include <stdio.h>
#include "myfun.c"
void main()
{
    fun();
    printf(" \n");
}
```

myfun.c 文件如下：

```
void fun()
{
    char s[80], c;
    int n = 0;
    while((c = getchar()) != '\n')
        s[n++] = c;
    n--;
    while(n >= 0)
        printf("%c", s[n--]);
}
```

当编译连接通过后，运行程序 T18 时，输入 Thank!则输出结果是__[1]__。

2．以下程序的输出结果是__[2]__。

```
#include <stdio.h>
#define  M  5
#define  N  M+M
void main()
{
    int k;
    k = N*N*5;
    printf("%d\n",k);
}
```

第12章 位 运 算

本章介绍 C 语言的位运算和位段。位运算是直接对二进制位进行的运算。位段是一种结构体类型，不过其成员是按二进位分配的。

在设计控制软件、检测软件以及系统软件中，要用到位运算和位段。

12.1 位运算

位运算的数据对象只能是整型或字符型，不能是其他类型。位运算符见表 12.1。

表 12.1 位运算符

位运算符	含义	优先级
~	按位取反	2
<<	左移	5
>>	右移	5
&	按位与	8
^	按位异或	9
|	按位或	10

1. 按位取反运算符（~）

按位取反运算符"~"用来对一个二进制数按位取反，即将 1 变为 0，0 变为 1。按位取反运算符"~"是位运算符中唯一一个单目运算符。

例如：设 x 的值为 98。

y = ~x;

用二进制形式表示运算过程如下：

x   ：   01100010   (x = 98)
y = ~x   ：   10011101   (y = -99)

2. 左移运算符（<<）

左移运算符"<<"用来将一个数的各二进制位全部左移若干位，由"<<"右边的数指定移动的位数，左端的高位丢弃，右端的低位补 0。

例如：设 x 的值为 7。

y = x << 1;

z = x << 2;

用二进制形式表示运算过程如下：

```
x            :       00000111   (x = 7)
y = x << 1   :       00001110   (y = x * 2 = 14)
z = x << 2   :       00011100   (z = x * 2² = 28)
```

左移 1 位相当于该数乘以 2，左移 n 位相当于该数乘以 2^n。由于左移运算比乘法运算快得多，所以常用左移运算来代替乘法运算。但此结论只适用于该数左移时被丢弃的高位中不含 1 的情况。

3. 右移运算符（>>）

右移运算符">>"用来将一个数的各二进制位全部右移若干位，由">>"右边的数指定移动的位数，左端的填补分两种情况：

（1）若该数为无符号整数或正整数，则高位补 0。

例如：设 x 的值为 7。

y = x >> 1;

z = x >> 2;

用二进制形式表示运算过程如下：

```
x            :       00000111   (x = 7)
y = x >> 1   :       00000011   (y = 3)
z = x >> 2   :       00000001   (z = 1)
```

（2）若该数为负整数，则最高位是补 0 或是补 1，取决于编译系统的规定，在 Visual C++ 中是补 1。例如：

例如：设 x 的值为 -113。

y = x >> 1;

用二进制形式表示运算过程如下：

```
X            :       10001111   (x = -113)
y = x >> 1   :       11000111   (y = -57)
```

4. 按位与运算符（&）

按位与运算的作用是：将参加运算的两个操作数，按对应的二进制位分别进行"与"运算，只有对应的两个二进制位均为 1 时，结果位才为 1，否则为 0。即

0 & 0 = 0，0 & 1 = 0，1 & 0 = 0，1 & 1 = 1。

例如：75 & 41

```
        75:   01001011
    &   41:   00101001
    结果 9:   00001001
```

按位与运算通常用来对某些位清零或保留某些位。

例如：设 x 的值为 00101011，要将 x 的高 4 位清零，低 4 位保留。可以将它与 00001111 进行按位与运算。

```
        00101011
    &   00001111
    结果 00001011
```

x 的高 4 位与 0 进行"&"运算后，全部变为 0，低 4 位与 1 进行"&"运算后，结果不变。

5. 按位异或运算（^）

按位异或运算的作用是：将参加运算的两个操作数，按对应的二进制位分别进行"异或"运算，若对应的两个二进制位相同，则结果为 0，若不同，则结果为 1。即
0^0=0，0^1=1，1^0=1，1^1=0。

例如：75 ^ 41

```
        75： 01001011
      ^ 41： 00101001
    结果 98： 01100010
```

按位异或运算通常用来使某些位翻转或保留某些位。

例如：设 x 的值为 00101011，要将 x 的高 4 位保留，低 4 位翻转（将 1 变为 0，0 变为 1）。可以将它与 00001111 进行按位异或运算。

```
            00101011
      ^     00001111
    结果    00100100
```

x 的高 4 位与 0 进行"^"运算后，结果不变。低 4 位与 1 进行"^"运算后，全部翻转。

【例 12.1】 利用按位异或运算来实现两个整数的交换。
程序如下：
#include <stdio.h>

```
void main()
{
  int a, b;
  a = 75,b = 41;
  a = a ^ b;
  b = b ^ a;
  a = a ^ b;
  printf("a = %d, b = %d\n", a, b);
}
```

程序的运行结果为：
a = 41, b = 75

6. 按位或运算（|）

按位或运算的作用是：将参加运算的两个操作数，按对应的二进制位分别进行"或"运算，只要对应的两个二进制位有一个为 1 时，结果位就为 1。即
0|0=0，0|1=1，1|0=1，1|1=1。

例如：75 | 41

```
                    75： 01001011
                  |  41： 00101001
                结果 107： 01101011
```

按位或运算通常用来将某些位置1。

7. 位复合赋值运算符

在赋值运算符"="的前面加上位运算符，就构成了位复合赋值运算符，其目的是为了简化程序代码并提高编程效率，位复合赋值运算符有：

左移位赋值：<<=。例如：x <<= y 与 x = x << y 等价。
右移位赋值：>>=。例如：x >>= y 与 x = x >> y 等价。
按位与赋值：&=。例如：x &= y 与 x = x & y 等价。
按位异或赋值：^=。例如：x ^= y 与 x = x ^ y 等价。
按位或赋值：|=。例如：x |= y 与 x = x | y 等价。

8. 不同长度的数据进行位运算

当参加位运算的两个数长度不同（如long型和int型）时，系统会将二者按右端对齐。如果较短的数为正数或无符号数，则其高位补足0。如果较短的数为负数，则其高位补足1。

12.2 位段

前面介绍的数据类型，其长度都是字节的整数倍，最短的字符型也要占用一个字节。实际上，有时存储一个信息并不需要占用一个完整的字节，例如只有"真"或"假"两种取值逻辑量，用1位即可。为了节省存储空间，C语言允许在一个结构体中以二进制位为单位来指定其成员所占内存长度，这就是位段概念。

位段定义的一般形式：

```
struct  结构体名
  {
     unsigned  位段名: length;
     ...
  }
结构体类型名 结构体变量名表;
```

例如：
```
struct packed_data
{
    unsigned x: 2;
    unsigned y: 3;
    unsigned z: 2;
};
struct packed_data    d;
```

以上定义了x、y、z三个位段，分别占用2位、3位、2位存储空间。同时定义了一个名为d的struct packed_data类型结构体变量。变量d的存储结构如图12.1所示，多余的位空闲。

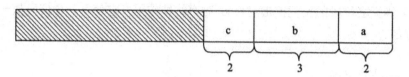

图 12.1 结构体变量 d 的存储结构

位段的引用方式与结构体成员的引用方式相同,其一般形式为:

  结构体变量名.位段名

例如:

d.x = 2; // 如果写成 d.x = 5;就错了,因为 x 只占 2 位,最大值也只能是 3。
d.y = 6;
d.z = 3;

位段可以参与算术表达式的运算,这时系统自动将其转化为整型数据;位段可以用整型格式符(如:%d、%u、%o、%x)输出。

说明:

(1)位段的长度不能大于其类型的长度。

例如:

struct
{
  unsigned k: 35;
}

这样的定义是错误的,因为 35 大于 unsigned 类型的长度(32 位)。

(2)一个位段必须存储在同一个存储单元中,不能跨两个单元,如第一个单元空间容纳不下一个位段,则该单元剩余的空间不用,从下一个单元起存放该位段。

(3)位段名缺省时称作无名位段,无名位段的存储空间通常不用。

例如:

struct packed_data
{
  unsigned x:2;
  unsigned :3; // 这 3 位空间不用
  unsigned z:2;
} data;
struct packed_data d;

变量 d 的存储结构如图 12.2 所示。

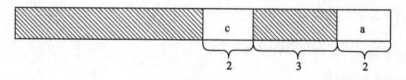

图 12.2 结构体变量 d 的存储结构

（4）当无名位段的长度被指定为 0 时有特殊作用，它使下一个位段从一个新的存储单元开始存放。

例如：

struct packed_data

{

    unsigned x:2;

    unsigned y:3;

    unsigned :0;

    unsigned z:1;   // 另一存储单元

};

struct   packed_data d;

此时，变量 d 在内存中占 8 个字节，而不是 4 个字节。

（5）一个结构体中既可以定义位段成员，也可以同时定义其他类型的成员。

例如：

struct packed_data

{

    unsigned x: 2;

    unsigned y: 3;

    unsigned z: 2;

    int k;

};

struct packed_data d;

习 题 12

一、选择题

1. 有以下程序

```
#include <stdio.h>
void main()
{
    int a = 1, b = 2 , c = 3, x ;
    x = (a ^ b) & c;
    printf("%d\n", x);
}
```

程序的运行结果是_____。

    A）0   B）1   C）2   D）3

2. 有以下程序

    #include <stdio.h>

```
void main()
{
    unsigned char a = 2, b = 4, c = 5, d;
    d = a | b;
    d &= c;
    printf("%d\n", d);
}
```
程序运行后的输出结果是_____。
A) 3   B) 4   C) 5   D) 6

3. 若变量已正确定义，则以下语句的输出结果是_____。
```
s = 32;
s ^= 32;
printf("%d", s);
```
A) -1   B) 0   C) 1   D) 32

4. 设有以下语句
```
int a = 1, b = 2, c;
c = a ^ (b << 2);
```
执行后，c 的值为
A) 6   B) 7   C) 8   D) 9

5. 以下程序的功能是进行位运算
```
#include <stdio.h>
void main()
{
    unsigned char a, b;
    a = 7 ^ 3;    b = ~4 & 3;
    printf("%d %d\n",a,b);
}
```
程序运行后的输出结果是_____。
A) 4 3   B) 7 3   C) 7 0   D) 4 0

二、填空题

1. 以下程序运行后的输出结果是__[1]__。
```
#include <stdio.h>
void main()
{
    int c = 35;
    printf("%d\n",c &c);
}
```

2. 以下程序执行后的输出结果是__[2]__。

```c
#include <stdio.h>
void main()
{
    unsigned char a,b;
    a = 4|3;
    b = 4&3;
    printf("%d%d\n", a, b);
}
```

第13章 文　　件

C语言提供了相关的文件操作。利用文件，用户可以把输入的数据事先以文件的形式存放在外存储器上，当程序执行需要这些数据时，从指定文件中读取数据。也可以把程序运行的中间结果和最终结果存放到外存文件中，使用时再将文件中的数据读入。显然，利用文件可以有效地管理程序中使用的数据。

本章主要介绍文件的概念、文件指针、文件处理的基本操作和用于处理文件的库函数。

13.1　文件和文件类型指针

13.1.1　文件的概念

计算机操作系统是以文件的形式来管理信息的。文件是由文件名标识的一组相关数据的集合，通常存放在磁盘上。所谓相关是指逻辑上有联系的一批数据，可以是一组实验数据、一篇文章、一幅图像、一段音乐或者程序代码等。标识文件的文件名一般由字母、下画线和数字序列组成，如：myfile.txt、yourfile.c 和 mountian.dat 等。

每个文件在磁盘中的具体存放位置、格式以及读写等工作都是由文件系统来管理。C语言中有两类文件：一类是外设文件（如打印机、显示器、键盘等），另一类是磁盘文件，本章只讨论磁盘文件的有关操作。

按照数据在磁盘介质上的存储格式，文件可以分为文本文件与二进制文件。

文本文件也称 ASCII 码文件，由字符的 ASCII 码值组成，即文件中存放的是字符的 ASCII 码值，一个字符占一个字节。例如，存放一个 short 型的整数 32767 需要占用 5 个字节。

二进制文件数据是按二进制形式存放，与计算机内的存储形式一致，即数据不经任何转换按计算机内的存储形式直接存放到磁盘上。例如，存放一个 short 型的整数 32767 需要占用 2 个字节。如图 13.1 所示。

可以看出，用 ASCII 码格式存储的文件比用二进制格式存储的文件占用的空间要多。要把内存中的数据写入 ASCII 码文件或从 ASCII 码文件将数据读到内存，都需要转换，因此存取的速度较慢。要把内存数据写入二进制文件或从二进制文件将数据读到内存，不需要转换，因此存取速度较快。ASCII 码文件是可读文件，但二进制文件是不可读文件。在一般情况下，把原始数据和最终结果用 ASCII 码文件保存，以便查看和修改。把程序运行的中间结果用二进制文件保存，以便在程序运行的过程中快速读取这些数据。

图 13.1　short 型整数 32727 的存储形式

13.1.2　文件指针

在 C 语言中，不管是文本文件还是二进制文件，都看成是字符流，即按字节进行处理。在输入和输出字符流的开始和结束完全由程序控制而不受物理符号（如回车符）控制。也就是说，C 语言的文件不是由记录组成的，对文件的操作就是对字符流进行操作。因此也把这种文件称作"流式文件"。流式文件中的基本单位是字节，磁盘文件和内存变量之间的数据交换是以字节为基础的。

磁盘文件和内存变量之间并不是直接进行数据交换，因为外部设备的传输数据较慢，跟不上 CPU 的速度。为此，C 语言采用了"缓冲文件系统"处理文件，即在内存中开辟一块缓冲区以便慢速的外设与此内存缓冲区成块地进行数据交换。当对文件进行输出时，系统首先把数据写入缓冲区内，写满缓冲区后就一次性地输出到对应的文件中。当从文件输入数据时，首先读取一批数据放入内存缓冲区，然后由程序中的输入语句从缓冲区内依次读取数据。这样，数据交换操作与 CPU 中程序的执行可以并行工作，可以大大提高程序的执行效率。

由于内存缓冲区与外设间数据的成块交换是自动执行的，不需要程序员的干预，因此可以将程序与文件间数据交换视为是直接进行的，对程序员而言，这种数据交换是"透明的"。

在缓冲文件系统中，关键的概念是文件指针。在对一个缓冲文件进行操作时，系统需要许多控制信息，如文件名、文件当前的读写位置、与该文件对应的内存缓冲区的地址、缓冲区中未被处理的字符数和文件的操作方式等。缓冲文件系统为每一个文件定义了一个 FILE 型的结构体变量来存放这些控制信息。FILE 定义在头文件"stdio.h"中，其定义格式如下：

```
typedef struct
{
    short level;              // 缓冲区满空状态
    unsigned flags;           // 文件状态标志
    char fd;                  // 文件描述符（通道号）
    unsigned char hold;       // 如无缓冲区，不读取字符
    short bsize;              // 缓冲区大小
    unsigned char *buffer;    // 文件缓冲区位置指针
    unsigned char * curp;     // 当前位置指针
    unsigned istemp ;         // 临时文件标志
```

```
    short token;                    // 合法性检验
} FILE;                             // 指定的类型名
```

这样，有了 FILE 结构体类型，就可以定义 FILE 类型的指针变量用来指向某个文件，这个指针变量称为文件指针。通过文件指针就可对它所指的文件进行各种操作。

定义文件指针的一般形式为：

　　FILE　*指针变量名表；

例如：

FILE　*fp；

即定义了一个指向 FILE 类型的指针变量 fp。通过指针变量 fp 可以找到存放某个文件信息的结构体变量，然后按结构变量提供的信息找到该文件，实施对文件的操作。

为了对文件进行操作，除文件指针外系统还为每个文件设置了一个位置指针（也称读写指针），用来指示当前的读写位置。位置指针和文件指针不同，文件指针指向文件缓冲区的首地址，在文件操作过程中是不可改变的；而位置指针是标识当前读写位置的，它可以在读写过程中不断地改变其位置。

C 语言对文件的操作是通过标准函数来完成的，这些函数都在"stdio.h"标准输入输出函数库中定义，使用它们时应包含预处理命令#include <stdio.h>。

13.2　文件的打开与关闭

13.2.1　文件的打开

在使用文件时要先打开，使用完毕后要关闭。打开文件即可建立程序中要读写的文件和磁盘文件的联系，并使文件指针指向该文件，以便进行文件操作。C 语言通过调用库函数 fopen 实现对文件的打开操作，其一般调用形式为：

　　fopen(文件名,文件使用方式)；

其中：

"文件名"是要打开文件的名字，可以包含路径。

"使用方式"即使用文件的方式，见表 13.1。

如果函数调用成功，则返回一个指向被打开文件的指针。例如：

FILE　*fp；

fp = fopen("myfile.txt", "r");

表示打开当前目录下名为 myfile.txt 的文件，文件的使用方式为"读入"，并使指针变量 fp 指向该文件。

在打开文件时，如果出错，则返回一个空指针 NULL（NULL 是在 stdio.h 文件中定义的符号常量，其值为 0）。出错的原因一般有几种情况：读入时打开的是一个不存在的文件；写出时文件格式不匹配，新建打开文件时磁盘空间不足；磁盘损坏等。为了保证程序能正确地打开和使用文件，通常用以下程序段对文件打开状态作正确性检查：

FILE　*fp；

if ((fp = fopen("d:\\temp\\myfile.txt", "w")) = = NULL)

{

```
        printf("Cannot Open This File!\n");
        exit(0);              //退出程序
}
```

表示打开 d:\temp 目录下名为 myfile.txt 的文件,文件的使用方式为"写出",并使指针变量 fp 指向该文件,如果打开失败,则终止程序运行。

对以上程序段的两点说明:

(1) exit 函数的功能是关闭所有文件,终止正在执行的程序。该函数括号中的参数为状态值,一般说来,状态值为 0,表示程序正常退出,为非零值,表示存在执行错误(注意:使用 exit 函数时,要包含 stdlib.h 头文件)。

(2) 两个反斜线"\\"中的第一个表示转义字符,第二个表示根目录(或分隔符)。

在打开文件时,"文件使用方式"共 12 种,见表 13.1。

表 13.1　　　　　　　　　　　　　文件使用方式

文件使用方式	意　义	
"r"	以读入方式打开一个文本文件	
"w"	以写出方式创建一个文本文件	
"a"	以追加方式打开或创建一个文本文件,并从文件末尾写数据	
"rb"	以读入方式打开一个二进制文件	
"wb"	以写出方式创建一个二进制文件	
"ab"	以追加方式打开或创建一个二进制文件,并从文件末尾写数据	
"r+"	以读/写方式打开一个文本文件	
"w+"	以读/写方式创建一个文本文件	
"a+"	以读/写方式打开或创建一个文本文件,允许读,或从文件末尾写数据	
"rb+"	以读/写方式打开一个二进制文件	
"wb+"	以读/写方式创建一个二进制文件	
"ab+"	以读/写方式打开或创建一个二进制文件,允许读,或从文件末尾写数据	
字符的含义	r (read):	读
	w (write):	写
	a (append):	追加
	t (text):	文本文件,可省略不写
	b (banary):	二进制文件
	+:	读和写

说明:

(1) 以"r"打开一个文件时,该文件必须已经存在,且只能从该文件读入。

(2) 以"w"打开的文件只能向该文件写出。若打开的文件已经存在,则将该文件删去,重建一个同名的新文件;若打开的文件不存在,则以指定的文件名建一个新文件。

(3) 以"a"方式打开的文件,主要用于向其尾部添加(写)数据。此时,该文件必须存在,打开后,位置指针指向文件尾。如所指文件不存在,则创建一个新文件。

(4)以"r+"、"w+"、"a+"方式打开的文件,既可以读入数据,也可以写出数据。"r+"方式时,文件必须存在。"w+"方式是新建文件(同"w"方式),操作时,应先向其输出数据,有了数据后,也可读入数据。而"a+"方式,不同于"w+"方式,其所指文件内容不被删除,位置指针至文件尾,可以添加,也可以读入数据。若文件不存在,也可以新建一个文件。

13.2.2 关闭文件

文件使用完后应该关闭它,以防数据丢失和再被误用。所谓关闭文件,就是使文件指针变量不再指向该文件。通过调用库函数 fclose 来关闭文件,其一般调用形式为:

fclose(文件指针);

例如:

fclose(fp);

表示关闭文件指针变量 fp 所指向的文件,即 fp 不再指向该文件。

正常完成关闭文件时,fclose 函数返回值为 0,关闭出错时返回 EOF(值为-1)。

在执行关闭文件操作时,对于"写"方式,会把其对应的内存缓冲区中所有剩余数据写到文件中去;对于"读"方式,则会丢掉缓冲区中的全部内容。因此,应该养成文件用完及时关闭的习惯。C 语言提供了一个可以关闭在程序运行期间打开的所有文件的函数 fcloseall,其一般调用形式为:

fcloseall();

13.3 文件的读写

创建文件的主要目的就是为了读写文件中的数据,当一个文件被打开后,就可以进行文件的读写操作。C 语言主要使用以下库函数来实现对文件的读写操作,包括:

字符读写: fgetc 函数和 fputc 函数
字符串读写: fgets 函数和 fputs 函数
格式化读写: fscanf 函数和 fprintf 函数
数据块读写: fread 函数和 fwrite 函数

下面分别予以介绍。

13.3.1 字符读写(fgetc 函数和 fputc 函数)

1. fgetc 函数

fgetc 函数是字符读函数,用来从指定的文件中读入一个字符。一般调用形式为:

字符变量 = fgetc(文件指针);

例如:

ch = fgetc(fp);

表示从文件指针变量 fp 指向的文件中读入一个字符,并赋给字符变量 ch。如果遇到文件结束或出错,则返回 EOF(值为-1)。

说明:

（1）若文件以读或写方式打开，则文件位置指针指向文件的第一个字节；若文件以追加方式打开，则文件位置指针指向文件末尾。

（2）在顺序存取文件的操作中，每读或写完一个字符后，文件位置指针的值自动加 1，指向下一个字符的位置。改变位置指针的值，也就改变了下一次读写操作在文件中执行的位置。

（3）在执行 fgetc 函数时，如果读完文件中的最后一个字符后，将返回一个文件结束符 EOF（值为-1）。因此，只要根据函数返回值即可判断是否已读至文件末尾，但这只限于文本文件。因为在文本文件中数据都是以字符的 ASCII 码值存放的，不可能出现-1。

（4）在对二进制文件进行读操作时，由于-1 是二进制数据中的一个合法值，故用一个合法值作为文件结束标志显然是不合适的。C 语言提供了一个专门用于判断文件是否结束的 feof 函数，如果遇到文件结束，feof 函数的返回值为 1，否则为 0。feof 函数既可以判断二进制文件是否结束，也可以判断文本文件是否结束。

调用 feof 函数的一般形式为：

  feof(文件指针);

例如：

while(!feof(fp))
{
  c = fgetc(fp);
  ……
}

即只要指针变量 fp 指向的文件的位置指针还没到达文件结束处（feof(fp)=0），就读入一个字符并赋给变量 c。

2. fputc 函数

fputc 函数是字符写函数，用来向指定的文件输出一个字符。一般调用形式为：

  fputc(字符量, 文件指针);

其中："字符量"为待输出的字符，它可以是一个字符常量，也可以是一个字符变量。该函数的功能是把一个字符写到文件指针所指向的文件中。如果输出成功，函数返回值就是输出的字符，如果输出失败，则返回值为 EOF（值为-1）。

例如：

fputc('a', fp);

即往文件指针变量 fp 指向的文件中输出一个字符 a。

说明：

在使用 fputc 函数时，被写入的文件可以用"写"、"读写"、"追加"方式打开。用写或读写方式打开一个已存在的文件时，将清除文件中原有的内容，写入字符从文件首部开始。如果需要保留原文件中的内容，希望写入的字符以文件末开始存放，则必须以追加方式打开文件。如果被写入的文件不存在，则创建一个新文件。

【例 13.1】 打开"d:\infile.cpp"文件，然后将其内容复制到"d:\outfile.cpp"文件中。

程序如下：

#include <stdio.h>
#include <stdlib.h>

```
void main( )
{
    FILE *infp, *outfp;
    char ch;
    if ((infp = fopen("d:\\infile.cpp", "r")) = = NULL)
    {
        printf("Cannot open this infile.c \n");
        exit(0);
    }
    if ((outfp = fopen("d:\\outfile.cpp", "w")) = = NULL)
    {
        printf("Cannot open this outfile.c \n");
        exit(0);
    }
    while (!feof(infp))
      if ((ch = fgetc(infp)) != EOF)
        fputc(ch, outfp);
          fclose(infp);
          fclose(outfp);
          printf("File copy is over!\n");
}
```

13.3.2 字符串读写（fgets 函数和 fputs 函数）

1. fgets 函数

fgets 函数是字符串读函数，用来从指定的文件中读入一个字符串到字符数组中，一般调用形式为：

   fgets(字符数组名, n, 文件指针);

其中：n 是一个正整数，表示从文件中读入的字符串不超过 n-1 个字符。该函数的功能是从"文件指针"所指向的文件中读入 n-1 个字符存放在以"字符数组名"为起始地址的内存中。如果读完 n-1 个字符，或遇到了换行符或 EOF，表示读入结束。读入结束后，系统自动在读入的最后一个字符后加一个字符串结束标志"\0"，函数的返回值是字符数组的首地址。

例如：

   fgets(str, n, fp);

即表示从指针变量 fp 所指向的文件中读入 n-1 个字符，存入以字符数组 str 为首地址的内存空间中。

2. fputs 函数

fputs 函数是字符串写函数，用来向指定的文件中输出一个字符串（不包括字符串结束符 "\0"）。一般调用形式为：

   fputs(字符串, 文件指针);

其中："字符串"可以是字符串常量，也可以是字符数组名或指针变量。如果输出成功，则函数返回值为 0，否则返回 EOF。

例如：

fputs("abcd", fp);

即表示把字符串"abcd"输出到指针变量 fp 所指向的文件中。

【例 13.2】 将字符串"How are you?"写到文件中，然后从文件中读入该字符串并显示在屏幕上。

程序如下：

```
#include<stdio.h>

void main()
{
    FILE *fp;
    char str[20] = "How are you?";
    fp = fopen("how.txt", "w+");
    fputs(str, fp);
    rewind(fp);              //使位置指针回到文件的开头
    fgets(str, 20, fp);
    fclose(fp);
    puts(str);
}
```

13.3.3 文件的格式化读写（fscanf 函数和 fprintf 函数）

1. fscanf 函数

fscanf 函数是格式化读函数，与 scanf 函数的功能与使用方法相似。fscanf 函数和 scanf 函数的区别在于 fscanf 函数读入对象不是键盘，而是文件。fscanf 函数的一般调用形式为：

fscanf（文件指针,"格式控制字符串"，输入表列）；

其中："文件指针"是在以读或读写方式打开的指向该文件的一个指针值，"格式控制字符串"和"输入表列"其含义与 scanf 函数中的参数意义相同。该函数的功能是从文件指针指向的文件中，按"格式控制字符串"指定的格式读取数据。如果读取成功，函数返回值为读取数据的个数，如果遇到文件结束或出错，返回 EOF。

2. fprintf 函数

fprintf 函数是格式化写函数，与 printf 函数的功能与使用方法相似。fprintf 函数和 printf 函数的区别在于 fprintf 函数的输出对象不是显示器，而是文件。fprintf 函数的一般调用形式为：

fprintf（文件指针,"格式控制字符串"，输出表列）；

其中："文件指针"是在以写或读写方式打开的指向该文件的一个指针值，"格式控制字符串"和"输出表列"其含义与 printf 函数中的参数意义相同。该函数的功能是将"输出表列"中的数据按"格式控制字符串"指定的格式输出到指针变量 fp 指向的文件中。如果输出成功，函数返回值为写入到该文件中数据所占的字节数，如果出错返回 EOF。

【例13.3】 将数组 a 中的数据写到文件 xyz.dat 中，然后从文件中读取数据赋给数组 b 并显示在屏幕上。

程序如下：

```c
#include<stdio.h>
#include<stdlib.h>

void main( )
{
    FILE *fp;
    int a[2][5] = {{1, 2, 3, 4, 5}, {10, 20, 30, 40, 50}};
    int b[2][5], i, j;
    if ((fp = fopen("d:\\vc123\\xyz.dat", "w+")) = = NULL)
    {
        printf("file open error.\n");
        exit(0);
    }
    for (i = 0;   i < 2;   i++)
    {
        for (j = 0;   j < 5;   j++)
            fprintf( fp, "%4d", a[i][j]);
        fprintf(fp, "%c", '\n');
    }
    rewind(fp);              //使位置指针回到文件的开头
    for (i = 0;   i < 2;   i++)
    {
        for (j = 0;   j < 5;   j++)
            fscanf( fp, "%4d", &b[i][j]);
    }
    fclose(fp);
    for (i = 0;   i < 2;   i++)
    {
        for (j = 0;   j < 5;   j++)
            printf("%4d", b[i][j]);
        printf("\n");
    }
}
```

程序运行结果为：

```
   1   2   3   4   5
  10  20  30  40  50
```

13.3.4 数据块读写（fread 函数和 fwrite 函数）

1. fread 函数

fread 函数是数据块读函数，用来从指定的文件中读入成块的数据。一般调用形式为：

　　　　fread（内存地址，数据项字节数，数据项个数，文件指针）；

其中："内存地址"表示存放读入数据的首地址，它可以是指向某个变量或数组的指针变量。该函数的功能是从"文件指针"指向的文件的当前位置，读入"数据项个数"的数据块，每个数据块占"数据项字节数"。如果调用成功，函数返回值为输入数据项的个数；如果出错，返回 NULL。

fread 函数通常用于二进制文件的读入操作。

2. fwrite 函数

fwrite 函数是数据块写函数，用来向指定的文件中输出成块的数据。一般调用形式为：

　　　　fwrite（内存地址，数据项字节数，数据项个数，文件指针）；

其中："内存地址"表示存放输出数据的首地址，"数据项字节数"表示每个数据块所占的字节数，"数据项个数"为每次输出数据块的个数。该函数的功能是把以"内存地址"为首地址的 n 个（"数据项个数"）数据块（每个数据块占"数据项字节数"）的数据，输出到"指针变量"所指向的文件中。如果调用成功，函数返回值为输出数据项的个数；如果出错，返回 NULL。

fwrite 函数通常用于对二进制文件的写操作。

【例 13.4】 将 3 名学生的学号、姓名、平均成绩写入二进制文件 d:\xscj.dat 中，然后再从该文件中读取数据显示在屏幕上。

程序如下：

```
#include<stdio.h>

struct student
{
    char num[14];
    char name[14];
    double aver;
}stu1[3], stu3[3] = {{"200831230001", "Zhang-hai", 76.67}, {"200831230002","Liu guofang",85.00}, {"200831230003","Wujiaxin",93.50} };

void main()
{
    FILE *fp;
    int i;
    fp = fopen("d:\\xscj.dat", "wb+");
    for (i = 0;   i < 3;   i++)
        fwrite(&stu[i], sizeof(struct student), 1, fp);
    rewind(fp);         //是位置指针回到文件的开头
    for (i = 0;   i < 3;   i++)
```

```
    {
        fread(&stu1[i], sizeof(struct student), 1, fp);
        printf("%-14s%-14s%8.2f\n", stu1[i].num, stu1[i].name, stu1[i].aver);
    }
    fclose(fp);
}
```

程序运行结果为：
200831230001   Zhang-hai   76.67
200831230002   Liu guofang   85.00
200831230003   Wujiaxin   93.50

13.4 文件的定位

上节介绍的对文件的读写方式都是顺序读写方式，即读写一个文件时只能从头开始，每次读写一个字符后位置指针自动移动指向下一个字符。但在实际应用中，有时要求从文件的某一个指定的位置开始读写，这样的读写方式称为随机读写方式。如果要对文件进行随机读写（读写完一个字符后，不是顺序读写下一个字符，而是能读写文件中任意其他位置的字符），就需要能够控制文件位置指针的值，这就是"文件的定位"。

本节主要介绍涉及文件定位及检测文件当前位置指针值的 3 个函数（fseek 函数、ftell 函数和 rewind 函数）的基本使用。

13.4.1 fseek 函数

fseek 函数可以改变文件的位置指针。使用该函数可以按程序的需要对位置指针进行调整，从而改变下一次要进行读写操作的位置。一般调用形式为：

  fseek(文件指针, 位移量, 起始点);

其中："文件指针"是文件打开时返回的文件指针，"位移量"（一般用长整型数据表示）是指以"起始点"为基础，向前位移的字节数（也可以为负值），"起始点"表示从何处开始计算位移量。起始点有：文件开头（用数字 0 表示）、文件当前位置（用数字 1 表示）、文件尾（用数字 2 表示），还为它们定义了名字，见表 13.2。

表 13.2　　　　　　　　文件定位起始点的名称及代号

起始点	名字	数字代号
文件开始	SEEK_SET	0
文件当前位置	SEEK_CUR	1
文件末尾	SEEK_END	2

fseek 函数的功能是将文件指针所指向文件的位置指针，从起始点为基准移动位移量指定的字节，从而指向新的位置。操作成功返回 0，否则返回非 0。

fseek 函数通常用于二进制文件的定位操作。
例如：
fseek(fp, 100L, 0);   //位置指针从文件开头后移 100 个字节
fseek(fp, -10L, 2);   //位置指针从文件末尾前移 10 个字节
fseek(fp, 5L*sizeof(int), 1);   //位置指针从当前位置后移 20 个字节（5×sizeof(int)个字节）

【例 13.5】 若文件"d:\alphabet.dat"中存放有 26 个英文字母"A --- Z"，要求从尾部倒着读的方式读取文件中的字母并输出到屏幕上。

程序如下：

```c
#include <stdio.h>
#include <stdlib.h>

void main()
{
    FILE *fp;
    long i;
    if ((fp = fopen("d:\\alphabet.dat", "rb")) == NULL)
    {
        printf("Cannot open this alphabet.dat \n ");
        exit(0);
    }
    for (i = 1;  i <= 26;   i++)
    {
        fseek(fp, -i, 2);          //i=1 时，定位于字母 Z
        putchar(fgetc(fp));        //屏幕显示读出的字符
    }
    fclose(fp);
}
```

13.4.2　ftell 函数

ftell 函数可以获得文件当前位置的值。所谓当前位置是指相对于文件开头处的位移量值。该函数的一般调用形式为：

　　ftell(文件指针);

如果调用出错，函数返回值是-1L。

可以利用 ftell 函数求得文件的长度（字节数）。例如：

```c
fseek(fp, 0L, 2);
l = ftell(fp);
if (l == -1L)
    printf("error\n");
else
    printf("l=%ld\n", l);         //输出文件的字节数
```

13.4.3 rewind 函数

当在读取了文件中的若干个数据后又要从头读取时可以使用 rewind 函数，该函数的功能是使文件位置指针重新返回到文件的开头。一般调用形式为：

rewind(文件指针);

该函数无返回值。

习 题 13

一、选择题

1. 系统标准输入文件指的是_____。
   A）键盘　　　　　B）显示器　　　　C）软盘　　　　　D）硬盘
2. 系统标准输出文件指的是_____。
   A）键盘　　　　　B）显示器　　　　C）软盘　　　　　D）硬盘
3. 在进行文件操作时，写文件的含义是_____。
   A）将计算机内存中的信息存入磁盘
   B）将磁盘中的信息存入计算机内存
   C）将计算机 CPU 中的信息存入磁盘
   D）将磁盘中的信息存入计算机 CPU
4. 要打开当前目录下一个已存在的非空文件"file"用于修改，正确的语句是_____。
   A）fp=fopen("file","r");　　　　　B）fp=fopen("file","a+");
   C）fp=fopen("file","w");　　　　　D）fp=fopen("file","r+");
5. 以下可作为函数 fopen 中第一个参数的正确格式是_____。
   A）c:usr\abc.txt　　　　　　　　　B）c:\usr\abc.txt
   C）"c:\usr\sbc.txt"　　　　　　　　D）"c:\\usr\\abc.txt"
6. 若执行 fopen 函数时发生错误，则函数的返回值是_____。
   A）地址值　　　　B）0　　　　　　C）1　　　　　　D）EOF
7. 当顺利执行了文件关闭操作时，fclose 函数的返回值是_____。
   A）-1　　　　　　B）TURE　　　　C）0　　　　　　D）1
8. 若有以下定义和说明：
#include <stdio.h>
struct std
{
  char num[6];
  char name[8];
  float mark[4];
}a[30];
FILE *fp;

设文件中以二进制形式存有 10 个班的学生数据，且已正确打开，文件指针定位于文件开头。若要从文件中读出 30 个学生的数据放入 a 数组中，以下不能实现此功能的语句是_____。

A）for(i=0；i<30；i++)
　　　fread(&a[i],sizeof(struct std),1L,fp);

B）for(i=0；i<30；i++)
　　　fread(a+i,sizeof(struct std),1L,fp);

C）fread(a,sizeof(struct std),30L,fp);

D）for(i=0；i<30；i++)
　　　fread(a[i],sizeof(struct std),1L,fp);

9．若调用 fputc 函数成功输出字符，则其返回值是_____。

A）EOF　　　　B）1　　　　C）0　　　　D）输出的字符

10．设有以下结构体类型：
struct st
{
　　char name[8];
　　int num;
　　float s[4];
}student[50];

并且结构体数组 student 中的元素都已有值，若要将这些元素写到硬盘文件中，以下不正确的形式是_____。

A）fwrite(student,sizeof(struct st),50,fp);

B）fwrite(student,50*sizeof(struct st),1,fp);

C）fwrite(student,25*sizeof(struct st),25,fp);

D）for(i=0；i<50；i++) fwrite(student+i,sizeof(struct st),1,fp);

11．函数 ftell(fp)的作用是_____。

A）得到流式文件的当前位置　　　B）移动流式文件的位置指针

C）初始化流式文件的位置指针　　D）以上答案均正确

12．以下不能将文件位置指针重新移到文件开头位置的是_____。

A）rewind(fp);

B）fseek(fp,0,0);

C）fseek(fp,-(long)ftell(fp),1);

D）fseek(fp,0,2);

二、填空题

1．C 语言系统把文件当作一个___[1]___，按字节进行处理。

2．C 语言中，数据以用___[2]___和___[3]___两种代码形式存放。

3．若要用 fopen 函数打开一个新的二进制文件，该文件要既能读也能写，则文件打开方式字符串应是___[4]___。

4. 函数调用语句：fseek(fp,-10L, 2)的含义是___[5]___。

5. 设有定义：FILE *fw;，请将以下打开文件的语句补充完整，以便可以向文本文件 readme.txt 的最后续写内容。

　　fw=fopen("readme.txt",___[6]___);

6. feof 函数用来判断文件是否结束，如果遇到文件结束，函数值为___[7]___，否则为___[8]___。

7. 函数调用语句：fgets(buf,n,fp); 从 fp 指向的文件中读入___[9]___个字符放到 buf 字符数组中，函数返回值为___[10]___。

8. 设有以下结构体类型：

struct st
{
char name[8];
　　int num;
　　　float s[4];
}student[50];

并且结构数组 student 中的元素都已有值，若要将这些元素写到硬盘 fp 文件中，请将以下 fwrite 语句补充完整:fwrite(student,___[11]___,1,fp);。

三、上机操作题

（一）填空题

1. 下列程序的功能是：以二进制"写"方式打开文件 d1.dat，写入 1~100 这 100 个整数后关闭文件。再以二进制"读"方式打开文件 d1.dat，将这 100 个整数读入到另一个数组 b 中，并输出到屏幕上。

```
#include <stdio.h>
void main()
{
    FILE *fp;
    int i,a[100],b[100];
    fp=fopen("d1.dat","wb");
    for(i=0; i<100; i++)
       a[i]=i+1;
    fwrite(a,sizeof(int),100,fp);
    fclose(fp);
    fp=fopen("d1.dat",    [1]    );
    fread(b,sizeof(int),100,fp);
    fclose(fp);
    for(i=0; i<100; i++)
    printf("%4d",b[i]);
}
```

2. 以下程序功能是：从键盘输入一个字符串写入文件 wel.txt 中，然后从文件中读取该字符串显示在屏幕上。

```c
#include<stdio.h>
void main()
{
    int i=0;
    char ch,whu[100];
    FILE *fp;
    printf("请输入字符串：\n");
    gets(whu);
    fp=fopen("d:\\mybox\\wel.txt", "w");
    while(*(whu+i)!='\0')
    {
        fputc(*(whu+i),fp);
        i++;
    }
    fclose(fp);
    fp=fopen("d:\\mybox\\wel.txt", "r");
    while(    ___[2]___    )
        putchar(fgetc(fp));
    fclose(fp);
}
```

（二）改错题

1. 以下程序段功能是：以"读"方式按二进制格式打开当前目录下 abc.dat 文件。

```c
FILE *fp;
/**********found**********/
fp=fopen("abc.dat", "r");
```

2. 以下程序段功能是：以"写"方式打开 c 盘 tc 目录下 xyz.dat 文件，随后可从开始处"读"数据。

```c
FILE *fp;
/**************found*************/
fp=fopen("c:\tc\xyz.dat", "w");
```

3. 若文件"d:\alphabet.dat"中存放了字母表"A --- Z"，现在打开该文件，从尾部倒着读的方式将其信息读出并输出到屏幕上显示出来。

```c
#include <stdio.h>
#include <stdlib.h>
```

```
void main( )
{
   FILE *fp;
   long   i;
   if((fp = fopen("d:\\alphabet.dat", "rb")) = = NULL)
   {
      printf("Cannot open this alphabet.dat \n ");
      exit(0);
   }
   for(i=1； i<=26； i++)
   {
/**********found**********/
      fseek(fp, i, 0);
      putchar(fgetc(fp));
   }
   fclose(fp);
}
```

（三）编程题

1. 从键盘输入一些字符，逐个把它们保存到文件 myfile.txt 中去，直到输入一个字符'#'为止。

2. 有两个文件 file1.txt 和 file2.txt，各存放一行字母，要求把这两个文件的内容按字母顺序排列合并到文件 file3.txt 中。

附录1 ASCII 码表

ASCII 值	字符	ASCII 值	字符	ASCII 值	字符	ASCII 值	字符
000	NUL	032	(space)	064	@	096	`
001	SOH	033	!	065	A	097	a
002	STX	034	"	066	B	098	b
003	ETX	035	#	067	C	099	c
004	EOT	036	$	068	D	100	d
005	END	037	%	069	E	101	e
006	ACK	038	&	070	F	102	f
007	BEL	039	'	071	G	103	g
008	BS	040	(	072	H	104	h
009	HT	041	)	073	I	105	i
010	LF	042	*	074	J	106	j
011	VT	043	+	075	K	107	k
012	FF	044	,	076	L	108	l
013	CR	045	—	077	M	109	m
014	SO	046	.	078	N	110	n
015	SI	047	/	079	O	111	o
016	DLE	048	0	080	P	112	p
017	DC1	049	1	081	Q	113	q
018	DC2	050	2	082	R	114	r
019	DC3	051	3	083	S	115	s
020	DC4	052	4	084	T	116	t
021	NAK	053	5	085	U	117	u
022	SYN	054	6	086	V	118	v
023	ETB	055	7	087	W	119	w
024	CAN	056	8	088	X	120	x
025	EM	057	9	089	Y	121	y
026	SUB	058	:	090	Z	122	z
027	ESC	059	;	091	[	123	{
028	FS	060	<	092	\	124		
029	GS	061	=	093	]	125	}
030	RS	062	>	094	^	126	~
031	US	063	?	095	_	127	

附录2 运算符的优先级和结合性

优先级	运算符	意义	运算对象个数	结合性
1	( )	圆括号		左结合
	[ ]	下标运算符		
	—>	指向结构体成员运算符		
	.	结构体成员运算符		
2	!	逻辑非运算符	1	右结合
	~	按位取反运算符		
	++	自增运算符		
	--	自减运算符		
	-	负号运算符		
	(类型)	类型转换运算符		
	*	指针运算符		
	&	地址与运算符		
	sizeof	长度运算符		
3	*	乘法运算符	2	左结合
	/	除法运算符		
	%	取余运算符		
4	+	加法运算符	2	左结合
	-	减法运算符		
5	<<	左移运算符	2	左结合
	>>	右移运算符		
6	< <= > >=	关系运算符	2	左结合
7	==	等于运算符	2	左结合
	!=	不等于运算符		
8	&	按位与运算符	2	左结合
9	^	按位异或运算符	2	左结合
10	|	按位或运算符	2	左结合
11	&&	逻辑与运算符	2	左结合
12	||	逻辑或运算符	2	左结合
13	?:	条件运算符	3	右结合
14	= += -= *= /= %= >>= <<= &= ^= |=	赋值运算符	2	右结合
15	,	逗号运算符		左结合

附录3 常用库函数

一、数学函数

调用数学函数时，要在源文件中包含头文件 math.h：
#include "math.h"

函数名	函数原型	功能	说明
acos	double acos(double x)	计算 arccos(x)的值	$-1 \leq x \leq 1$
asin	double asin(double x)	计算 arcsin(x)的值	$-1 \leq x \leq 1$
atan	double atan(double x)	计算 arctg(x)的值	
cos	double cos(double x)	计算 cos(x)的值	
cosh	double cosh(double x)	计算 x 的双曲余弦函数的值	
exp	double exp(double x)	求 e^x 的值	
fabs	double fabs(double x)	求 x 的绝对值	
fmod	double fmod(double x,double y)	求整除 x/y 的余数	
log	double log(double x)	求 ln x (即 $\log_e x$)的值	
log10	double log10(double x)	求 lg x (即 $\log_{10} x$)的值	
pow	double pow (double x, double y)	计算 x^y 的值	
sin	double sin(double x)	计算 sin(x)的值	
sinh	double sinh(double x)	计算 x 的双曲正弦函数的值	
sqrt	double sqrt(double x)	计算 $\sqrt{x}$ 的值	
tan	double tan(double x)	计算 tg(x)的值	
tanh	double tanh(double x)	计算 x 的双曲正切函数的值	

二、字符函数

调用字符函数时，要在源文件中包含头文件 ctype.h：
#include "ctype.h"

函数名	函数原型	功能	说明
isalnum	int isalnum(int ch)	检查 ch 是否是字母或数字	是则返回 1；否则返回 0
isalpha	int isalpha (int ch)	检查 ch 是否是字母	是则返回 1；否则返回 0
iscntrl	int iscntrl (int ch)	检查 ch 是否是控制字符	是则返回 1；否则返回 0
isdigit	int isdigit (int ch)	检查 ch 是否是数字	是则返回 1；否则返回 0
isgraph	int isgraph (int ch)	检查 ch 是否是可打印字符，不包括空格	是则返回 1；否则返回 0
islower	int islower (int ch)	检查 ch 是否是小写字母	是则返回 1；否则返回 0
isprint	int isprint (int ch)	检查 ch 是否是可打印字符，包括空格	是则返回 1；否则返回 0
ispunct	int ispunct (int ch)	检查 ch 是否是标点字符	是则返回 1；否则返回 0
isspace	int isspace (int ch)	检查 ch 是否是空格、制表符或换行符	是则返回 1；否则返回 0
isupper	int isupper (int ch)	检查 ch 是否是大写字母	是则返回 1；否则返回 0
isxdigit	int isxdigit (int ch)	检查 ch 是否是 16 进制数学符号	是则返回 1；否则返回 0
tolower	int tolower (int ch)	将 ch 转换成小写字符	返回小写字母的 ASCII 码
toupper	int toupper (int ch)	将 ch 转换成大写字符	返回大写字母的 ASCII 码

三、字符串函数

调用字符串函数时，要在源文件中包含头文件 string.h：
#include "string.h"

函数名	函数原型	功能	说明
strcat	char *strcat(char *str1, char *str2)	把字符串 str2 接到 str1 后面	返回 str1
strchr	char *strcat(char *str, int ch)	找出 str 指向的字符串中第一次出现字符 ch 的位置	返回指向该位置的指针，如找不到则返回 NULL
strcmp	int strcmp (char *str1, char *str2)	比较两个字符串 str1,str2 的大小	str1<str2,返回负数 str1=str2,返回 0 str1>str2,返回正数
strcpy	char * strcpy (char *str1, char *str2)	把 str2 指向的字符串拷贝到字符串 str1 中去	返回 str1
strlen	unsigned int strlen (char *str)	统计字符串 str 中字符的个数（不包括'\0'）	
strstr	char * strstr (char *str1, char *str2)	找出 str2 字符串中第一次出现字符串 str1 的位置	返回指向该位置的指针，如找不到则返回 NULL

四、输入输出函数

调用输入输出函数时，要在源文件中含头文件 stdio.h：
#include "stdio.h"

函数名	函数原型	功能	说明
clearer	void clearer(FILE *fp)	清除文件指针错误	
close	int close(FILE *fp)	关闭文件	关闭成功返回 0，否则返回 -1
creat	int creat(char *filename, int mode)	创建文件	创建成功返回正数，否则返回 -1
eof	int eof(FILE *fp)	检查文件是否结束	遇文件结束返回 1，否则返回 0
fclose	int fclose(FILE *fp)	关闭文件	关闭成功返回 0，否则返回 -1
feof	int feof(FILE *fp)	检查文件是否结束	遇文件结束返回非零，否则返回 0
fgetc	int fgetc(FILE *fp)	从指定的文件 fp 中读取下一个字符	
fgets	char *fgets(char *buf, int n, FILE *fp)	从指定的文件 fp 中读取长度为 (n-1) 的字符串，存入 buf	返回 buf
fopen	FILE *fopen(char * filename, int mode)	打开名为 filename 的文件	成功则返回文件指针，否则返回 0
fprintf	int fprintf(FILE *fp, char *format,args)	把 args 的值以 format 指定的格式输出到文件 fp 中	返回输出的字符数
fputc	int fputc(char ch, FILE *fp)	将字符 ch 输出到文件 fp 中	成功返回该字符，否则返回 EOF
fputs	char *fputs(char *buf, int n, FILE *fp)	将字符串 str 输出到文件 fp 中	成功返回 0，否则返回非 0 值
fread	int fread(char *pt, unsigned size, unsigned n, FILE *fp)	从指定的文件 fp 中读取长度为 size 的 n 个数据项，存储到 pt 所指的内存区	返回读取的数据项个数，出错则返回 0
fscanf	int fscanf(FILE *fp, char format,args)	将 args 指定内存的数据按 format 指定的格式输入到指定的文件 fp 中	返回输入的数据个数
fseek	int fseek(FILE * fp, long offset, int base)	将 fp 所指向 de 文件的位置指针移到以 base 所指出的位置为基准，以 offset 为偏移量的位置	成功则返回当前位置，否则返回 -1
ftell	long ftell(FILE * fp)	查找 fp 所指向文件的读写位置	

fwrite	int fwrite(char *ptr, unsigned size, unsigned n, FILE * fp)	把 ptr 所指向的 n*size 个字节输入到文件 fp 中	返回输入到文件中的数据项个数
getc	int getc(FILE * fp)	从文件 fp 中读入一个字符	成功则返回所读的字符,失败返回-1
getchar	int getchar()	从标准输入设备中读取一个字符	成功则返回所读的字符,失败返回-1
gets	char *gets()	从标准输入设备中字读取一个字符串	成功则返回所读的字符串,失败返回 NULL
getw	int getw(FILE * fp 0	从文件 fp 中读取下一个字	
open	int open(char *filename, int mode)	打开文件 fp	成功则返回文件号,否则返回-1
printf	int printf(char *format, args)	将 args 列表的值按 format 指定的格式输出	返回输出的字符个数
putc	int putc(int ch, FILE * fp)	把字符 ch 输出到文件 fp 中	成功返回字符 ch,否则返回负数
putchar	int putchar(char ch)	把字符 ch 输出到标准输出设备	
puts	int gets(char *str)	把字符串 str 输出到标准输出设备	
putw	int putw(int w, FILE * fp)	将整数 w 写到文件 fp 中	返回输出的整数
read	int read(int fd, char *buf, unsigned count)	从文件号 fd 所指的文件中读 count 个字节到由 buf 指示的缓冲区中	返回字节个数
rename	int rename(char *oldname, char *newname)	把文件名 oldname 改为 newname	成功返回 0,否则返回-1
rewind	void rewind(FILE * fp)	将文件 fp 中位置指针置于文件开头	
scanf	int scanf(char *format, args)	按 format 指定的格式输入数据	
write	int write(int fd, char *buf, unsigned count)	从 buf 指示的缓冲区输出 count 个字符到 fd 所标志的文件中	

习题参考答案

习题 1

一、选择题

1. B)   2. C)   3. D)   4. D)   5. D)
6. A)   7. B)   8. A)   9. A)   10. B)

二、填空题

[1]机器语言   [2]汇编语言   [3]高级语言
[4]编译   [5]解释   [6]自顶向下
[7]逐步求精   [8]模块化
[9]发现程序中的错误并加以改正   [10]函数

习题 2

一、选择题

1. A)   2. C)   3. D)   4. C)   5. B)
6. D)   7. B)   8. A)   9. D)   10. C)
11. D)   12. B)   13. A)   14. B)   15. B)
16. C)   17. A)   18. D)   19. A)   20. D)

二、填空题

[1]字母或下画线   [2] 4   [3] 1   [4] 7
[5]13   [6]int 或整型   [7]5   [8]g
[9] y%2= =0   [10]1   [11]−60   [12]12
[13]7   [14] −7.300000
[15]cos(60*3.14159/180)+8*exp(y)

习题3

一、选择题

1. A)   2. B)   3. D)   4. A)   5. B)
6. D)   7. C)   8. C)   9. A)   10. B)

二、填空题

[1]分号   [2]分程序   [3]语句块   [4]格式说明符
[5]转义字符   [6]普通字符   [7]x=12,y=345   [8]x=60
[9]printf("x=%.2lf,y=%.2lf\n",x,y);   [10]a=15   [11]50700

三、上机操作题

（一）填空题

[1]%c,%d   [2]%d%d   [3]x=%d,y=%d   [4]getchar();
[5]putchar(c);

（二）改错题

1. printf("c=%d,d=%d,e=%d,f=%d\n", c, d, e, f);
2. scanf("%d,%d", &a, &b);
3. x=getchar();

（三）编程题

1. 程序如下：
```
#include <stdio.h>
void main()
{
    int dec=107;
    printf("oct=%o\n",dec);
    printf("hex=%x\n",dec);
}
```

2. 程序如下：
```
#include <stdio.h>
#define PI 3.14159
void main()
{
    double r,l,s,sq,vq;
    printf("请输入圆半径：");
    scanf("%lf",&r);
    l=2*PI*r;
```

```
    s=PI*r*r;
    sq=4*PI*r*r;
    vq=4.0/3.0*PI*r*r*r;
    printf("l=%.2lf,s=%.2lf,sq=%.2lf,vq=%.2lf\n",l,s,sq,vq);
}
```

3. 程序如下：
```
#include <stdio.h>
void main()
{
    char c1,c2;
    c1=getchar();
    c2=getchar();
    putchar(c1);
    putchar(c2);
    putchar('\n');
    printf("%c%c\n",c1,c2);
}
```

4. 程序如下：
```
#include <stdio.h>
#include <math.h>
void main()
{
    double a,b,c,disc,x1,x2,p,q;
    scanf("%lf%lf%lf",&a,&b,&c);
    disc=b*b-4*a*c;
    p=-b/(2*a);
    q=sqrt(disc)/(2*a);
    x1=p+q;
    x2=p-q;
    printf("x1=%lf\nx2=%lf\n",x1,x2);
}
```

5. 程序如下：
```
#include <stdio.h>
void main()
{
    int n,i,j,k,y;
```

```
    scanf("%d",&n);
    i=n/100;
    y=n-100*i;
    j=y/10;
    y=y-10*j;
    k=y;
    y=100*k+10*j+i;
    printf("%d\n",y);
}
```

习题 4

一、选择题

1. D) 2. B) 3. C) 4. A) 5. B)
6. A) 7. D) 8. C) 9. D) 10. C)

二、填空题

[1] if(a<=b){x=1；printf("x=%d\n",x); } else{y=2；printf("y=%d\n",y); }
[2] 3   [3] c   [4] y=0.50   [5] a=2,b=1

三、上机操作题

（一）填空题

[1] (a+b)>c)&&(a+c>b)&&(b+c>a)   [2] x++   [3] a < b

（二）改错题

1. b=temp；
2. if(x>a&&x<b)
3. { if (b<0) c=0；}

（三）编程题

1. 程序如下：
```
#include <stdio.h>
void main()
{
    int a,b,c,max;
    scanf("%d%d%d",&a,&b,&c);
    if(a>=b&&a>=c)    max=a;
    if(b>=a&&b>=c)    max=b;
    if(c>=a&&c>=b)    max=c;
    printf("max=%d\n", max);
```

}

2．程序如下：
```c
#include <stdio.h>
void main()
{
   int x;
   printf("请输入一个整数：");
   scanf("%d",&x);
   if(x%2!=0)
      printf("%d 为奇数。\n",x);
   else
      printf("%d 为偶数。\n",x);
}
```

3．程序如下：
```c
#include <stdio.h>
void main ( )
{
   double x,y;
   printf("输入 x 值：");
   scanf("%lf",&x);
   if(x>=0 )
      y=3*x+12;
   else
      y=-x*x+4*x-7;
   printf("y=%lf\n", y );
}
```

4．程序如下：
```c
#include <stdio.h>
void main()
{
   double x,y;
   printf("请输入购买商品金额：");
   scanf("%lf",&x);
   if(x>=1000)      y=0.8*x;
   else if(x>=500&&x<1000)     y=0.9*x;
   else if(x>=200&&x<500)      y=0.95*x;
   else if(x>=100&&x<200)      y=0.97*x;
```

       else y=x；
       printf("实际交款金额为：%.2lf\n",y);
}

5．程序如下：
#include<stdio.h>
void main()
{
    int score,temp；
    char grade；
    printf("请输入学生成绩：");
    scanf("%d",&score)；
    if(score<0||score>100)
    {
        printf("输入数据错误！\n")；
        temp=-1；
    }
    else if(score= =100)
        temp=9；
    else
        temp=(score-score%10)/10；
    switch (temp)
    {
        case 9:grade='A'； break；
        case 8:grade='B'； break；
        case 7:grade='C'； break；
        case 6:grade='D'； break；
        case 5:
        case 4:
        case 3:
        case 2:
        case 1:
        case 0: grade='E'；
    }
    if(temp!=-1)
        printf("等级为：%c\n",grade);
}

习题 5

一、选择题

1. B)　　2. B)　　3. C)　　4. C)　　5. C)
6. B)　　7. C)　　8. D)　　9. C)　　10. B)
11. B)　　12. A)

二、填空题

[1]while　　[2]do-while　　[3]for　　[4]while　　[5]do-while
[6]for　　[7]do-while　　[8]k<=n　　[9]k++　　[10]ACE
[11]8,−2

三、上机操作题

（一）填空题

[1]a!=b　　[2]c-=30　　[3]c-=26　　[4]n/=10

（二）改错题

1. if(i= =100)break；
2. for(i=1；i<=100；i+=2)
3. int x,c1=0,c2=0；

（三）编程题

1. 程序如下：
```
#include <stdio.h>
#define N 10
void main()
{
   int i,p,n,z,num；
   p=n=z=0；
   printf("输入%d 个整数：\n",N);
   for(i=0；i<N；i++)
   {
      scanf("%d",&num);
      if(num>0)    p++;
      else if(num<0)   n++;
      else z++;
   }
   printf("正数%d 个,负数%d 个,零有%d 个。\n",p,n,z);
}
```

2. 程序如下：
```c
#include <stdio.h>
void main()
{
    char c;
    int letters=0,space=0,digit=0,others=0;
    printf("请输入一串字符：");
    while((c=getchar())!='\n')
    {
        if(c>='a'&&c<='z'||c>='A'&&c<='Z')
            letters++;
        else if(c==' ')
            space++;
        else if(c>='0'&&c<='9')
            digit++;
        else
            others++;
    }
    printf("其中：字母%d个，空格%d个，数字%d个，其他字符%d个。\n",letters,space,digit,others);
}
```

3. 程序如下：
```c
#include <stdio.h>
void main()
{
    int i,j,k,s1=0,s2=0;
    double s3=0,sum;
    for(i=1; i<=100; i++)
        s1+=i;
    for(j=1; j<=50; j++)
        s2+=j*j;
    for(k=1; k<=10; k++)
        s3+=1/(double)k;
    sum=s1+s2+s3;
    printf("sum=%.2lf\n",sum);
}
```

4. 程序如下：

```
#include <stdio.h>
void main()
{
    int i;
    for(i=1; i<=500; i++)
    {
        if((i%3)= =2&&(i%5)= =3&&(i%7)= =4)
            printf("%4d",i);
    }
}
```

5．程序如下：
```
#include <stdio.h>
void main()
{
    int x,y,n1,n2,temp;
    printf("请输入了两个正整数：");
    scanf("%d,%d",&n1,&n2);
    if(n1<n2)
    {
        temp=n1; n1=n2; n2=temp;
    }
    x=n1; y=n2;
    while(y!=0)
    {
        temp=x%y;
        x=y;
        y=temp;
    }
    printf("最大公约数：%d\n",x);
    printf("最小公倍数：%d\n",n1*n2/x);
}
```

习题 6

一、选择题

1．D)　　　2．D)　　　3．C)　　　4．C)　　　5．A)
6．C)　　　7．D)　　　8．D)　　　9．B)　　　10．B)
11．B)　　12．A)　　13．C)　　14．D)　　15．B)

二、填空题

[1]递归结束条件   [2]类型   [3]单向值传递   [4]return
[5]函数   [6]void   [7]函数语句   [8]表达式
[9]4 3 3 4   [10]10   [11]自动   [12]变量定义处
[13]本文件的结束处   [14]作用域   [15]生存期   [16]extern
[17]extern

三、上机操作题

（一）填空题

[1]return 0   [2]return 1   [3]x+8   [4]sin(x)

（二）改错题

1. void wel( )
2. max=_max(a,b);

（三）编程题

1. 程序如下：

```c
#include <stdio.h>
int sum(int n)
{
    static int s=0,i=1;
    for(; i<=n; i++)
        s+=i;
    return s;
}
void main()
{
    printf("1~40 sum:%d\n", sum(40));
    printf("1~80 sum:%d\n", sum(80));
    printf("1~100 sum:%d\n", sum(100));
}
```

2. 程序如下：

```c
void fun()
{
    int i,a,b,c;
    for(i=100; i<=999; i++)
    {
        a=i/100;
        b=(i/10)%10;
        c=i%10;
```

```
        if(i= =a*a*a+b*b*b+c*c*c)
           printf("%6d",i);
    }
}
```

3．程序如下：
```
#include <stdio.h>
int max_c(int n1,int n2)
{
   int temp;
   if(n1<n2)
   {
      temp=n1;   n1=n2;   n2=temp;
   }
   while(n2!=0)
   {
      temp=n1%n2;
      n1=n2;
      n2=temp;
   }
   return n1;
}
int min_c(int n1,int n2,int n)
{
   return n1*n2/n;
}
void main()
{
   int n1,n2;
   printf("请输入两个正整数：");
   scanf("%d,%d",&n1,&n2);
   printf("最大公约数：%d\n",max_c(n1,n2));
   printf("最小公倍数：%d\n",min_c(n1,n2,max_c(n1,n2)));
}
```

4．程序如下：
```
#include <stdio.h>
void main()
{
   int i;
```

```
    double a=2,b=1,t,sum=0;
    for(i=1; i<=20; i++)
    {
       sum+=a/b;
       t=a;  a+=b;  b=t;
    }
    printf("sum is %f\n",sum);
}
```

习题 7

一、选择题

1. D)   2. D)   3. D)   4. B)   5. D)
6. C)   7. C)   8. A)

二、填空题

[1]地址   [2]0   [3]*   [4]指向长度为 5 的一维整型数组的指针变量
[5]函数名   [6]double *p;   [7]p=&var;
[8]scanf("%lf", p);   [9]26
[10]9,7 7,9   [11]10,20,30

三、上机操作题

（一）填空题
[1]int *p;   [2]*p=*x,*x=*y,*y=*p;   [3]func=add;
[4]func=substract;

（二）改错题
1. scanf("%d", p);
2. scanf("%d%d", ap, bp);   c=*ap+*bp;

（三）编程题
1. 程序如下：
```
#include <stdio.h>
void f(int *px, int *py)
{
    int z;
    z = *px;
    *px = *py;
    *py = z;
}
void main()
```

```
{
    int x, y, z;
    printf("请输入三个整数：");
    scanf("%d%d%d", &x, &y, &z);
    if (x>y) f(&x, &y);
    if (y>z) f(&y, &z);
    if (x>y) f(&x, &y);
    printf("从小到大排列：%d %d %d\n", x, y, z);
}
```

2．程序如下：

```
#include <stdio.h>
int *findmax(int *p1, int *p2, int *p3)
{
    int *pmax = p1;
    if (*p2>*pmax) pmax = p2;
    if (*p3>*pmax) pmax = p3;
    return pmax;
}
void main()
{
    int x, y, z;
    printf("请输入三个整数：");
    scanf("%d%d%d", &x, &y, &z);
    printf("最大数是：%d\n", *findmax(&x, &y, &z));
}
```

习题 8

一、选择题

1．B)　　2．B)　　3．B)　　4．A)　　5．B) 和 D)
6．C)　　7．D)　　8．D)　　9．A)　　10．A)
11．A)　　12．D)

二、填空题

[1]0　　　　[2]5　　　　[3]元素　　　　[4]名　　　　[5]6
[6]15,15　　[7]6.10,13.60　　　　[8]1,6

三、上机操作题

（一）填空题

[1]{1,1}　　　　　[2]f[i] = f[i-1]+f[i-2];

[3]*(ave+i) += *(*(score+i)+j);

（二）改错题

1. int array[4];

2. scanf("%d%d",&a[1],&a[2]);

（三）编程题

1．程序如下：

```
#include <stdio.h>
#define LEN 20
void main()
{
    int n[LEN], s, c, i;
    printf("请输入%d 个整数：\n", LEN);
    for (i=0； i<LEN； i++)
    {
        scanf("%d", &n[i]);
    }
    s = c = 0;
    for (i=0； i<LEN； i++)
    {
        if (n[i]>=0)
        {
            c++;
            s += n[i];
        }
    }
    printf("其中%d 个正数的和为%d\n", c, s);
}
```

2．程序如下：

```
#include <stdio.h>
#define LEN 10
void main()
{
    int n[LEN], i, j;
    printf("请输入%d 个整数：\n", LEN);
    for (i=0； i<LEN； i++)
```

```c
        {
            scanf("%d", &n[i]);
        }
        for (i=0; i<LEN-1; i++)
        {
            int max=i;
            for (j=i+1; j<LEN; j++)
            if (n[j] > n[max])
            {
                max=j;
            }
            if (max != i)
            {
                int t;
                t=n[i];  n[i]=n[max];  n[max]=t;
            }
        }
        printf("从大到小排序后输出：\n");
        for (i=0; i<LEN; i++)
            printf("%d ", n[i]);
}
```

3．程序如下：
```c
#include <stdio.h>
#define NUM 10
#define FLAG 3
void main()
{
    int n[NUM], s[NUM]={0}, out=0;
    int i, j;
    printf("%d 个人顺序编号：\n", NUM);
    for (i=0; i<NUM; i++)
    {
        n[i] = i+1;
        printf("%d ", n[i]);
    }
    putchar('\n');
    for (i=0, j=0;  out<NUM;  i++)
    {
        if (s[i%NUM] == 0)
```

```
        {
            if (j%FLAG == FLAG-1)
            {
                s[i%NUM] = 1;
                out++;
                printf("%d 出圈\n", n[i%NUM]);
                if (out == NUM)
                    break;
            }
            j++;
        }
    }
    printf("最后一个圈中的人的编号是%d\n", n[i%NUM]);
}
```

4．程序如下：
```
#include <stdio.h>
#define ROW 3
#define COL 2
void main()
{
    int a[ROW][COL]={
        {1,2},
        {3,4},
        {5,6}
    };
    int b[COL][ROW], i, j;
    for (i=0; i<COL; i++)
    {
        for (j=0; j<ROW; j++)
        {
            b[i][j] = a[j][i];
            printf("%d ", b[i][j]);
        }
        putchar('\n');
    }
}
```

习题 9

一、选择题

1. A)　　2. A)　　3. C)　　4. C)　　5. B)
6. A)　　7. C)　　8. C)　　9. C)　　10. C)

二、填空题

[1]字符数组　　[2]'u'的地址　　[3]5　　[4]ABC6789
[5]9　　[6]/NoYes

三、上机操作题

（一）填空题
[1]*ps != '\0'　　[2]s+6　　[3]*p

（二）改错题
1. char a[81],*s=a, b[81],*d=b;　　*d = *s;
2. *(p+1)='\0';　　printf("%s\n",trim(cp));

（三）编程题
1. 程序如下：
```
#include <stdio.h>
void main()
{
    char s[82]={0};
    int r, w;
    printf("请输入一个字符串：\n");
    gets(s+1);
    r = w = 1;
    for (;　s[r] != 0;　r++)
    {
        if (s[r]!=s[r-1])
        {
            s[w] = s[r];
            w++;
        }
    }
    s[w] = 0;
    printf("删除重复字符后的新字符串：\n");
    puts(s+1);
}
```

2．程序如下：
```c
#include <stdio.h>
#include <string.h>
void main()
{
    char s[81];
    int h, t, w;
    printf("请输入一个字符串：\n");
    gets(s);
    h = 0;
    for (;   s[h]!=0 && s[h]==' ';   h++);
    t = strlen(s)-1;
    for (;   t>h && s[t]= =' ';   t--);
    w = 0;
    for (;   h<=t;   h++, w++)
    {
        s[w] = s[h];
    }
    s[w] = 0;
    printf("删除首尾空格后的新字符串：\n");
    puts(s);
}
```

3．程序如下：
```c
#include <stdio.h>
#include <string.h>
void main()
{
    char s[81];
    int h, t;
    printf("请输入一个字符串：\n");
    gets(s);
    h = 0;
    t = strlen(s)-1;
    for (;   h<t && s[h]= =s[t];   h++, t- -);
    if (h= =0)
        printf("该字符串是空串！\n");
    else if (h<t)
        printf("该字符串不是回文！\n");
    else
```

```
        printf("该字符串是回文！\n");
}
```

4. 程序如下：
```
#include <stdio.h>
void main()
{
    char a[161], b[81];
    int r, w;
    printf("请输入一个字符串：\n");
    gets(a);
    printf("请再输入一个字符串：\n");
    gets(b);
    for (w=0;  a[w]!=0;  w++);
    for (r=0;  r<5 && b[r]!=0;  r++, w++)
        a[w] = b[r];
    a[w]=0;
    printf("把第 2 个字符串的最多前 5 个字符连接到第 1 个串后面，得到新字符串\n");
    puts(a);
}
```

习题 10

一、选择题

1. A）　　2. A）　　3. D）　　4. D）　　5. D）
6. C）　　7. B）　　8. C）　　9. B）　　10. B）

二、填空题

[1]struct　　　　　　　[2]struct student　　　　[3]stu
[4]struct node *next　　[5]常量　　　　　　　　[6]6
[7]10.3　　　　　　　　[8]enum　　　　　　　　[9]enum list
[10]c1

三、上机操作题

（一）填空题
[1]struct ss　　　　　　[2]h　　　　　　　　　　[3]h
[4]stu[3]　　　　　　　[5]struct persion　　　　　[6]std

（二）改错题
1. p=s;　　　s->data=rand()%(m-1);　　　　return h;

2.while(p)　　　　p=p->next;

（三）编程题

1. 程序如下：

```c
#include <stdio.h>
struct Dt
{
    int year;
    int month;
    int day;
}date;
int days(int year, int month, int day)
{
    int day_sum,i;
    int day_tab[13]={0, 31, 28, 31, 30, 31, 30, 31, 31, 30, 31, 30, 31};
    day_sum = 0;
    for (i = 1;   i < month;   i++)
        day_sum += day_tab[i];
    day_sum += day;
    if((year%4 = = 0 && year%100 != 0 || year%4 = = 0) && month >= 3)
        day_sum += 1;
    return(day_sum);
}
void main()
{
    int day_num;
    printf("Please input year month day\n");
    scanf("%d%d%d",&date.year, &date.month, &date.day);
    day_num = days(date.year,date.month,date.day);
    printf("\nThis day   is the %dth day!\n", day_num);
}
```

2. 程序如下：

```c
#define N 10
#include <stdio.h>
void main()
{
    struct student
    {
        int num;
        char name[10];
        int score[4];
```

```c
        float aver;
}stu[N], temp_stu;
int i, j, sum, s1 = 0, s2 = 0, s3 = 0, s4 = 0, s5 = 0, s6 = 0, s7 = 0;
float average, av1 = 0, av2 = 0, av3 = 0, av4 = 0;
for(i = 0;   i < N;   i++)
{
        printf("\nPlease input student %d information:\n", i+1);
        printf("num:");
        scanf("%d", &stu[i].num);
        printf("name:");
        scanf("%s", stu[i].name);
        for (j = 0;   j < 4;   j++)
        {
             printf("score:");
             scanf("%d", &stu[i].score[j]);
        }
}
for(i = 0;   i < N;   i++) // calculate average
{
        sum = 0;
        for (j = 0;   j < 4;   j++)
             sum += stu[i].score[j];
        stu[i].aver = sum / 4.0;
        printf("%dstudent average %.2f\n", i+1, stu[i].aver);
}
for(i = 0;   i < N;   i++)
{
        if (stu[i].aver >= 100) s1++;
        else if (stu[i].aver >= 90) s2++;
        else if (stu[i].aver >= 80) s3++;
        else if (stu[i].aver >= 70) s4++;
        else if (stu[i].aver >= 60) s5++;
        else s6++;
}
printf(">=100    %d\n", s1);
printf(">=90     %d\n", s2);
printf(">=80     %d\n", s3);
printf(">=70     %d\n", s4);
printf(">=60     %d\n", s5);
printf("<60      %d\n", s6);
```

```c
        for(i = 0; i < N; i++)
        {
            av1 += stu[i].score[0];
            av2 += stu[i].score[1];
            av3 += stu[i].score[2];
            av4 += stu[i].score[3];
        }
        av1 = av1/N;
        av2 = av2/N;
        av3 = av3/N;
        av4 = av4/N;
        average = (av1 + av2 + av3 + av4)/4;
        printf("av1=%.2f\n", av1);
        printf("av2=%.2f\n", av2);
        printf("av3=%.2f\n", av3);
        printf("av4=%.2f\n", av4);
        printf("average=%.2f\n", average);
        for(i = 0; i < N; i++)
        {
            if(stu[i].aver > average)
            {
                s7++;
                printf("%d %s %d %d %d %d\n", stu[i].num, stu[i].name, stu[i].score[0],
            stu[i].score[1], stu[i].score[2], stu[i].score[3]);
            }
        }
        printf("count = %d\n", s7);
        for(i = 0; i < N - 1; i++)
            for(j = 0; j < N - i - 1; j++)
            {
                if (stu[j].aver > stu[j+1].aver)
                {
                    temp_stu = stu[j];
                    stu[j] = stu[j+1];
                    stu[j+1] = temp_stu;
                }
            }
        for(i=0; i<N; i++)
            printf("num=%d, name=%s, average=%.2f\n", stu[i].num, stu[i].name, stu[i].aver);
}
```

习题 11

一、选择题

1. B)   2. B)   3. D)   4. C)   5. A)

二、填空题

[1]knahT   [2]55

习题 12

一、选择题

1. D)   2. B)   3. B)   4. D)   5. A)

二、填空题

[1]35   [2]70

习题 13

一、选择题

1. A)   2. B)   3. A)   4. D)   5. D)
6. B)   7. C)   8. D)   9. D)   10. C)
11. A)   12. D)

二、填空题

[1]流   [2]ASCII   [3]二进制   [4]wb+
[5]文件位置指针从文件的末尾处后退 10 个字节   [6]"a"   [7]1
[8]0   [9]n-1   [10]buf 的首地址   [11]50*sizeof(st)

三、上机操作题

（一）填空题

[1]"rb"   [2]!feof(fp)

（二）改错题

1. fp=fopen("abc.dat", "rb");
2. fp=fopen("c:\\tc\\xyz.dat", "w+");
3. fseek(fp, -i, 2);

（三）编程题

1. 程序如下：
#include <stdio.h>

```c
#include <stdlib.h>
void main( )
{
    FILE *fp;
    char ch;
    if((fp = fopen("myfile.txt" ,"w")) == NULL)
    {
        printf("Cannot open this myfile.txt . \n");
        exit(0);
    }
        ch=getchar();
        while(ch!='#')
    {
        fputc(ch, fp);
        ch=getchar();
    }
        fclose(fp);
}
```

2．程序如下：
```c
#include <stdio.h>
#include <stdlib.h>
void main( )
{
    FILE *fp;
    int i, j, l;
    char c[180], t, ch;
    if((fp=fopen("file1.txt","r"))==NULL)
    {
        printf("Cannot open this file1.txt \n");
        exit(0);
    }
    printf("\nfile1.txt contents are :\n");
    for(i=0;   (ch = fgetc(fp))!=EOF;  i++)
    {
        c[i]=ch;
        putchar(c[i]);
    }
    fclose(fp);
    if((fp=fopen("file2.txt","r"))==NULL)
```

```c
    {
       printf("Cannot open this file2.txt \n");
       exit(0);
    }
    printf("\nfile2.txt contents are :\n");
    for( ;   (ch=fgetc(fp))!=EOF;  i++)
    {
       c[i]=ch;
       putchar(c[i]);
    }
    fclose(fp);
    l=i;
    for(i=0;  i<l;  i++)
       for(j=i+1;  j<l;  j++)
          if(c[i]>c[j])
    {
       t=c[i];   c[i]=c[j];   c[j]=t;
    }
    if((fp=fopen("file3.txt","w"))= =NULL)
    {
       printf("Cannot open this file3.txt \n");
       exit(0);
    }
    printf("\nC file is:\n");
    for( i=0;  i<l;  i++)
    {
       putc(c[i], fp);
       putchar(c[i]);
    }
    fclose(fp);
}
```

[1] 杨健霑，汪同庆．C语言程序设计[M]．武汉：武汉大学出版社，2009．
[2] 汪同庆，张华，杨先娣．C语言程序设计教程[M]．北京：机械工业出版社，2007．
[3] 谭浩强．C程序设计教程[M]．北京：清华大学出版社，2007．
[4] 田淑清．二级教程—C语言程序设计（2008年版）[M]．北京：高等教育出版社，2007．
[5] Brian W.Kernighan，Dennis M.Ritchie．The C Programming Language（Second Edition）[M]．北京：清华大学出版社&Prentice Hall International,Inc.，1997．